国家骨干校建设项目成果

全国高等职业教育应用型人才培养规划教材

基于 FX 系列 PLC 应用技术项目教程

王红梅　黄进财　主　编

陈章明　王海峰　张立超　副主编

电子工业出版社

Publishing House of Electronics Industry

北京·BEIJING

内 容 简 介

本教材采用 4 大模块、22 个项目任务，将三菱 FX 系列 PLC 应用技术由浅入深、循序渐进地融入各个项目任务中，前一个模块是后一个模块学习的基础，每一个项目任务是按照"任务引入—关键知识—任务实施—知识链接—小结与习题"这一思路进行编排的，力求把理论知识和实践技能有机地结合在一起。在内容编写方面，注意难点分散，按照学生的认知规律（由简单到复杂、由单项到系统、由验证到设计）对教材内容进行科学合理的安排；在任务的选取上，注意实用性强、针对性强的案例，指令的讲授和应用均融入工程项目中，利于培养学生的工程素质，全书内容包括 PLC 基本指令应用、PLC 功能指令应用、特殊功能模块和数据通信、综合应用。每个任务后附有小结与习题，附录中有高级维修电工考证练习题及模拟试卷。

本教材可作为高职高专机电一体化专业、应用电子技术专业、电子信息工程技术专业及相近专业的教材，也可供相关技术人员参考。

图书在版编目（CIP）数据

基于 FX 系列 PLC 应用技术项目教程 / 王红梅，黄进财主编. —北京：电子工业出版社，2014.10
全国高等职业教育应用型人才培养规划教材
ISBN 978-7-121-24459-9

Ⅰ．①基… Ⅱ．①王… ②黄… Ⅲ．①plc 技术－高等职业教育－教材 Ⅳ．①TM571.6

中国版本图书馆 CIP 数据核字（2014）第 229102 号

策划编辑：王昭松
责任编辑：靳 平
印　　刷：涿州市京南印刷厂
装　　订：涿州市京南印刷厂
出版发行：电子工业出版社
　　　　　北京市海淀区万寿路 173 信箱　邮编　100036
开　　本：787×1 092　1/16　印张：17　字数：492 千字
版　　次：2014 年 10 月第 1 版
印　　次：2014 年 10 月第 1 次印刷
印　　数：3 000 册　　定价：38.00 元

凡所购买电子工业出版社图书有缺损问题，请向购买书店调换。若书店售缺，请与本社发行部联系，联系及邮购电话：（010）88254888。
质量投诉请发邮件至 zlts@phei.com.cn，盗版侵权举报请发邮件至 dbqq@phei.com.cn。
服务热线：（010）88258888。

　　本书是根据国家高职骨干院校重点建设专业的课程标准及模式，结合企业实际设计项目的工作内容，兼顾高级维修电工考证相关技能，针对学生实践能力和再学习能力的培养而编写的基于工作过程的项目教材。

　　教材是基于高职高专"PLC 应用技术"课程而编写的，该课程是广东科学技术职业学院应用电子技术、电子信息工程技术、机电一体化技术、数控技术专业的必修课程，是校级精品资源共享课程，课程网站资源丰富。

　　教材以培养学生应用 PLC 技术进行工程项目分析、设计、安装、调试等能力为核心，以项目任务为导向，以三菱 FX 系列 PLC、GOT1000 系列触摸屏、FR-A700 变频器为例，详细介绍了 PLC 的基本指令、功能指令、特殊功能模块和数据通信、触摸屏、变频器、PLC 控制系统设计案例，以及触摸屏、变频器、PLC 综合应用技术等内容。

　　教材从工程的实际应用出发，设计了 22 个项目任务的学习，按照"任务引入—关键知识—任务实施—知识链接—小结与习题"的思路进行编排，力求把理论知识和实践技能有机地结合在一起，使学生全面地掌握应用三菱 FX 系列 PLC 技术设计工程项目。本书打破传统的学科式教材的模式，针对学生循序渐进地掌握知识的认知规律，使项目的设计由浅入深，将 PLC 的基本指令及功能指令逐渐融入各个项目任务中，每个项目任务的设计都是按照工作过程进行和实施的，每个项目都在已具备的知识基础上增加了新知识、新内容，不断地通过温故知新的方式，让学生能够较容易地完成新任务的学习。每个任务结束后的小结，让学生提纲挈领地对该任务所需掌握的知识进行总结。每个任务后精选的习题，能够使学生进一步对该任务所学的知识进行强化，并可选用为学生实训项目。所选项目均来自工程实践，具有很强的代表性，能够覆盖课程所需的知识点和技能点。

　　除课程网站外，本书的配套资源有教学 PPT、课后习题答案等资源。

　　本书由广东科学技术职业学院的王红梅老师和黄进财老师担任主编，并编写了模块一、模块二的任务一～任务四、附录 D；珠海圣诺电子设备有限公司的张立超编写了模块二的任务五～任务七；广州铁路（集团）公司广州职工培训基地的陈章明编写了模块三；广东科学技术职业学院的黄进财老师编写了模块四；广东科学技术职业学院的王海峰老师编写了附录 A、附录 B、附录 C 及附录 E。本书在编写过程中参阅了大量同类教材，在此对这些教材的作者表示衷心的感谢！

限于编者的水平，书中难免有不妥之处，恳请读者批评指正。

编　者

CONTENTS 目录

模块一　PLC 基本指令应用

任务一　PLC 基础 ·· 1
　【任务引入】 ·· 1
　【关键知识】 ·· 3
　　一、PLC 的产生及定义 ··· 3
　　二、PLC 的应用及分类 ··· 4
　　三、PLC 的组成 ·· 5
　　四、PLC 的工作原理 ··· 7
　【任务实施】 ·· 9
　　一、FX 系列 PLC 的型号 ·· 9
　　二、FX₂ₙ 系列 PLC 的基本构成 ·· 9
　　三、FX₂ₙ 系列 PLC 的外观及特征 ·· 10
　　四、PLC 的安装及接线 ··· 11
　【知识链接】 ··· 13
　　一、欧洲 PLC 产品 ·· 13
　　二、美国 PLC 产品 ·· 13
　　三、日本 PLC 产品 ·· 13
　　四、中国 PLC 产品 ·· 14
　　小结与习题 ·· 14
任务二　电动机的点动与连续运行控制设计 ·· 15
　【任务引入】 ··· 15
　【关键知识】 ··· 15
　　一、输入继电器 X 和输出继电器 Y ··· 15
　　二、PLC 编程语言 ··· 16
　　三、LD、LDI、OUT、END 指令 ··· 17
　　四、AND、ANI、OR、ORI 指令 ··· 18
　【任务实施】 ··· 19
　　一、任务要求 ·· 19
　　二、硬件 I/O 分配及接线 ·· 19
　【知识链接】 ··· 21

　　一、SET、RST 指令 ……………………………………………………………………… 2

　　二、用 SET 和 RST 指令实现电动机的自锁控制 …………………………………… 2

　　三、PLC 控制系统与继电器控制系统的区别 ………………………………………… 2

　　四、GX Developer 编程和仿真软件 …………………………………………………… 2

　　小结与习题 …………………………………………………………………………… 2

任务三　通风机监控系统设计 …………………………………………………………… 2

　【任务引入】………………………………………………………………………………… 2

　【关键知识】………………………………………………………………………………… 2

　　一、ORB 指令 ………………………………………………………………………… 2

　　二、ANB 指令 ………………………………………………………………………… 2

　　三、MPS、MRD、MPP 指令 ………………………………………………………… 2

　【任务实施】………………………………………………………………………………… 3

　　一、任务要求 …………………………………………………………………………… 3

　　二、硬件 I/O 分配及接线 ……………………………………………………………… 3

　【知识链接】………………………………………………………………………………… 3

　　一、梯形图的特点 ……………………………………………………………………… 3

　　二、梯形图的编程规则 ………………………………………………………………… 3

　　小结与习题 …………………………………………………………………………… 3

任务四　电动机顺序启停控制设计 ……………………………………………………… 3

　【任务引入】………………………………………………………………………………… 3

　【关键知识】………………………………………………………………………………… 3

　　一、辅助继电器 M ……………………………………………………………………… 3

　　二、定时器 T …………………………………………………………………………… 3

　【任务实施】………………………………………………………………………………… 3

　　一、任务要求 …………………………………………………………………………… 3

　　二、硬件 I/O 分配及接线 ……………………………………………………………… 3

　【知识链接】………………………………………………………………………………… 3

　　一、定时器接力电路 …………………………………………………………………… 3

　　二、闪烁电路 …………………………………………………………………………… 3

　　三、延时接通/断开电路 ………………………………………………………………… 3

　　小结与习题 …………………………………………………………………………… 3

任务五　产品出入库控制程序设计 ……………………………………………………… 4

　【任务引入】………………………………………………………………………………… 4

　【关键知识】………………………………………………………………………………… 4

　　一、计数器的分类 ……………………………………………………………………… 4

　　二、计数器的使用说明 ………………………………………………………………… 4

　【任务实施】………………………………………………………………………………… 4

　　一、任务要求 …………………………………………………………………………… 4

　　二、硬件 I/O 分配及接线 ……………………………………………………………… 4

　【知识链接】——定时器与计数器在长延时电路中的应用 …………………………… 4

　　小结与习题 …………………………………………………………………………… 4

任务六　自动冲水设备控制系统设计 ·· 45

　　【任务引入】 ·· 45

　　【关键知识】 ·· 45

　　　　一、输出微分指令 ·· 45

　　　　二、输出微分指令使用说明 ·· 46

　　【任务实施】 ·· 46

　　　　一、任务要求 ·· 46

　　　　二、硬件 I/O 分配及接线 ·· 46

　　【知识链接】 ·· 47

　　　　小结与习题 ·· 49

任务七　机床滑台控制系统设计 ·· 50

　　【任务引入】 ·· 50

　　【关键知识】 ·· 50

　　　　一、主控指令 ·· 50

　　　　二、主控指令使用说明 ·· 51

　　【任务实施】 ·· 52

　　　　一、任务要求 ·· 52

　　　　二、硬件 I/O 分配及接线 ·· 52

　　【知识链接】 ·· 54

　　　　小结与习题 ·· 55

任务八　彩灯控制系统设计 ·· 56

　　【任务引入】 ·· 56

　　【关键知识】 ·· 56

　　　　一、状态继电器 S ·· 56

　　　　二、顺序功能图 ·· 56

　　【任务实施】 ·· 58

　　　　一、任务要求 ·· 58

　　　　二、硬件 I/O 分配及接线 ·· 59

　　【知识链接】——步进梯形图编程规则 ·· 61

　　　　小结与习题 ·· 63

任务九　包装流水线控制系统设计 ·· 65

　　【任务引入】 ·· 65

　　【关键知识】——选择分支的编程 ·· 65

　　【任务实施】 ·· 66

　　　　一、任务要求 ·· 66

　　　　二、硬件 I/O 分配及接线 ·· 66

　　【知识链接】——状态编程中的分支、汇合的组合流程及虚设状态 ·························· 69

　　　　小结与习题 ·· 70

任务十　钻床控制系统设计 ·· 73

　　【任务引入】 ·· 73

　　【关键知识】——并行分支的编程 ·· 73

【任务实施】 ··· 74
   一、任务要求 ··· 74
   二、硬件 I/O 分配及接线 ·· 74
【知识链接】——用辅助继电器实现状态编程 ·· 76
   小结与习题 ··· 78

模块二　PLC 功能指令应用

任务一　彩灯交替点亮控制系统设计 ··· 81
【任务引入】 ··· 81
【关键知识】 ··· 81
   一、应用指令的通用格式 ··· 81
   二、应用指令的数据结构 ··· 82
   三、传送指令 MOV ·· 84
【任务实施】 ··· 85
   一、任务要求 ··· 85
   二、硬件 I/O 分配及接线 ·· 85
【知识链接】 ··· 86
   一、块传送指令 BMOV（FNC15） ·· 86
   二、取反传送指令 CML（FNC14） ··· 86
   三、多点传送指令 FMOV（FNC16） ··· 87
   四、移位传送指令 SMOV（FNC30） ··· 87
   五、利用 MOV 指令改写定时器和计数器的设定值 ······························· 88
   小结与习题 ··· 88
任务二　密码锁控制系统设计 ··· 90
【任务引入】 ··· 90
【关键知识】 ··· 90
   组件比较指令 CMP ··· 90
【任务实施】 ··· 91
   一、任务要求 ··· 91
   二、硬件 I/O 分配及接线 ·· 91
【知识链接】 ··· 92
   一、触点比较指令 ··· 92
   二、区间比较指令 ZCP ·· 93
   三、区间复位指令 ZRST ·· 94
   小结与习题 ··· 95
任务三　自动售货机控制系统设计 ··· 96
【任务引入】 ··· 96
【关键知识】 ··· 96
   一、加法指令 ADD ·· 96
   二、减法指令 SUB ·· 97
   三、乘法指令 MUL ·· 97

四、除法指令 DIV ·· 97

　　【任务实施】 ·· 97

　　　　一、任务要求 ·· 97

　　　　二、硬件 I/O 分配及接线 ·· 98

　　【知识链接】 ·· 99

　　　　一、加 1 指令 INC ··· 99

　　　　二、减 1 指令 DEC ·· 99

　　　　三、字逻辑运算指令 ··· 99

　　　　小结与习题 ··· 100

任务四　流水灯控制系统设计 ·· 101

　　【任务引入】 ··· 101

　　【关键知识】 ··· 101

　　　　循环移位指令 ROR、ROL、RCR 和 RCL ··· 101

　　【任务实施】 ··· 103

　　　　一、任务要求 ··· 103

　　　　二、硬件 I/O 分配及接线 ··· 103

　　【知识链接】 ··· 104

　　　　一、位左移指令 SFTL ·· 104

　　　　二、位右移指令 SFTR ·· 106

　　　　小结与习题 ··· 107

任务五　数字钟显示控制系统设计 ·· 108

　　【任务引入】 ··· 108

　　【关键知识】 ··· 108

　　　　一、7 段译码指令 SEGD ·· 108

　　　　二、数据变换指令 BCD 和 BIN ··· 109

　　【任务实施】 ··· 109

　　　　一、任务要求 ··· 109

　　　　二、硬件 I/O 分配及接线 ··· 110

　　【知识链接】——带锁存的 7 段显示指令 SEGL ·· 112

　　　　小结与习题 ··· 113

任务六　声光报警控制系统设计 ·· 115

　　【任务引入】 ··· 115

　　【关键知识】 ··· 115

　　　　一、子程序调用指令 CALL 和子程序返回指令 SRET ···································· 115

　　　　二、主程序结束指令 FEND ·· 116

　　　　三、条件跳转指令 CJ ··· 116

　　　　四、条件跳转指令应用实例 ··· 117

　　【任务实施】 ··· 118

　　　　一、任务要求 ··· 118

　　　　二、硬件 I/O 分配及接线 ··· 118

　　【知识链接】 ··· 120

　　　一、中断指令 ··· 120
　　　二、循环指令 ··· 122
　　小结与习题 ·· 123

任务七　钢板裁剪控制系统设计 ·· 124
　【任务引入】 ··· 124
　【关键知识】 ··· 124
　　　一、脉冲输出指令 PLSY ·· 124
　　　二、可调速脉冲输出指令 PLSR ··· 125
　　　三、脉宽调制指令 PWM ··· 126
　【任务实施】 ··· 127
　　　一、任务要求 ··· 127
　　　二、硬件 I/O 分配及接线 ··· 127
　【知识链接】 ··· 128
　　　一、高速计数器 ··· 128
　　　二、高速计数器的频率总和 ·· 132
　　　三、FX$_{2N}$ 系列 PLC 高速计数器指令 ··· 133
　　小结与习题 ·· 134

模块三　特殊功能模块和数据通信

任务一　电热水炉温度控制系统设计 ·· 136
　【任务引入】 ··· 136
　【关键知识】 ··· 137
　　　一、特殊功能模块的分类 ··· 137
　　　二、特殊功能模块 FX$_{2N}$-4AD ··· 138
　　　三、FX$_{2N}$ 系列 PLC 与特殊功能模块之间的读/写操作 ···························· 141
　【任务实施】 ··· 142
　　　一、任务要求 ··· 142
　　　二、硬件 I/O 分配及接线 ··· 142
　【知识链接】——FX$_{2N}$-4DA 模块 ·· 143
　　小结与习题 ·· 146

任务二　PLC 数据通信 ··· 147
　【任务导入】 ··· 147
　【关键知识】 ··· 147
　　　一、通信基础 ··· 147
　　　二、PLC 的通信功能 ··· 150
　　　三、FX$_{2N}$ 系列 PLC 通信器件 ·· 150
　　　四、FX$_{2N}$ 系列 PLC 的通信形式 ·· 152
　　　五、并联连接通信 ·· 154
　　　六、N：N 网络通信 ·· 155
　【任务实施】 ··· 157
　　　一、任务要求 ··· 157

二、N∶N 网络的设置 158

三、通信用软元件 158

四、程序设计 159

【知识链接】——工业控制网络基础 160

小结与习题 164

模块四　综合应用

任务一　用 PLC 和触摸屏实现抢答器控制系统设计 166

【任务引入】 166

【关键知识】 166

一、三菱 GT1155 GOT 概述及特点 167

二、三菱 GT1155 GOT 的功能 168

三、三菱 GT1155 GOT 的接线及与计算机、PLC 的连接 170

四、三菱 GT1155 触摸屏的基本设置 171

五、GT Designer2 Version2 软件介绍 173

【任务实施】 178

一、任务要求 178

二、PLC 和触摸屏软元件分配 178

三、控制系统接线 179

四、PLC 程序设计 179

五、触摸屏画面设计 180

六、触摸屏与 PLC 联机运行 188

【知识链接】——利用 PLC 程序切换画面 189

小结与习题 190

任务二　用 PLC、变频器实现电梯开关门控制系统设计 191

【任务引入】 191

【关键知识】——FR-A700 变频器 191

一、FR-A700 变频器安装与接线 191

二、FR-A700 变频器操作面板的认识 193

三、变频器运行模式的切换 194

四、变频器常用参数的设定 194

五、变频器的控制方式 196

【任务实施】 198

一、任务要求 198

二、变频器设置 198

三、PLC 的 I/O 分配 198

四、控制系统接线图 199

五、软件程序 199

六、调试运行 200

【知识链接】——变频器专用协议及部分指令代码 200

小结与习题 207

任务三　触摸屏、PLC、变频器实现中央空调控制系统 ………………………………… 208

【任务引入】 ……………………………………………………………………………… 208

【关键知识】 ……………………………………………………………………………… 208

一、中央空调控制系统的组成 …………………………………………………………… 208

二、中央空调系统存在的问题 …………………………………………………………… 209

三、变频调速方案 ………………………………………………………………………… 210

四、循环水系统的变频调速 ……………………………………………………………… 211

【任务实施】 ……………………………………………………………………………… 212

一、任务要求 ……………………………………………………………………………… 212

二、硬件设计 ……………………………………………………………………………… 212

三、中央空调控制系统的 I/O 分配及接线 …………………………………………… 213

四、触摸屏画面设计 ……………………………………………………………………… 214

五、软件程序 ……………………………………………………………………………… 214

六、变频器参数设置 ……………………………………………………………………… 216

七、调试运行 ……………………………………………………………………………… 217

【知识链接】——通过 RS-485 通信实现单台电动机的变频运行 …………………… 217

一、控制要求 ……………………………………………………………………………… 217

二、硬件设计 ……………………………………………………………………………… 217

三、软件设计 ……………………………………………………………………………… 219

小结与习题 ………………………………………………………………………………… 221

附录

附录 A　FX$_{2N}$ 系列 PLC 基本指令一览表 ……………………………………………… 222

附录 B　FX$_{2N}$ 系列 PLC 应用指令一览表 ……………………………………………… 223

附录 C　高级维修电工考证练习题 ……………………………………………………… 227

附录 D　高级维修电工理论模拟试卷 …………………………………………………… 244

附录 E　FX$_{2N}$ 系列 PLC 特殊软元件 ……………………………………………………… 251

模块一　PLC 基本指令应用

| 模块要点 | 1. 掌握 PLC 的分类、结构及工作原理。 |

1. 掌握 PLC 的分类、结构及工作原理。
2. 掌握 PLC 基本逻辑指令的应用、I/O 分配及外部接线方法。
3. 掌握 PLC 定时器、计数器的类型及应用。
4. 能采用经验编程法进行较复杂 PLC 控制系统设计。
5. 掌握 PLC 状态软元件及步进顺控指令的应用。
6. 掌握单流程、选择性分支、并行性分支状态转移图的编程方法。

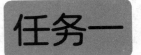

PLC 基础

■【任务引入】

　　如图 1-1-1 所示，利用接触器可以实现三相异步电动机的启停控制。合上开关 QF，按下启动按钮 SB1，接触器线圈 KM 得电并自锁，接触器的主触点和辅助触点闭合，三相电动机启动；按下停止按钮 SB，接触器 KM 线圈失电，三相电动机停止。若改变电动机的控制要求，如按下启动按钮 5s 后，再让电动机启动，这时就需要再加一个通电延时时间继电器，并且要改变图 1-1-1 所示的控制电路的接线方式才可以实现。

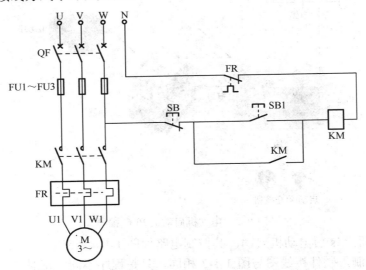

图 1-1-1　用交流接触器实现电动机起停自锁控制电路

　　从上面的例子可以看到继电器控制系统采用硬件接线安装而成，一旦控制要求改变，控制系统就必须重新配线安装，对于复杂的控制系统，改动线路的工作量大、周期长，再加上继电器的机械触点容易损坏，因而系统的可靠性差，检修工作困难。若采用 PLC 实现上述控制功能，工作将变得简单、可靠。采用 PLC 控制，电动机接线主电路不变，只要将启动按钮 SB1、停止按钮 SB、热继电器触点 FR 接到 PLC 的输入端口，将接触器线圈 KM 接到 PLC 的输出端口上，再编入程序，就可以用 PLC 实现电动机的启停控制了。电动机的 PLC 控制电路如图 1-1-2 所示。

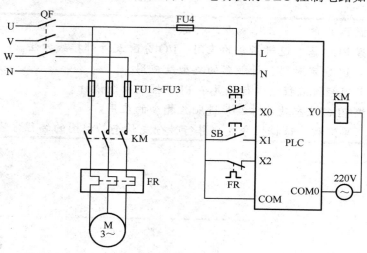

图 1-1-2 电动机的 PLC 控制电路

如图 1-1-3 所示，启动按钮 SB1、停止按钮 SB 分别接 PLC 的输入端子 X0 和 X1，交流接触器线圈 KM 接 PLC 的输出端子 Y0。编写的 PLC 程序对启动、停止按钮的状态进行逻辑运算，运算的结果决定了输出端 Y0 是接通还是断开接触器线圈的电源，从而控制电动机的工作状态。

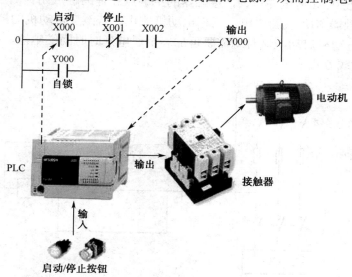

图 1-1-3 电动机启动的 PLC 程序

如按下启动按钮，5s 后电动机启动，其控制电路如图 1-1-4 所示。

如果用 PLC 控制，硬件接线图与图 1-1-2 相同，只是程序不同。延时 5s 启动电动机的 PLC 程序如图 1-1-5 所示。

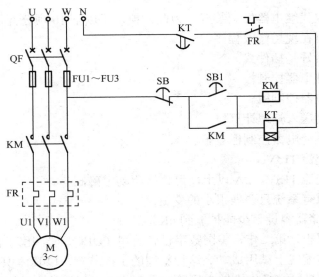

图 1-1-4　延时 5s 启动电动机的接触器控制电路

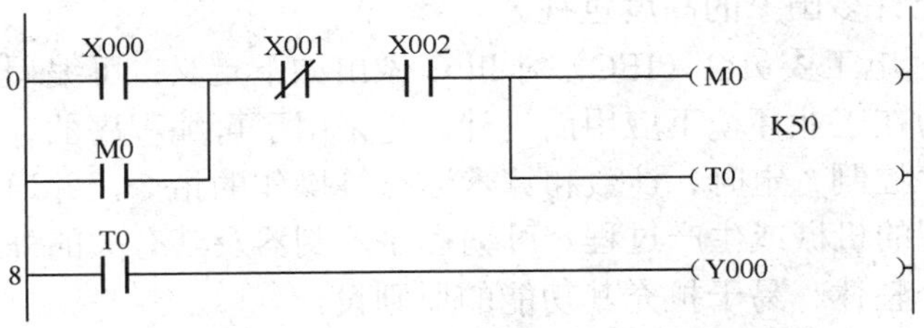

```
       X000        X001   X002
  0 ────┤├──┬──────┤╱├────┤├──────────────────( M0 )────┤
          │                                      K50
        M0 │                                  ────( T0 )────┤
     ────┤├──┘
        T0
  8 ────┤├────────────────────────────────────( Y000 )───┤
```

图 1-1-5　延时 5s 启动电动机的 PLC 程序

　　比较图 1-1-1 和图 1-1-2，可以看出它们的控制方式不同。继电器控制系统属于硬件连线控制方式，按下起动按钮，通过继电器连线控制逻辑决定接触器线圈是否得电，从而控制电动机的工作状态。PLC 控制属于存储程序控制方式，如图 1-1-3 所示，按钮下达指令后，通过 PLC 程序控制逻辑决定接触器线圈是否得电，从而控制电动机的工作状态。PLC 利用程序中的"软继电器"取代传统的物理继电器，使控制系统的硬件结构大大简化，具有体积小、价格便宜、维护方便、编程简单、控制功能强、可靠性高、控制灵活等一系列优点。因此，目前 PLC 控制系统在各个行业机械设备的电气控制中得到广泛的应用。那么，PLC 是一个什么样的控制装置，它又是如何实现对机械设备的控制的呢？

■【关键知识】

一、PLC 的产生及定义

　　在 PLC 诞生之前，继电器控制系统已广泛应用于工业生产的各个领域，起着不可替代的作用。随着生产规模的逐步扩大，继电器控制系统已越来越难以适应现代工业生产的要求。继电器控制系统通常是针对某一固定的动作顺序或生产工艺而设计的，它的控制功能也局限于逻辑控制、定时、计数等一些简单的控制，一旦动作顺序或生产工艺发生变化，就必须重新进行设计、布线、装配和调试，造成时间和资金的严重浪费。继电器控制系统体积大、耗电多、可靠性差、寿命短、运行速度慢、适应性差。为了改变这一现状，1968 年美国最大的汽车制造商通用汽车公司（GM），为了适应汽车型号不断更新的需求，并能在竞争激烈的汽车工业中占有优势，提出要研制一种新型的工业控制装置来取代继电器控制装置，为此，拟定了以下 10 项公开招标的技术要求。

（1）编程简单，可在现场修改程序。

（2）维护方便，最好是插件式。

（3）可靠性高于继电器控制柜。

（4）体积小于继电器控制柜。

（5）可将数据直接送入管理计算机。

（6）在成本上可与继电器控制柜竞争。

（7）输入可以是交流 115V。

（8）输出可以是交流 115V、2A 以上，可直接驱动电磁阀等。

（9）在扩展时，原有系统只要做很小的变更。

（10）用户程序存储器容量至少能扩展到 4K。

根据招标的技术要求，第二年，美国数字设备公司（DEC）研制出了世界上第一台 PLC，并在通用汽车公司自动装配线上试用成功。这种新型的工控装置，以其体积小、可变性好、可靠性高、使用寿命长、简单易懂、操作维护方便等一系列优点，很快就在美国的许多行业里得到推广应用，也受到了世界上许多国家的高度重视。

1987 年 2 月，国际电工委员会（IEC）对 PLC 做出如下定义：可编程序控制器是一种数字运算操作电子系统，专为在工业环境下应用而设计。它采用了可编程序的存储器，用来在其内部存储执行逻辑运算、顺序控制、定时、计数和算术运算等操作的指令，并通过数字的、模拟的输入和输出，控制各种类型的机械或生产过程。可编程序控制器及其有关的外围设备，都应按易于与工业控制系统形成一个整体、易于扩充其功能的原则设计。

由该定义可知：PLC 是一种由"事先存储的程序"来确定控制功能的工控类计算机。PLC 是计算机（Computer）技术、控制（Control）技术、通信（Communication）技术（简称 3C 技术）的综合体。它能适应工厂环境要求，工作可靠，体积小，功能强，而且用户通常只要"修改 PLC 的设置参数"或者"更换 PLC 的控制程序"就可以改变 PLC 的用途，是当前自动控制领域三大支柱技术（可编程控制器、机器人、CAD/CAM）之一。

二、PLC 的应用及分类

1. PLC 的应用

（1）开关量逻辑控制。开关量逻辑控制是现今 PLC 应用最广泛的领域，可以取代传统继电器控制系统，实现逻辑控制和顺序控制。PLC 可用于单机、多机群控制及生产线的自动化控制。

（2）模拟量过程控制。PLC 配上特殊模块后，可对温度、压力、流量、液面高度等连续变化的模拟量进行闭环过程控制。

（3）运动控制。PLC 可采用专用的运动控制模块对伺服电动机和步进电动机的速度与位置进行控制，从而实现对各种机械的运动控制，如金属切削机床、工业机器人等。

（4）现场数据采集处理。目前 PLC 都具有数据处理指令、数据传送指令、算术与逻辑运算指令和循环移位与移位指令，所以由 PLC 构成的监控系统，可以方便地对生产现场数据进行采集、分析和加工处理。数据处理常用于柔性制造系统、机器人和机械手的大、中型控制系统中。

（5）通信联网、多级控制。PLC 通过网络通信模块及远程 I/O 控制模块，实现 PLC 与 PLC 之间、PLC 与上位机之间、PLC 与其他智能设备（如触摸屏、变频器等）之间的通信功能，还能实现 PLC 分散控制、计算机集中管理的集散控制，这样可以增加系统的控制规模，甚至可以使整个工厂实现生产自动化。

2．PLC 的分类

（1）按结构形式分类。PLC 按结构形式可分为整体式和模块式两类。

将电源、CPU、存储器及 I/O 等各个功能集成在一个机壳内的 PLC 是整体式 PLC，其特点是结构紧凑、体积小、价格低，小型 PLC 多采用这种结构，如三菱 FX 系列的 PLC。整体式 PLC 一般配有许多专用的特殊功能模块，如模拟量 I/O 模块、通信模块等。

将电源模块、CPU 模块、I/O 模块作为单独的模块安装在同一底板或框架上的 PLC 是模块式 PLC。其特点是配置灵活、装配维护方便，大、中型 PLC 多采用这种结构，如西门子 S7-300 系列的 PLC。

（2）按 I/O 点数和存储容量分类。

小型 PLC：I/O 点数在 256 点以下，存储器容量 2K 步。

中型 PLC：I/O 点数在 256～2048 点之间，存储器容量 2～8K 步。

大型 PLC：I/O 点数在 2048 点以上，存储器容量 8K 步以上。

三、PLC 的组成

PLC 主要由 CPU（中央处理器）、存储器、输入/输出（I/O）接口电路、电源、外设接口、I/O（输入/输出）扩展接口组成，如图 1-1-6、图 1-1-7 所示。

图 1-1-6　PLC 硬件结构实物图

1．CPU

CPU 是 PLC 的逻辑运算和控制指挥中心，主要用于协调工作。

2．存储器

存储器主要用来存放系统程序、用户程序和数据。PLC 的存储器 ROM 中固化着系统程序，用户不能直接存取、修改。存储器 RAM 中存放用户程序和工作数据，使用者可对用户程序进行修改。为保证掉电时不会丢失 RAM 存储信息，一般用锂电池作为备用电源供电。

3．输入/输出接口电路

（1）输入接口电路。输入接口是连接 PLC 与其他外设之间的桥梁。生产设备的控制信号通过输入接口传送给 CPU。

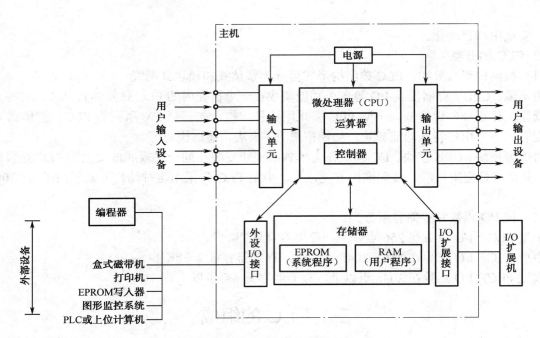

图 1-1-7　PLC 硬件结构示意图

开关量输入接口用于连接按钮、选择开关、行程开关、接近开关和各类传感器传来的信号，PLC 输入电路中有光电耦合器隔离，并设有 RC 滤波器，用以消除输入触点的抖动和外部噪声干扰。当输入开关闭合时，一次电路中流过电流，输入指示灯亮，光电耦合器被激励，三极管从截止状态变为饱合导通状态，这是一个数据输入过程。图 1-1-8 给出了直流及交流两类输入接口电路，虚线框内的部分为 PLC 内部电路，框外为用户接线。在一般整体式 PLC 中，直流输入接口电路都使用 PLC 本机的直流电源供电，不再需要外接电源。

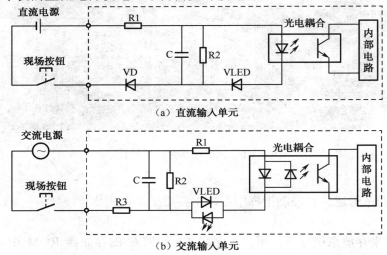

（a）直流输入单元

（b）交流输入单元

图 1-1-8　两类输入接口电路

（2）输出接口电路。输出接口用于连接继电器、接触器、电磁阀线圈，是 PLC 的主要输出口，是连接 PLC 与外部执行元件的桥梁。PLC 有 3 种输出方式：继电器输出型、晶体管输出型、晶闸管输出型，如图 1-1-9 所示。其中，继电器输出型为有触点输出方式，可用于直流或低频交流负载；晶体管输出型和晶闸管输出型都是无触点输出方式，前者适用于高速、小功率直流负载，后者适用于高速、大功率负载。

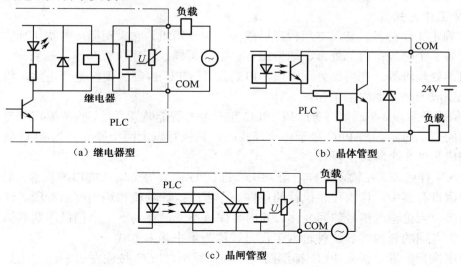

（a）继电器型 （b）晶体管型

（c）晶闸管型

图 1-1-9　PLC 输出电路

4．电源

PLC 一般采用 AC 220V 电源，经整流、滤波、稳压后可变换成供 PLC 的 CPU、存储器等电路工作所需的直流电压，有的 PLC 也采用 DC 24V 电源供电。为保证 PLC 工作可靠，大都采用开关型稳压电源。有的 PLC 还向外部提供 24V 直流电压。

5．外设接口

外设接口是在主机外壳上与外部设备配接的插座，通过电缆线可配接编程器、计算机、打印机、EPROM 写入器、触摸屏等。

6．I/O 扩展接口

I/O 扩展接口是用来扩展输入、输出点数的。当用户输入、输出点数超过主机的范围时，可通过 I/O 扩展接口与 I/O 扩展单元相接，以扩充 I/O 点数。A/D 和 D/A 单元及链接单元一般也通过该接口与主机连接。

四、PLC 的工作原理

1．工作模式

PLC 有运行（RUN）与停止（STOP）两种基本的工作模式。当处于停止工作模式时，PLC 只进行内部处理和通信服务等内容。当处于运行工作模式时，PLC 要进行从内部处理、通信服务、输入处理、程序处理、输出处理，然后按上述过程循环扫描工作。在运行模式下，PLC 通过反复执行反映控制要求的用户程序来实现控制功能，为了使 PLC 的输出能及时地响应随时变化的输入信号，用户程序不是只执行一次，而是不断地重复执行，直至 PLC 停机或切换到 STOP 工作模式。除了执行用户程序之外，在每次循环过程中，PLC 还要完成内部处理、通信服务等工作，一次循环可分为 5 个阶段，如图 1-1-10 所示。PLC 这种周而复始的循环工作方式称为扫描工作方式。由于 PLC 执行指令的速度极高，从外部输入/输出关系来

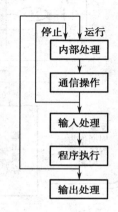

图 1-1-10　扫描过程

看，处理过程似乎是同时完成的。

2．扫描工作方式

PLC 在确定工作任务，装入专用程序后成为一种专用机，它采用循环扫描工作方式。其工作过程大致分为 5 个阶段：内部处理、通信服务、输入采样、程序执行和输出刷新。

（1）内部处理阶段。在内部处理阶段，PLC 检查 CPU 内部的硬件是否正常，将监控定时器复位，以及完成一些其他内部工作。

（2）通信服务阶段。在通信服务阶段，PLC 与其他的智能装置通信，响应编程器键入的命令，更新编程器的显示内容。当 PLC 处于停止模式时，只执行以上两个操作；当 PLC 处于运行模式时，还要完成另外 3 个阶段的操作。

（3）输入采样处理。在输入采样阶段，PLC 的 CPU 读取每个输入端口的状态，采样结束后，存入输入映像寄存器中，作为程序执行的条件。在程序执行阶段和输出刷新阶段，输入映像寄存器与外界隔离，无论输入信号如何变化，其内容保持不变，直到下一个扫描周期的输入采样阶段才重新写入输入端的新内容。这种输入工作方式称为集中输入方式。

（4）程序执行处理。根据 PLC 梯形图程序扫描原则，PLC 按先左后右，先上后下的步序逐句扫描程序。当指令中涉及输入、输出状态时，PLC 就从输入映像寄存器"读入"上一阶段采入的对应输入端子状态，从元件映像寄存器"读入"对应元件（软件继电器）的当前状态。然后进行相应的运算，并将运算结果存入输出映像寄存器中。

（5）输出刷新处理。在所有指令执行完毕且已进入到输出刷新阶段时，PLC 才将输出映像寄存器中所有输出继电器的状态（接通/断开）转存到输出锁存器中，然后通过一定方式输出以驱动外部负载，这种输出工作方式称为集中输出方式

PLC 的循环扫描工作过程如图 1-1-11 所示。PLC 的扫描既可以按固定的顺序执行，也可按用户程序所指定的可变顺序进行。这不仅因为有的程序不需每个扫描周期都执行一次，而且也因为在一些大系统中需要处理的 I/O 点数多，通过安排不同的组织模块，采用分时分批扫描的执行方法，可缩短循环扫描的周期和提高控制的实时响应性。

循环扫描的工作方式是 PLC 的一大特点，也可以说 PLC 是"串行"工作的，这和传统的继电器控制系统"并行"工作有质的区别，PLC 的串行工作方式避免了继电器控制系统中触点竞争和时序失配的问题。

由于 PLC 是循环扫描工作的，在程序处理阶段，即输入信号的状态发生了变化，输入映像寄存器的内容也不会变化，要等到下一周期的输入处理阶段才能改变。暂存在输出映像寄存器中的输出信号要等到一个循环周期结束，CPU 集中将这些输出信号全部输送给输出锁存器。由此可以看出，全部输入/输出状态的改变，

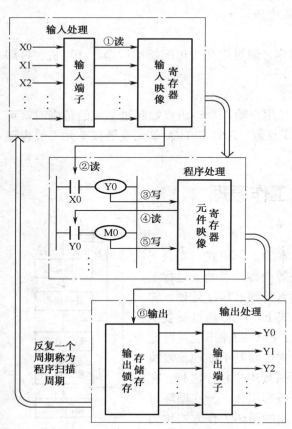

图 1-1-11　PLC 的循环扫描工作过程

需要一个扫描周期。换言之，输入/输出的状态保持一个扫描周期。

3．扫描周期

PLC 在 RUN 工作模式时，执行一次如图 1-1-10 所示的扫描操作所需的时间称为扫描周期，其典型值约为 1～100ms。扫描周期与用户程序的长短、指令的种类，以及 CPU 执行指令的速度有很大的关系。当用户程序较长时，指令执行时间在扫描周期中占相当大的比例。有的编程软件或编程器可以提供扫描周期的当前值，有的还可以提供扫描周期的最大值和最小值。

4．输入/输出滞后时间

输入/输出滞后时间又称为系统响应时间，是指 PLC 的外部输入信号发生变化的时刻至它控制的有关外部输出信号发生变化的时刻之间的时间间隔，它由输入电路的滤波时间、输出电路的滞后时间和因扫描工作方式产生的滞后时间三部分组成。

输入单元的 RC 滤波电路用来滤除由输入端子引入的干扰噪声，消除因外接输入触点动作时产生的抖动引起的不良影响，滤波电路的时间常数决定了输入滤波时间的长短，其典型值为 10ms 左右。输出单元的滞后时间与输出单元的类型有关，继电器输出电路的滞后时间一般在 10ms 左右；双向晶闸管型输出电路在负载通电时的滞后时间约为 1ms，负载由通电到断电时的最大滞后时间为 10ms；晶体管型输出电路的滞后时间一般在 1ms 以下。

由扫描工作方式引起的滞后时间最长可达两个扫描周期。PLC 总的响应延时一般只有几十毫秒，对于一般系统是无关紧要的。要求输入/输出信号之间的滞后时间尽量短的系统，可以选用扫描速度快的 PLC 或采取其他措施。

因此，影响输入/输出滞后的主要原因：输入滤波器的惯性；输出继电器接点的惯性；程序执行的时间；程序设计不当的附加影响等。对于用户来说，选择了一个 PLC，合理的编制程序是缩短响应的关键。

■【任务实施】

一、FX 系列 PLC 的型号

FX 系列 PLC 型号名称的含义如下：

$$FX_{\square\square} - \square\,\square\,\square\,\square-\square$$
$$(1) \qquad (2)(3)(4)(5)$$

（1）子系列序号：如 1S、1N、2N 等。

（2）I/O 总点数：FX$_{2N}$ 系列 PLC 的最大输入/输出点数为 256。

（3）单元类型：M 为基本单元，E 为 I/O 混合扩展单元与扩展模块，EX 为输入专用扩展模块，EY 为输出专用扩展模块。

（4）输出形式：R 为继电器输出，T 为晶体管输出，S 为双向晶闸管输出。

（5）电源的形式：D 为 DC 24V 电源，24V 直流输入；无标记的为交流电源，24V 直流输入。

例如：型号为 FX$_{2N}$-40MR-D 的 PLC，属于 FX$_{2N}$ 系列，是有 40 个 I/O 点的基本单元，继电器输出型，使用 DC 24V 电源。

二、FX$_{2N}$ 系列 PLC 的基本构成

FX$_{2N}$ 系列 PLC 是 FX 家族中最先进的 PLC 系列，它由基本单元、扩展单元、扩展模块入特

殊功能单元构成。基本单元的结构如图 1-1-7 所示。扩展单元用于增加 PLC 的 I/O 点数，内部设有电源。扩展模块用于增加 PLC 的 I/O 点数，内部无电源，所用电源由基本单元或扩展单元供给。因扩展单元及扩展模块无 CPU，必须与基本单元一起使用。特殊功能单元是一些专门用途的装置，如模拟量 I/O 单元、高速计数单元、位置控制单元、通信单元等。

FX$_{2N}$ 系列 PLC 的基本单元有 16/32/48/64/80/128 点，6 个基本单元中的每个单元都可以通过 I/O 扩展单元扩充为 256 个 I/O 点，其基本单元如表 1-1-1 所示。

表 1-1-1　FX$_{2N}$ 系列 PLC 的基本单元

交流电源，DC 24V 输入			输入点数	输出点数	扩展模块可用点数
继电器输出	晶闸管输出	晶体管输出			
FX$_{2N}$-16MR-001		FX$_{2N}$-16MT	8	8	24～32
FX$_{2N}$-32MR-001	FX$_{2N}$-32MS-001	FX$_{2N}$-32MT	16	16	24～32
FX$_{2N}$-48MR-001	FX$_{2N}$-48MS-001	FX$_{2N}$-48MT	24	24	48～64
FX$_{2N}$-64MR-001	FX$_{2N}$-64MS-001	FX$_{2N}$-64MT	32	32	48～64
FX$_{2N}$-80MR-001	FX$_{2N}$-80MS-001	FX$_{2N}$-80MT	40	40	48～64
FX$_{2N}$-128MR-001		FX$_{2N}$-128MT	64	64	48～64

FX$_{2N}$ 系列 PLC 具有丰富的元件资源，有 3072 点辅助继电器；提供了多种特殊功能模块，可实现过程控制、位置控制。FX$_{2N}$ 系列 PLC 有多种（RS-232C/RS-422/RS-485）串行通信模块或功能扩展板支持网络通信。FX$_{2N}$ 系列 PLC 具有较强的数学指令集，使用 32 位处理浮点数；具有方根和三解几何指令，能够满足数学功能要求很高的数据处理。

<h1 align="center">三、FX$_{2N}$ 系列 PLC 的外观及特征</h1>

FX$_{2N}$ 系列 PLC 外观如图 1-1-12 所示。

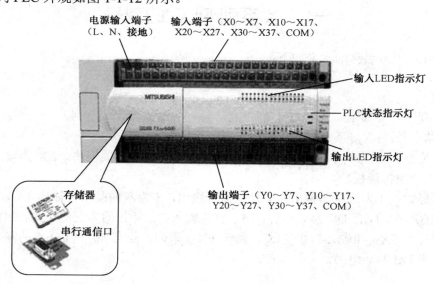

图 1-1-12　FX$_{2N}$PLC 外观

1．外部端子部分

外部端子包括 PLC 电源端子（L、N）、直流 24V 电源端子（24+、COM）、输入端子（X）、输出端子（Y）等。其主要完成电源、输入信号和输出信号的连接。其中，24+、COM 是机器为输入提供的直流 24V 电源，为了减少接线，其正极在机器内已经与输入回路连接，当某输入点需要加输入信号时，只要将 COM 通过输入设备接至对应的输入点，一旦 COM 与输入点接通，该点就为"ON"，此时对应输入指示灯就点亮。

2. 指示部分

指示部分包括各 I/O 点的状态指示、PLC 电源（POWER）指示、PLC 运行（RUN）指示、用户程序存储器后备电池（BATT.V）状态指示及程序出错（PROG-E）、CPU 出错（CPU-E）指示等，用于反映 I/O 点及 PLC 机器的状态。

3. 接口部分

接口部分主要包括编程器、扩展单元、扩展模块、特殊模块及存储卡盒等外部设备的接口，其作用是完成基本单元同上述外部设备的连接。在编程器接口旁边，还设置了一个 PLC 运行模式转换开关 SW1，它有 RUN 和 STOP 两个运行模式。RUN 模式能使 PLC 处于运行状态（RUN 指示灯亮）；STOP 模式能使 PLC 处于停止状态（RUN 指示灯灭），此时，PLC 可进行用户程序的录入、编辑和修改。

四、PLC 的安装及接线

PLC 的安装固定常用两种方式，一是直接利用机器上的安装孔，用螺钉将机箱固定在控制柜的背板或面板上；二是利用 DIN 导轨安装，这要先将 DIN 导轨固定好，再将 PLC 的基本单元、扩展单元、特殊模块等安装在 DIN 导轨上。安装时还要注意在 PLC 周围留足散热及接线空间。

1. 电源的接线

PLC 基本单元的供电通常有两种情况，一是直接使用工频交流电，通过交流输入端子连接，对电压的要求比较宽松，100～250V 均可使用；二是采用外部直流开关电源供电，一般配有直流 24V 输入端子。采用交流供电的 PLC，机内自带直流 24V 内部电源，为输入器件及扩展单元供电。FX 系列 PLC 大多为交流电源，直流输入形式。

2. 输入接口器件的接线

PLC 的输入接口连接输入信号，器件主要有开关、按钮及各种传感器，如图 1-1-13 所示，这些都是触点类型的器件。在接入 PLC 时，每个触点两个接头分别连接一个输入点（X）及输入公共端（COM）。由图 1-1-12 所示可知，PLC 的开关量输入接线点都是螺钉接入方式，每一位信号占用一个螺钉。图 1-1-12 所示上部为输入端子，COM 端为公共端，输入公共端在某些 PLC

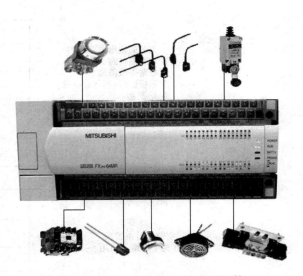

图 1-1-13　PLC 的输入/输出元器件

中是分组隔离的，在 FX$_{2N}$ 机型是连通的。图 1-1-13 中的开关、按钮等器件都是无源器件，PLC 内部电源能为每个输入点提供大约 7mA 的电流，这也就限制了线路的长度。PLC 与三线传感器的连接如图 1-1-14 所示，三线传感器由 PLC 的 24+端子供电，也可以由外部电源供电；PLC 与两线传感器的连接如图 1-1-15 所示，两线传感器由 PLC 的内部供电。

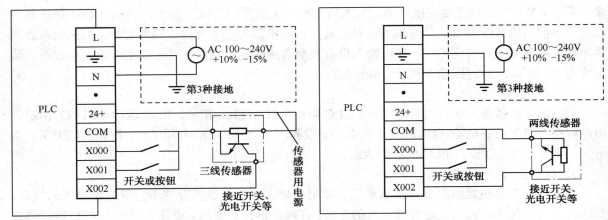

图 1-1-14　PLC 与三线传感器的连接　　　　图 1-1-15　PLC 与两线传感器的连接

3．输出接口器件的接线

PLC 的输出接口上连接的器件主要是继电器、接触器、电磁阀的线圈、指示灯、蜂鸣器，如图 1-1-16 所示。这些器件均采用 PLC 机外的专用电源供电，PLC 内部只是提供一组开关接点。接入时线圈的一端接输出点螺钉，一端经电源接输出公共端。由于输出端口连接线圈种类多，所需的电源种类及电压不同，输出端口公共端常分为许多组，一般 4 点为一组，而且组间是隔离的。PLC 输出端口的电流定额一般为 2A，大电流的执行器件要配装中间继电器。

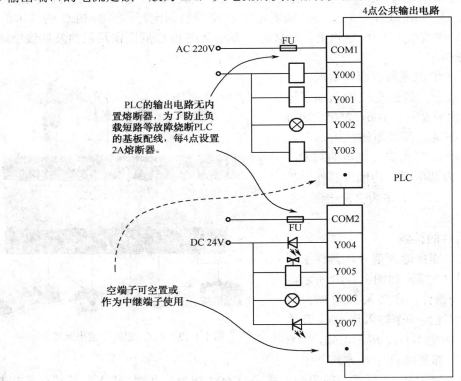

图 1-1-16　PLC 输出接口连接的器件

4．通信线的连接

PLC 一般设有专用的通信接口，通常为 RS-485 接口或 RS-422 接口，FX$_{2N}$ 系列 PLC 为 RS-422 接口。与通信接口的接线常采用专用的接插件连接。

PLC 的产品种类和规格繁多，制造商也很多，其产品各有千秋，但总体而言，所有 PLC 的结构组成和工作原理是基本相同的，使用方法、基本指令和一些常用的功能指令也基本相同，只在表达方式上略有差别。当掌握了一种 PLC 的功能和应用之后，学习其他 PLC 是非常容易的。目前，世界上 PLC 主要生产厂商集中在欧美及日本。美国与欧洲一些国家的 PLC 是在互相封闭的情况下发展起来的，产品有比较大差异，日本则是在引进美国技术的基础上发展起来的。在中国工业控制设备市场上，欧美国家的大型 PLC 较多，而日本的则以高性价比的小型机居多。

一、欧洲 PLC 产品

德国西门子（SIEMENS）公司、AEG 公司和法国的 TE 公司是欧洲著名的 PLC 制造商。德国西门子公司的电子产品以性能优良而久负盛名。在大、中型 PLC 产品领域与美国的 A-B 公司齐名。

西门子 PLC 主要产品有 S5、S7 系列，S7 系列是近年来开发的代替 S5 的新产品。S7 系列含有 S7-200、S7-300 及 S7-400 系列，S7-200 系列是微型机，S7-300 系列是中、小型机，S7-400 系列是大型机。S7 系列性价比较高，近年来在中国市场的占有份额有不断上升之势。

二、美国 PLC 产品

美国有 100 多家 PLC 厂商，著名的有 A-B 公司、通用电气（GE）公司、莫迪康（MODICON）公司、德州仪器（TI）公司、西屋公司等。其中，A-B 公司是美国最大的 PLC 制造商，产品约占美国 PLC 市场的一半。A-B 公司的主要产品为大、中机型。如 PLC-5 系列 PLC 为模块式结构，CPU 有 PLC-5/10、PLC-5/12、PLC-5/15、PLC-5/125、PLC-5/11、PLC-5/20、PLC-5/30、PLC-5/40、PLC-5/60 等种类，最多可配置 5000 个 I/O 点。A-B 公司的小型机产品有 SLC500 系列等。

GE 公司的代表产品是 GE-Ⅰ、GE-Ⅲ、GE-Ⅵ等系列，分别为小型机、中型机及大型机，GE-Ⅵ/P 最多可配置 4000 个 I/O 点。德州仪器公司的小型机产品有 510、520 等，中型机有 5TI 等，大型 PLC 产品有 PM550、530、560、565 等系列。莫迪康公司生产 M84 系列小型机、M484txgq 中型机、M584 系列大型机。M884 是增强型中型机，具有小型机的结构，大型机的控制功能。

三、日本 PLC 产品

日本 PLC 产品在小型机领域颇具盛名。某些用欧美中型或大型机才能实现的控制，日本小型机就可以解决。日本有许多 PLC 制造商，如三菱、欧姆龙、松下、富士、日立、东芝等，在世界小型机市场上，日本产品约占 70%的份额。

欧姆龙（OMRON）公司的 PLC 产品，大、中、小、微型机规格齐全。微型机以 SP 系列为代表；小型机有 P 型、H 型、CPM1A、CPM2A 系列及 CPM2C、COM1 等；中型机有 C200H、C200HS、C200HX、C200HG、C200HE 及 CS1 等系列。松下公司的产品中 FP0 为微型机，FP1 为整体式小型机，FP3 为中型机，FP5/FP10、FP10S、FP20 为大型机。

三菱公司的 PLC 进入中国市场较早，其中小型、超小型 PLC 有 F、F_1、F_2、FX_2、FX_1、FX_{2C}、FX_0、FX_{0N}、FX_{0S}、FX_{2NC} 等系列。F 系列 PLC 现已停产。F_1 系列 PLC 在中国曾有较广泛的应用。FX_2 系列 PLC 是 F、F_1、F_2 等机型的更新换代产品，属于高性能叠装式机种。FX_{2N} 型 PLC 则是

三菱公司的近期产品,按叠装式配置,是日本高性能小型机中的代表,另一款三菱公司的产品 FX$_{3U}$ 在定位功能、扩展功能及基本性能方面较之前的 FX 系列产品都有较大的提升。另外,三菱公司还生产 A 系列 PLC,这是一种中、大型模块式机种。

四、中国 PLC 产品

中国有许多厂家及科研院所从事 PLC 的研制及开发工作,产品如中国科学院自动化研究所的 PLC-0088,北京联想计算机集团公司的 GK-40,上海机床电器厂的 CKY-40,上海起重电器厂的 CF-40MR/ER,苏州机床电器厂的 YZ-PC-001A,原机电部北京工业自动化研究所的 MPC-001/20、KB20/40,杭州机床电器厂的 DKK02,天津中环自动化仪表公司的 DJK-S-84/86/480,上海自立电子设备厂的 KKI 系列,上海香岛机电制造有限公司的 ACMY-S80、ACMY-S256,无锡华光电子工业有限公司的 SR-10、SR-20/21 等。

小结与习题

1．小结

本节任务从一般角度介绍了 PLC 的由来、定义、分类、工作原理,以及 FX$_{2N}$ 系列 PLC 的基本构成,外观特征及安装接线。

（1）PLC 是在继电器控制系统和计算机技术的基础上发展起来的,它是专门用于控制领域的计算机。对用户来讲,不需一次开发,但需二次开发,所以 PLC 也是一种专用机。

（2）PLC 具有计算机的完备功能、灵活及通用等优点,以及继电器控制系统的简单易懂、操作方便、价格便宜等优点,其编程方法与计算机相比大大简化,用"面向控制过程,面向对象"的"自然语言"进行编程,使不熟悉计算机的人也能方便地使用。

（3）PLC 已经成为当今应用最广泛的工业控制装置,其应用面几乎覆盖了所有工业行业。

从控制功能来讲,PLC 的应用主要有五种类型:逻辑控制、运动控制、过程控制、数据处理、通信及联网。

从应用方向看,PLC 将朝两个方向发展:一是整体结构向小型模块化结构发展,二是向大型化、多功能方向发展。

（4）目前,世界上 PLC 产品主要分为欧洲、日本、美国三大块。在中国市场上,欧洲的代表产品是西门子公司的 PLC,日本的代表产品是三菱和欧姆龙公司的 PLC,美国的代表产品是 AB 和 GE 公司的 PLC。

长期以来,各个生产厂家的 PLC 产品互不兼容。PLC 产品的规范化、标准化是 PLC 的另一发展方向。

2．习题

（1）PLC 的硬件由哪几个部分组成?各有哪些用途?

（2）PLC 输出接口按输出开关器件的种类不同,有哪几种形式?分别可以驱动什么样的负载?

（3）PLC 按 I/O 点数和存储容量可分为哪几种类型?

（4）PLC 的工作方式是怎样的?包括哪几部分?

（5）在一个扫描周期中,如果在程序执行期间输入状态发生变化,输入映像寄存器的状态是否也随之变化?为什么?

（6）请说出 FX$_{2N}$-64MT 的型号含义?

电动机的点动与连续运行控制设计

▉【任务引入】

1．电动机点动正转控制

点动正转控制线路是用按钮、接触器来控制电动机运转的最简单的正转控制线路。按下按钮 SB1，KM 线圈得电，主触点闭合，电动机启动；松开按钮 SB1，KM 线圈失电，电动机停止。电动机点动正转控制电路如图 1-2-1。

2．电动机连续运行控制

电动机单向运行的启动/停止控制是最基本、最常用的控制。按下起动按钮 SB2，线圈 KM 得电，触点闭合并自锁，电动机得电启动，按下停止按钮 SB1，KM 线圈失电，触点释放，电动机停止。电动机连续运行控制电路如图 1-2-2。

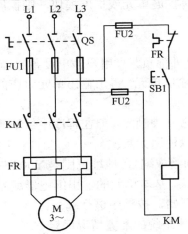
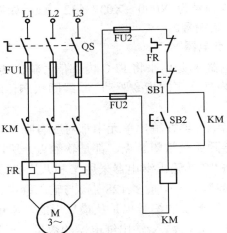

图 1-2-1　电动机点动正转控制电路　　　图 1-2-2　电动机连续运行控制电路

分别将电动机的点动与连续运行控制用 PLC 来实现，并用绿色指示灯表示电动机运行状态，用红色指示灯表示电动机停止状态。当采用 PLC 控制电动机启停时，必须将按钮的控制指令送到 PLC 的输入端，经过程序运算，再用 PLC 的输出去驱动接触器 KM 线圈使其得电，电动机才能运行。那么，如何将输入、输出器件与 PLC 连接，PLC 又是如何编写控制程序的呢？这需要用到 PLC 内部的编程元件输入继电器 X 和输出继电器 Y。

▉【关键知识】

一、输入继电器 X 和输出继电器 Y

PLC 内部有许多具有不同功能的编程元件，如输入继电器、输出继电器、定时器、计数器等，它们不是物理意义上的实物继电器，而是由电子电路和存储器组成的虚拟器件，又称为"软继电器"。"软继电器"实际上是 PLC 内部存储器某一位的状态，该位状态为"1"，相当于继电器接通；该位状态为"0"，相当于继电器断开。在 PLC 程序中出现的线圈与触点均属于"软继电器"，"软继电器"与真实继电器最大的区别在于"软继电器"的触点可以无限次地使用。不同厂家不同型号的 PLC，编程元件的数量和种类有所不同。三菱 FX 系列 PLC 的"软继电器"的线圈和触点符号如图 1-2-3 所示，其中手写时常用"圆圈"表示线圈，而在用编程软件

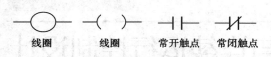

线圈　　　　线圈　　　常开触点　　常闭触点

图 1-2-3　"软继电器"的线圈和触点符号

表示时，常用"括号"表示线圈。

1．输入继电器 X

输入继电器 X 与 PLC 输入端相连，它是专门用来接受 PLC 外部开关信号的元件。PLC 通过输入接口将外部信号状态（接通时为"1"，断开时为"0"）读入，并存储在输入映像寄存器中。

输入继电器必须由外部信号驱动，不能用程序驱动，所以在程序中不可能出现其线圈。由于输入继电器反映输入映像寄存器中的状态，所以其触点的使用次数不限。

FX 系列 PLC 的输入继电器采用 X 和八进制数共同组成编号，地址范围是 X000～X007，X010～X017，X020～X027，……，最多 128 点。注意：基本单元输入继电器的编号是固定的，扩展单元和扩展模块是从最靠近的基本单元开始，按顺序进行编号。例如，基本单元 FX$_{2N}$-64M 的输入继电器编号为 X000～X037（32 点），如果接有扩展单元或扩展模块，则扩展的输入继电器从 X040 开始编号。

2．输出继电器 Y

输出继电器 Y 是用来将 PLC 内部信号输出传送给外部负载（用户输出设备）。输出继电器线圈是由 PLC 内部程序的指令驱动，其线圈状态传送给输出单元，再由输出单元对应的硬触点来驱动外部负载。

每个输出继电器在输出单元中都对应有唯一一个常开硬触点，但在程序中供编程的输出继电器，不管是常开还是常闭触点，都是软触点，所以可以使用无数次。

FX 系列 PLC 的输出继电器采用 Y 和八进制数共同组成编号，地址范围是 Y000～007，Y010～017，Y020～027，……，最多 128 点。与输入继电器一样，基本单元的输出继电器编号是固定的，扩展单元和扩展模块的编号也是从最靠近的基本单元开始，按顺序进行编号。

在实际使用中，输入/输出继电器的数量，要视具体系统的配置情况而定。

二、PLC 编程语言

1994 年 5 月，国际电工委员会公布了 PLC 的常用 5 种编程语言：顺序功能图、梯形图、指令表、功能块图及高级语言。其中，用得最多的是顺序功能图、梯形图和指令表 3 种编程语言。

1．顺序功能图

顺序功能图是一种位于其他编程语言之上的图形语言，它主要用来编制顺序控制程序，主要由步、有向连线、转换条件和动作组成。

2．梯形图

梯形图编程语言是由电气原理图演变而来的，它沿用了继电器逻辑控制图中的触点、线圈、串并联等术语和图形符号，具有形象、直观、实用的特点，电气技术人员容易接受，是目前使用最多的一种 PLC 编程语言。

图 1-2-4 所示为用梯形图语言编写的 PLC 程序。图 1-2-4 中左、右母线类似于继电器控制图

中的电源线，输出线圈类似于负载，输入触点类似于按钮。梯形图由若干梯级组成，每个梯级是一个因果关系。在梯级中，触点表示逻辑输入条件，如外部的开关、按钮和内部条件等；线圈通常代表逻辑结果，用来控制外部的指示灯、接触器和内部的输出标志位等。梯形图自上而下排列，每个梯级起于左母线，经触点、线圈，止于右母线，右母线也可以不画。

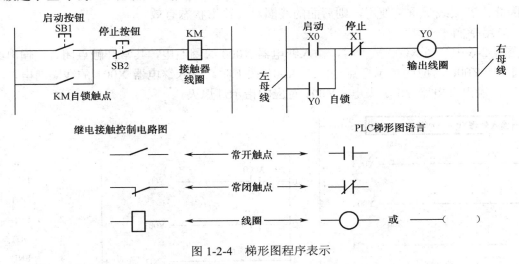

图 1-2-4　梯形图程序表示

（1）梯形图每一个梯级中并没有真正的电流流过。

（2）PLC 在执行程序时，是自上而下一个梯级一个梯级扫描执行，位于梯形图上一级的线圈要比下一级的线圈先通电，执行完一个扫描周期后再重新从第一个梯级开始执行，即 PLC 是串行周期扫描工作方式。而继电器控制电路中，只要满足逻辑关系，可以同时执行满足条件的分支电路，即继电器控制电路是并行工作方式。

3．指令表

PLC 的指令是一种与微机汇编语言中的指令极其相似的助记符表达式，由指令组成的程序称为指令表（Instruction List，IL）程序。不同厂家 PLC 指令的助记符有所不同，但基本的逻辑与运算的指令功能可以相通。在 GX 编程软件中，梯形图和指令表可以自动转换。

三、LD、LDI、OUT、END 指令

1．指令用法

LD：取指令，用于常开触点与左母线连接。

LDI：取反指令，用于常闭触点与左母线连接。

OUT：线圈驱动指令，用于将逻辑运算的结果驱动一个指定线圈。

END：程序结束指令，即 PLC 扫描周期中程序执行阶段结束，进入输出刷新阶段。

2．指令说明

（1）LD、LDI 指令用于将触点接到左母线上，操作目标元件为 X、Y、M、T、C、S。LD、LDI 指令还可与 ANB、ORB 指令配合，用于分支回路的起点。

（2）OUT 指令是对输出继电器 Y、辅助继电器 M、状态继电器 S、定时器 T、计数器 C 的线圈进行驱动的指令，不能用于驱动输入继电器 X。OUT 指令可以连续使用多次，相当于电路中多个线圈的并联形式。

（3）双线圈输出。

线圈一般不能重复使用（重复使用即称为双线圈输出），图1-2-5所示为同一线圈Y003多次使用的情况。设X001=1，X002=0，初始因X001=1，Y003的映像寄存器为1，输出Y004也为1，往下扫描程序，因X002=0，Y003的映像寄存器改为0，因此，最终的外部输出Y003为0，Y004为1。因此，若双线圈重复使用，则后面的线圈对外输出状态有效。

3. 应用举例

在图1-2-6中，当X000按下时，输入继电器X000线圈通电，其常开触点闭合，输出继电器Y000通电，Y000对应的指示灯点亮；当X001按下时，输入继电器X001的线圈通电，其常闭触点断开，输出继电器Y001失电，Y001对应的指示灯熄灭。

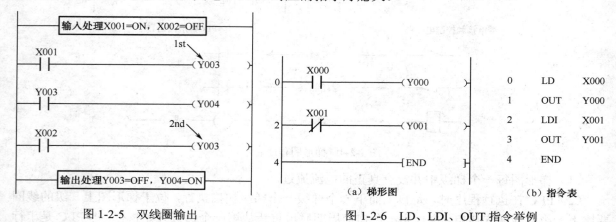

图1-2-5 双线圈输出　　　　　图1-2-6 LD、LDI、OUT指令举例

四、AND、ANI、OR、ORI 指令

1. AND、ANI 指令

（1）指令用法。

AND：与指令，用于单个常开触点的串联，完成逻辑"与"运算。

ANI：与反指令，用于单个常闭触点的串联，完成逻辑"与非"运算。

AND、ANI指令应用如图1-2-7所示。

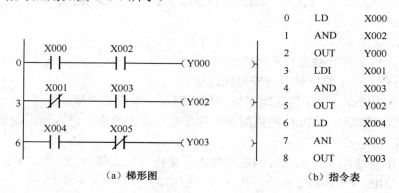

图1-2-7 AND、ANI指令应用

① 当X000按下，同时X002也按下时，Y000通电。

② 不按X001，按下X003时，Y002通电。

③ 按下 X004，不按 X005 时，Y003 通电。

（2）指令说明。

① AND、ANI 指令均用于单个触点的串联，串联触点数目没有限制。这两个指令可以重复多次使用。指令的目标元件为 X、Y、M、T、C、S。

② OUT 指令后，通过触点对其他线圈使用 OUT 指令称为纵接输出。这种纵接输出如果顺序不错，可多次重复使用 OUT 指令，如图 1-2-8 所示。如果 Y0 与 Y1 所在分支的顺序颠倒，就必须要用后面提到的 MPS/MRD/MPP 指令。

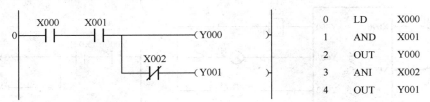

图 1-2-8　连续使用 OUT 指令

③ 串联和并联指令是用来描述单个触点与其他触点或触点组成的电路连接关系的。

2．OR、ORI 指令

（1）指令用法。

OR：或指令，用于单个常开触点的并联。

ORI：或非指令，用于单个常闭触点的并联。

（2）指令说明。

① OR、ORI 指令用于一个触点的并联连接指令。它们可以对 X、Y、M、S、T、C 进行操作。若将两个以上的触点串联连接的电路块并联连接时，要用后面提到的 ORB 指令。

② OR、ORI 指令可以连续使用，并且不受使用次数的限制。

■【任务实施】

一、任务要求

用 PLC 分别实现电动机的点动与连续运行控制，并用绿色指示灯表示电动机运行状态，用红色指示灯表示电动机停止状态。

二、硬件 I/O 分配及接线

1．点动控制

根据电动机的控制要求，输入信号有点动按钮 SB1 和热继电器触点 FR，输出信号有接触器线圈 KM、绿色运转指示灯 HL1、红色停止指示灯 HL2。

（1）I/O 分配

I/O 分配表如表 1-2-1 所示。

（2）PLC 硬件接线。

PLC 控制系统硬件接线如图 1-2-9 所示。

（3）软件程序。

电动机 PLC 点动控制程序如图 1-2-10 所示。

表 1-2-1 I/O 分配表

输　　入			输　　出		
输入继电器	输入元件	作用	输出继电器	输出元件	作用
X000	SB1	启动按钮	Y000	KM	电动机接触器
X001	FR	过载保护	Y001	HL1	绿灯
			Y002	HL2	红灯

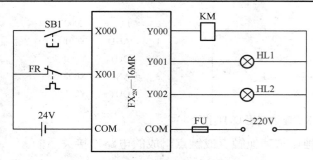

图 1-2-9 PLC 控制系统硬件接线

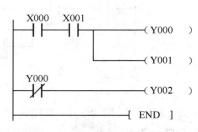

图 1-2-10 电动机 PLC 点动控制程序

2．连续运行控制

（1）I/O 分配。

根据电动机的控制要求，输入信号有启动按钮 SB1、停止按钮 SB2 和热继电器的触点 FR；输出信号有接触器线圈 KM、绿色运转指示灯 HL1、红色停止指示灯 HL2。确定它们与 PLC 输入继电器和输出继电器的对应关系，则 PLC 控制系统的 I/O 分配表如表 1-2-2 所示。

表 1-2-2 I/O 分配表

输　　入			输　　出		
输入继电器	输入元件	作用	输出继电器	输出元件	作用
X000	SB1	启动按钮	Y000	KM	电动机接触器
X001	SB2	停止按钮	Y001	HL1	绿灯
X002	FR	过载保护	Y002	HL2	红灯

（2）PLC 硬件接线。

PLC 控制系统硬件接线图如图 1-2-11 所示。

（3）软件程序。

电动机连续运转 PLC 控制程序如图 1-2-12 所示。

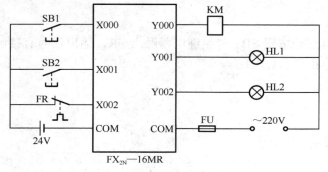

图 1-2-11 PLC 控制系统硬件接线图

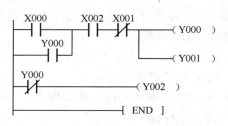

图 1-2-12 电动机连续运转 PLC 控制程序

一、SET、RST 指令

1. 指令用法

SET：置位指令，用于对辅助继电器 M、输出继电器 Y、状态继电器 S 的置位，也就是使操作对象置"1"，并维持接通状态。

RST：复位指令，用于对辅助继电器 M、输出继电器 Y、状态继电器 S 的复位，也就是操作对象置"0"，并维持复位状态，也可对数据寄存器 D 和变址寄存器 V、Z 清零；还用于对积算定时器 T 和计数器 C 逻辑线圈的复位，使它们的当前计时值和计数值清零。

2. 指令说明

（1）用 SET 指令使软元件得电后，必须要用 RST 指令才能使其失电。

（2）图 1-2-12 中，若同时按下 X000 和 X001，则 RST 指令优先。

（3）SET 和 RST 指令的使用没有顺序限制，SET 和 RST 之间可以插入别的程序。

3. 应用举例

如图 1-2-13 所示，当 X000 按下时，Y000 得电并自保持；只有当 X001 按下时，Y000 才清除保持。

| （a）梯形图 | （b）指令表 | （c）时序图 |

图 1-2-13　SET、RST 指令举例

二、用 SET 和 RST 指令实现电动机的自锁控制

利用 SET 和 RST 指令的特点也可以实现电动机自锁控制，启动按钮 X000 和停止按钮 X001 都接常开触点的梯形图如图 1-2-14 所示。

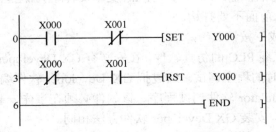

图 1-2-14　用 SET/RST 指令实现电动机的自锁控制

三、PLC 控制系统与继电器控制系统的区别

1．组成的器件不同

继电器控制系统是由许多硬件继电器、接触器组成的，而 PLC 则是由许多"软继电器"组成。传统的继电器控制系统本来有很强的抗干扰能力，但其用了大量的机械触点，因物理性能疲劳、尘埃的隔离性及电弧的影响，系统可靠性大大降低。PLC 采用无机械触点的逻辑运算微电子技术，复杂的控制由 PLC 内部运算器完成，所以其寿命长、可靠性高。

2．触点的数量不同

继电器、接触器的触点数较少，一般只有 4～8 对，而"软继电器"可供编程的触点数有无限对。

3．控制方式不同

继电器控制系统是通过元件之间的硬接线来实现的，控制功能就固定在线路中。PLC 控制功能是通过软件编程来实现的，只要改变程序，功能即可改变，控制灵活。

4．工作方式不同

在继电器控制线路中，当电源接通时，线路中各继电器都处于受制约状态。在 PLC 中，各"软继电器"都处于周期性循环扫描接通中，每个"软继电器"受制约接通的时间是短暂的。

四、GX Developer 编程和仿真软件

GX Developer 是三菱公司专为全系列 PLC 设计的编程软件，其界面和编程文件均已汉化，可在 Windows 操作系统中运行。

在 GX Developer 软件中，可以通过梯形图符号、助记符来创建顺控指令程序，建立注释数据及设置寄存器数据，并可将其存储为文件，或用打印机打印出来。

1．软件安装

（1）先安装通用环境，进入文件夹"EnvMEL"，单击"SETUP.EXE"安装。三菱大部分软件都要先安装"环境"，当然，有的环境是通用的。

（2）完成"环境"安装后，返回到 GX Developer 文件夹，单击"SETUP.EXE"安装。

注意： 在安装的时候，最好把其他应用程序关掉，包括杀毒软件、防火墙、IE、办公软件。因为这些软件可能会调用系统的其他文件，影响安装的正常进行。

（3）输入各种注册信息后，输入序列号（在 txt 文本文件中）。注意在图 1-2-15 所示的界面中"监视专用 GX Developer"前面不要打钩。

（4）完成后单击"完成"按钮。

（5）GX Simulator 是三菱 PLC 的仿真软件，在安装有 GX Developer 的计算机上追加安装 GX Simulator 软件能实现离线时的程序调试。通过把 GX Developer 软件编写程序写入 GX Simulator 内，能够实现通过 GX Simulator 软件调试程序。该软件必须在事先安装好的 GX Developer 软件上才能使用，其安装方法与安装 GX Developer 软件方法相同。

2．GX Developer 软件的基本界面

启动 GX Developer 以后，出现该软件的窗口界面。执行"工程"菜单中的"创建新工程"命令，弹出如图 1-2-16 所示的"创建新工程"对话框。

图 1-2-15　GX Developer 软件安装界面　　　　　　　　　图 1-2-16　"创建新工程"对话框

　　在如图 1-2-16 所示中，选择用户使用的 PLC 所属系列和类型，如图 1-2-16 中选中两个下拉菜单中的"FXCPU"和"FX₂N（C）"。此外，还需要设置程序的类型，即梯形图或 SFC（顺序功能图），设置文件的保存路径和工程名称等。注意 PLC 系列和类型是必须设置的，并且与所连接的 PLC 要一致，否则程序无法写入 PLC 中。工程名可以暂不设置。设置好上述各项后出现如图 1-2-17 所示的窗口，即可进行程序的编写。

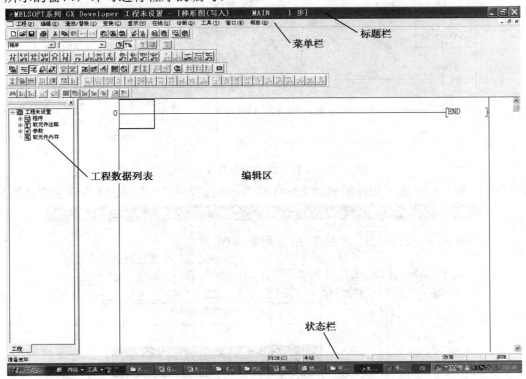

图 1-2-17　GX Developer 主窗口

　　（1）标题栏：标题栏显示打开的编程软件名称和其他信息。

　　（2）菜单栏：菜单栏是将 GX Developer 的全部功能按各种不同的用途组合起来，并以菜单的形式显示。通过执行主菜单各选项及下拉子菜单的命令，可执行相应的操作。它有 10 个主菜单项，各主菜单功能如下。

工程：工程操作如创建新工程、打开工程、关闭工程、保存工程、改变 PLC 的类型、读取其他格式的文件及文件的打印操作等。

编辑：程序编辑的工具，如复制、粘贴、插入行（列）、删除行（列）、画连线、删除连线等功能，并能给程序、元件命名和写入元件注释。

查找/替换：快速查找/替换设备、指令等。

显示：可以设置软件开发环境的风格。例如，决定工具条和状态条窗口的打开与关闭；注释、声明的设置、显法或关闭等。

在线：PLC 可建立与 PLC 联机时的相关操作。例如，用户程序上传和下载；监视程序运行；清除程序；设置时钟操作等。

诊断：包括 PLC 诊断、网络诊断及 CC-link 诊断。

工具：用于程序检查、参数检查、注释等的编辑区域。

（3）工程数据列表：工程数据列表是以树状结构显示工程的各项内容，如程序、软元件注释、参数等。

（4）状态栏：状态栏位于窗口的底部，该窗口用来显示程序编译的结果信息、所选 PLC 类型、程序步数和编辑状态。

3．梯形图程序的生成和编辑

图 1-2-18 所示是一个梯形图，下面以此为例说明如何用 GX 软件编写程序。

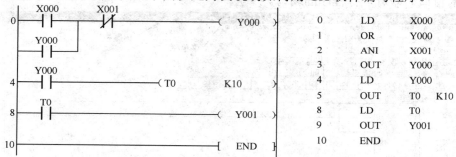

图 1-2-18　梯形图及指令表

（1）单击如图 1-2-19 所示程序编辑画面中①位置的按钮，使其为写模式（查看状态栏的显示）。

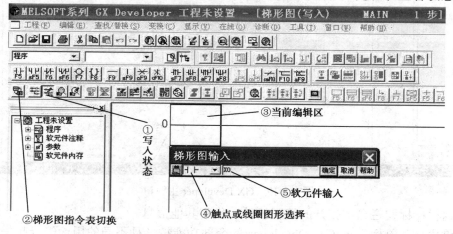

图 1-2-19　梯形图编辑画面

（2）单击如图 1-2-19 所示程序编辑画面中②位置的按钮，选择梯形图显示，即程序在编辑区中以梯形图的形式显示。

（3）在当前编辑区的蓝色方框③中绘制梯形图。

（4）梯形图的绘制有两种方法。一种方法是用鼠标和键盘操作，用鼠标选择工具栏中的图形符号 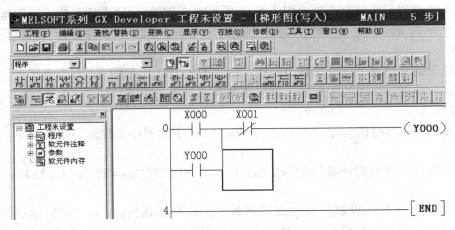或按 F5 键，打开如图 1-2-19 所示梯形图输入窗口，再在④和⑤位置输入其软元件和软元件编号，输入完毕单击"确定"按钮或按 Enter 键即可。

另一种方法是用键盘操作，即通过键盘输入完整的指令，如在图 1-2-19 所示的当前编辑区的位置直接从键盘输入 L→D→空格→X→0→Enter 键，则 X0 的常开触点就在编辑区显示出来，然后再输入 ANI→空格→X1、OUT→空格→Y0、OR→空格→Y0，按 F4 键进行变换后，即绘制出如图 1-2-20 所示的图形。

图 1-2-20　变换后的梯形图

梯形图编辑完后，在写入 PLC 之间，必须进行变换，在"变换"菜单下执行"变换"命令或按"F4"键，或用鼠标单击 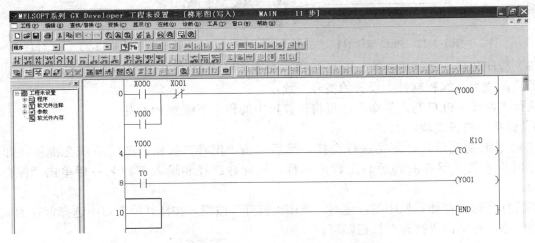 图标，即可进行程序编译，此时编辑区变成白色。

注意，在图 1-2-21 中，有定时器线圈（对于其他梯形图也可能有计数器线圈和应用指令），如用键盘操作，则输入 OUT→空格→T0→空格→K10→Enter 键。

图 1-2-21　程序输入完成后的梯形图

4．程序的插入和删除

梯形图编辑时，经常用到插入和删除行、列、逻辑行等命令。

（1）插入

将光标定位在要插入的位置，然后选择"编辑"菜单，执行菜单中的"行插入"命令，就可以输入编程元件，从而实现逻辑行的插入。

（2）删除

首先通过鼠标选择要删除的逻辑行，然后利用"编辑"菜单中的"行删除"命令就可以实现逻辑行的删除。

元件的剪切、复制和粘贴等命令的操作方法与 Word 应用软件的使用相同。

5．绘制、删除连线

要在梯形图中放置横线时，单击图 1-2-21 所示的 F9 图标，要在梯形图中放置垂直线时，单击图 1-2-20 所示的 sF9 图标；删除横线或垂直线时单击图 1-2-21 所示的 aF9 或 caF10 图标。

6．修改

若发现梯形图有错误，可进行修改操作，如将图 1-2-21 所示的 X0 改为常闭点。首先在写状态下，将光标放在需要修改的图形处，直接从键盘输入命令即可。

7．程序传送

要用 GX 软件编写好的程序写入 PLC 中或将 PLC 中的程序上传读到计算机中，要进行以下操作。

（1）用专用编程电缆将计算机的 RS-232 接口和 PLC 的 RS-422 接口连接好，如图 1-2-22 所示。

（2）单击"在线→传输设置"，在弹出的画面中双击 图 按钮图标，弹出串口详细设置对话框，如图 1-2-23 所示，选择计算机串口 COM1 及通信速率 9.6kbit/s，其他项保持默认，单击"确定"按钮。

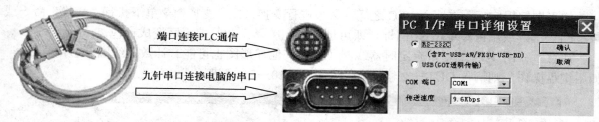

图 1-2-22　PLC 与计算机连接方式　　　　　　　　图 1-2-23　通信口设置

（3）程序传送。执行"在线→PLC 读取"命令，可将 PLC 中的程序传送到计算机中。注意 PLC 的实际型号与编程软件中设置的型号一致。

执行"在线→PLC 写入"命令，可将计算机中的程序下载到 PLC 中。

8．保存、打开工程

当程序编制完后，必须先进行交换，然后单击"保存"按钮，此时系统会提示（如果新建工程时未设置）保存的路径和工程的名称，设置好路径和输入工程名称后单击"保存"按钮即可。

当要打开保存在计算机中的程序时，单击"打开"按钮，在打开的窗口中选择保存的驱动器和工程名称，再单击"打开"按钮即可。

小结与习题

1. 小结

本节首先将任务引入，用 PLC 实现电动机的点动与连续运行控制，并用指示灯显示电动机的运行状态，如何实现，就要学习并掌握 PLC 的编程元件、编程语言及编程环境。

（1）PLC 的输入继电器 X 和输出继电器 Y 是采用八进制进行编号的，对 PLC 进行编程常采用 3 种编程语言：梯形图、顺序功能图和指令表。

（2）介绍了 7 条基本逻辑指令的用法，LD、LDI、OUT、AND、ANI、OR、ORI，特别要注意，OUT 指令不能用于驱动输入继电器 X，但 OUT 指令可以连续使用多次，相当于把电路中多个线圈进行并联，输出线圈不能重复使用。

（3）SET 是置位指令，RST 是复位指令，若驱动 SET 和 RST 的信号同时有效，则 RST 指令优先。

（4）安装 GX Developer 软件时，要先安装环境文件"EnvMEL"，然后才能安装 GX Developer 软件，安装 GX Developer 软件时，注意：监视专用 GX Developer 项不能打勾。安装完 GX Developer 软件后，才能安装 GX Simulator。

（5）使用 GX Developer 软件进行编程时，注意最后要进行编译，编译的快捷键是 F4。

（6）从计算机下载编译后的程序到 PLC 时，要先设置好通信口及通信速率，通常计算机的串口是 COM1，波特率设置为 9.6kbit/s，也有例外，要注意正确设置计算机的串口。

2. 习题

（1）根据给出的梯形图，如图 1-2-24 所示，写出指令表。

（2）根据给出的指令表，如图 1-2-25 所示，画出梯形图。

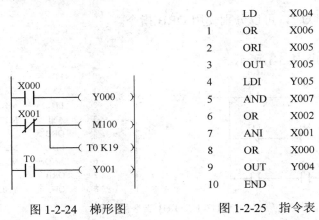

0	LD	X004
1	OR	X006
2	ORI	X005
3	OUT	Y005
4	LDI	Y005
5	AND	X007
6	OR	X002
7	ANI	X001
8	OR	X000
9	OUT	Y004
10	END	

图 1-2-24 梯形图　　　　　图 1-2-25 指令表

（3）如果 PLC 的型号是 FX$_{2N}$-48MR，请写出输入、输出端子的编号。

（4）在 PLC 控制电路中，停止按钮和热继电器在外部使用常闭触点或常开触点时，PLC 程序相同吗？实际使用时采用哪一种？为什么？

通风机监控系统设计

■【任务引入】

某通风机监控系统，将 3 台通风机分别接在 KM1、KM2、KM3 上，用 SB0、SB1、SB2 3 个按钮控制，要求 SB0、SB1、SB2 3 个按钮任意一个被按下时，KM1 得电，1 号通风机接通；按下任意两个按钮时，KM2 得电，2 号通风机接通；同时按下 3 个按钮时，KM3 得电，3 号通风机接通，按下停止按钮 SB3，所有风机都停止，没有按下按钮时，所有通风机都不工作。请设计采用 PLC 控制的相关电路及软件。

■【关键知识】

一、ORB 指令

1. 指令说明

（1）块或指令是两个或两个以上的触点串联电路之间的并联。

（2）ORB 指令无操作元件，可以连续使用，但使用次数不能超过 8 次。

（3）串联电路块的分支开始用 LD、LDI、LDP 或 LDF 指令，分支结束后用 ORB 指令，以表示与前面的电路并联。

（4）多个电路块并联时，可以分别使用 ORB 指令。

2. 应用举例

ORB 指令的使用如图 1-3-1 所示。

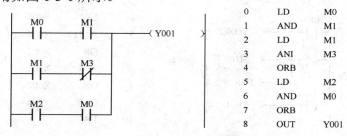

图 1-3-1　ORB 指令的使用

二、ANB 指令

1. 指令说明

（1）两个或两个以上触点并联连接的电路称为并联电路块，当并联电路块与前面的电路串联连接时，使用 ANB 指令。

（2）ANB 指令无操作元件，可以连续使用，但使用次数不能超过 8 次。

（3）并联电路块的分支开始用 LD、LDI、LDP 或 LDF 指令，分支结束后用 ANB 指令，以表示与前面电路的串联。

（4）多个电路块串联时，可以分别使用 ANB 指令。

2．应用举例。

ANB 指令的使用如图 1-3-2 所示

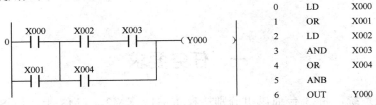

0	LD	X000
1	OR	X001
2	LD	X002
3	AND	X003
4	OR	X004
5	ANB	
6	OUT	Y000

图 1-3-2　ANB 指令的使用

三、MPS、MRD、MPP 指令

1．指令说明

（1）MPS：进栈指令，将运算结果（数据）压入栈存储器的第一层（栈顶），同时将先前送入的数据依次移到栈的下一层。

（2）MRD：读栈指令，将栈存储器的第一层内容读出且该数据继续保存在栈存储器的第一层，栈内的数据不发生移动。

（3）MPP：出栈指令，将栈存储器中的第一层内容弹出且该数据从栈中消失，同时将栈中其他数据依次上移。

（4）MPS 指令用于分支的开始处；MRD 指令用于分支的中间段；MPP 指令用于分支的结束处。

（5）MPS 指令、MRD 指令及 MPP 指令均为不带操作元件的指令，其中 MPS 指令和 MPP 指令必须配对使用。

（6）由于 FX$_{2N}$ 只提供了 11 个栈存储器，因此，MPS 指令和 MPP 指令连续使用的次数不能超过 11 次。

2．应用举例

栈操作指令用于多重输出的梯形图中，如图 1-3-3 所示，在编程时，要将中间运算结果存储时，就可以通过栈操作指令来实现。FX$_{2N}$ 提供了 11 个存储中间运算结果的栈存储器。使用一次

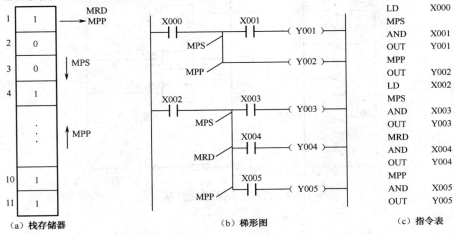

（a）栈存储器　　　　　　（b）梯形图　　　　　　（c）指令表

图 1-3-3　栈存储器和多重输出程序

MPS 指令，当时的逻辑运算结果压入栈的第一层，栈中原来的数据依次向下一层推移；当使用 MRD 指令时，栈内的数据不会变化（即不上移或下移），而是将栈的最上层数据读出；当执行 MPP 指令时，将栈的最上层数据读出，同时该数据从栈中消失，而栈中其他层的数据向上移动一层，因此也称为弹栈。

■【任务实施】

一、任务要求

某通风机监控系统，将 3 台通风机分别接在 KM1、KM2、KM3 上，用 SB0、SB1、SB2 3 个按钮控制，要求 SB0、SB1、SB2 3 个按钮任意一个被按下时，KM1 得电，1 号通风机接通；按下任意两个按钮时，KM2 得电，2 号通风机接通；同时按下 3 个按钮时，KM3 得电，3 号通风机接通，按下停止按钮 SB3，所有风机都停止，没有按下按钮时，所有通风机都不工作。请设计采用 PLC 控制的相关电路及软件。

二、硬件 I/O 分配及接线

1. I/O 分配

根据任务要求，I/O 分配表如表 1-3-1 所示。

表 1-3-1　I/O 分配表

输　入			输　出		
输入继电器	输入元件	作　用	输出继电器	输出元件	作　用
X000	SB0	按钮 1	Y000	KM1	控制 1 号风机
X001	SB1	按钮 2	Y001	KM2	控制 2 号风机
X002	SB2	按钮 2	Y002	KM3	控制 3 号风机
X003	SB3	停止按钮			

2. PLC 硬件接线

PLC 控制系统硬件接线图如图 1-3-4 所示。

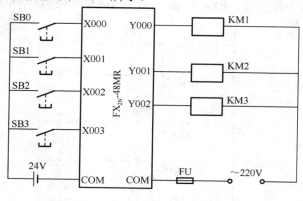

图 1-3-4　PLC 控制系统硬件接线图

3. 软件程序

风机监控系统 PLC 控制程序及指令表如图 1-3-5 所示。

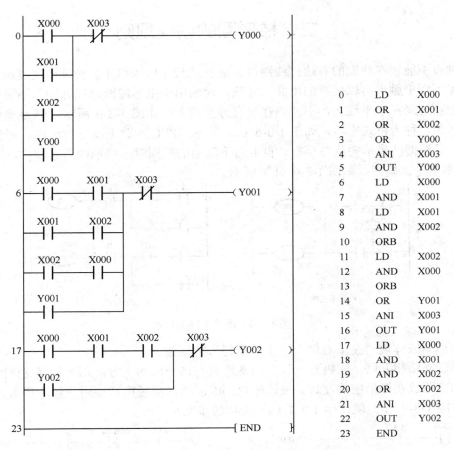

0	LD	X000
1	OR	X001
2	OR	X002
3	OR	Y000
4	ANI	X003
5	OUT	Y000
6	LD	X000
7	AND	X001
8	LD	X001
9	AND	X002
10	ORB	
11	LD	X002
12	AND	X000
13	ORB	
14	OR	Y001
15	ANI	X003
16	OUT	Y001
17	LD	X000
18	AND	X001
19	AND	X002
20	OR	Y002
21	ANI	X003
22	OUT	Y002
23	END	

图 1-3-5　风机监控系统 PLC 控制程序及指令表（续）

■【知识链接】

一、梯形图的特点

（1）梯形图是按自上而下、从左到右的顺序排列。程序按从上到下、从左到右的顺序执行。

每个继电器线圈为一个逻辑行，即一层阶梯。每一逻辑行开始于左母线，然后是触点的连接，最后终止于继电器线圈。母线与线圈之间一定要有触点，而线圈与右母线之间不能有任何触点。

（2）梯形图中，每个继电器均为存储器中的一位，称"软继电器"。当存储器状态为"1"，表示该继电器线圈得电，其常开触点闭合或常闭触点断开。

（3）梯形图中，梯形图两端的母线并非实际电源的两端，而是"概念"电流。"概念"电流只能从左到右流动。

（4）在梯形图中，同一编号继电器线圈只能出现一次（除跳转指令和步进指令的程序段外），而继电器触点可无限次引用。如果同一继电器的线圈使用两次，PLC 将其视为语法错误，绝对不允许。

（5）梯形图中，前面所有继电器线圈为一个逻辑执行结果，立刻被后面逻辑操作利用。

（6）梯形图中，除了输入继电器没有线圈，只有触点，其他继电器既有线圈，又有触点。

（7）辅助继电器相当于继电控制系统中的中间继电器，用来保存运算的中间结果，不对外驱动负载，负载只能由输出继电器来驱动。

二、梯形图的编程规则

（1）触点不能接在线圈的右边；线圈也不能直接与左母线相连，必须要通过触点相连。

（2）梯形图中触点可以任意的串联或并联，而输出继电器线圈可以并联但不可以串联。

（3）触点应画在水平线上，不能画在垂直分支线上，如图 1-3-6 所示。触点垂直跨接在分支路上的梯形图，称为桥式电路，如图 1-3-6（a）所示，PLC 对此无法进行编程。遇到不可编程的梯形图时，可根据信号单向从左至右、自上而下流动的原则对原梯形图重新编排，以便于正确应用 PLC 基本指令来编程，如图 1-3-6（b）所示。

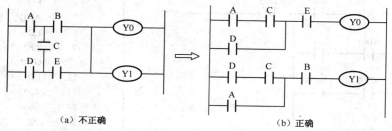

图 1-3-6　桥式电路的转换

（4）梯形图应体现"左重右轻"、"上重下轻"的原则。

几个串联支路相并联，应将触点较多的支路放在梯形图的上方；几个并联支路的串联，应将并联较多的支路放在梯形图的左边。按这样规则编制的梯形图可减少用户程序步数，缩短程序扫描时间，如图 1-3-7（b）就比图 1-3-7（a）所用的步数少。

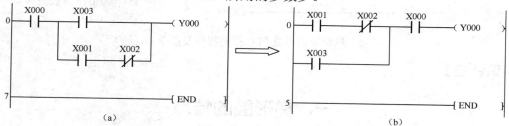

图 1-3-7　梯形图"左重右轻"、"上重下轻"原则变换

（5）尽量避免出现分支点梯形图，如图 1-3-8 所示，将两个输出继电器并联时的上、下位置互换，可减少指令条数。

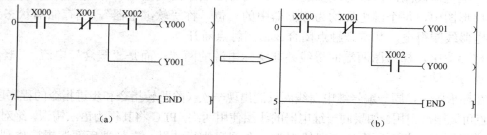

图 1-3-8　避免出现分支

（6）双线圈输出不可用。如果在同一程序中，同一元件的线圈使用两次或多次，则称为双线圈输出。这时前面的输出无效，只有最后一次有效。一般不应出现双线圈输出。

（7）程序结束后应有结束符 END。

小结与习题

1．小结

（1）通过用 PLC 设计通风机监控系统，学习应用块串联 ANB 及块并联 ORB 指令，同时介绍了栈指令 MPS、MRD 及 MPP 的用法。

（2）梯形图的特点是按自上而下、从左到右的顺序排列，程序按从上到下、从左到右的顺序执行。

（3）输入继电器没有线圈，只有触点，输出继电器不能使用双线圈。

（4）梯形图编制的原则是，触点必须接在线圈的左边，线圈不能直接与左母线相连，必须与触点相连。

（5）触点可以任意串联或并联，输出线圈只能并联不能串联。

（6）触点应画在水平线上，不能画在垂直分支线上，梯形图应体现"左重右轻"、"上重下轻"的原则。

2．习题

（1）根据给出的梯形图，如图 1-3-9 所示，写出指令表。

（2）根据给出的指令表，如图 1-3-10 所示，画出梯形图。

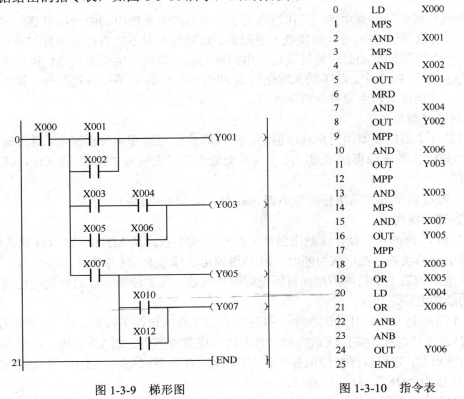

0	LD	X000
1	MPS	
2	AND	X001
3	MPS	
4	AND	X002
5	OUT	Y001
6	MRD	
7	AND	X004
8	OUT	Y002
9	MPP	
10	AND	X006
11	OUT	Y003
12	MPP	
13	AND	X003
14	MPS	
15	AND	X007
16	OUT	Y005
17	MPP	
18	LD	X003
19	OR	X005
20	LD	X004
21	OR	X006
22	ANB	
23	ANB	
24	OUT	Y006
25	END	

图 1-3-9　梯形图　　　　　　　图 1-3-10　指令表

（3）楼上、楼下各有一只开关（SB1、SB2）共同控制一盏照明灯（HL1）。要求两只开关均可对灯的状态（亮或熄）进行控制。试用本节所学的基本指令实现上述控制要求。

（4）试用 PLC 设计实现电动机正反转控制的硬件接线图及梯形图程序。其中，SB1 为正转启动按钮，SB2 为反转启动按钮，SB3 为停止按钮，FR 为热保护继电器，KM1 为控制正转交流接触器，KM2 为控制反转交流接触器。

电动机顺序启停控制设计

■【任务引入】

某设备有 3 台电动机，控制要求如下：按下启动按钮 SB0，第 1 台电动机 M1 启动，运行 5s 后，第 2 台电动机 M2 启动，M2 运行 10s 后，第 3 台电动机 M3 启动；按下停止按钮 SB1，延时 3s 后，3 台电动机全部停止。

■【关键知识】

一、辅助继电器 M

PLC 内部有很多辅助继电器，其作用相当于继电器控制系统中的中间继电器，它没有向外的任何联系，且其常开/常闭触点使用次数不受限制。辅助继电器不能直接驱动外部负载，只供内部编程使用，外部负载的驱动必须通过输出继电器来实现。辅助继电器采用 M 和十进制共同组成编号。在 FX$_{2N}$ 系列 PLC 中，除了输入继电器 X 和输出继电器 Y 采用八进制外，其他编程元件均采用十进制。辅助继电器主要包含以下 3 类。

1. 通用辅助继电器

通用辅助继电器的线圈由用户程序驱动，若 PLC 在运行过程中突然断电，通用辅助继电器将全部变为"OFF"。若电源再次接通，除了因外部输入信号而变为"ON"的以外，其余的仍将保持为"OFF"。

FX$_{2N}$ 的 PLC 内部共有通用辅助继电器 500 点，从 M0～M499。

2. 锁存辅助继电器

FX$_{2N}$ 的 PLC 内部共有锁存（断电保持）继电器 524 点，从 M500～M1023 锁存辅助继电器用于保存停电前的状态，在电源中断时，PLC 用锂电池保持 RAM 中寄存器的内容，它们只是在 PLC 重新上电后的第 1 个扫描周期保持断电瞬时的状态。为了使用它们的断电记忆功能，可以采用有记忆功能的电路。

图 1-4-1 所示是一个路灯控制程序。每晚 7 点由工作人员按下按钮 X0，点亮路灯 Y0，次日凌晨按下 X1，路灯熄灭。特别注意的是，若夜间出现意外停电，则 Y0 熄灭。由于 M501 是断电保持型辅助继电器，它可以保持停电前的状态，因此，在恢复来电时，M501 将保持"ON"状态，从而使 Y0 继续为"ON"，灯继续点亮。

3. 特殊辅助继电器

辅助继电器中 M8000～M8255 共 256 点为特殊辅助继电器，它们用来表示 PLC 的某些状态，提供时钟脉冲和标志（如进位、借位标志）、设定 PLC 的运行方式，或用于步进顺控、禁止中断、设定计数器是加计数器或是减计数器等。特殊辅助继电器可分为以下两类。

（1）触点利用型。由 PLC 的系统程序来驱动特殊辅助继电器的线圈，在用户程序中直接使用其触点，但是不能出现它们的线圈，举例如下。

M8000（运行监视）：当 PLC 执行用户程序时，M8000 为"ON"；停止执行时，M8000 为"OFF"，如图 1-4-2 所示。

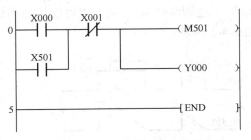

图 1-4-1　锁存辅助继电器保持功能

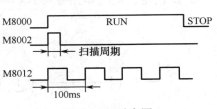

图 1-4-2　时序图

M8002（初始化脉冲）：M8002 仅在 M8000 由"OFF"变为"ON"状态时的一个扫描周期内为"ON"，如图 1-4-2 所示，可以用 M8002 的常开触点来使有断电保护功能的元件复位或给它们置初始值。

M8011～M8014 分别是 10ms、100ms、1s 和 1min 时钟脉冲，如图 1-4-2 所示。

M8005（锂电池电压降低时用）：电美国电压下降至规定值时变为"ON"，可以用它的触点驱动输出继电器和外部指示灯，从而提醒工作人员更换锂电池。

（2）线圈驱动型。由用户程序驱动特殊辅助继电器的线圈，从而使 PLC 执行特定的操作，因此用户并不使用它们的触点，举例如下。

M8030 的线圈"通电"后，电池电压降低，发光二极管熄灭。

M8033 的线圈"通电"后，PLC 进入 STOP 状态后，所有输出继电器的状态保持不变。

M8034 的线圈"通电"后，禁止所有的输出。

二、定时器 T

PLC 中的定时器 T 相当于继电器控制系统中的通电延时型时间继电器。它可以提供无限对常开、常闭延时触点。定时器中有 1 个设定值寄存器（一个字长），1 个当前值寄存器（一个字长）和 1 个用来存储其输出触点的映像寄存器（一个二进制位），这 3 个量使用同一地址编号，定时器采用 T 与十进制数共同组成编号，如 T0、T20、T199 等。

FX$_{2N}$ 系列中定时可分为通用定时器、积算定时器两种。它们是通过对一定周期的时钟脉冲计数实现定时的，时钟脉冲的周期有 1ms、10ms、100ms 三种，当所计脉冲个数达到设定值时触点动作。设定值可用常数 K 或数据寄存器 D 来设置。

FX$_{2N}$ 系列 PLC 内部可提供 256 个定时器，其编号为 T000～T255。其中普通定时器 246 个，积算定时器 10 个，定时器的元件号及其设定值如下。

（1）100ms 定时器 T0～T199，共 200 点，定时范围：0.1～3276.7s。

（2）10ms 定时器 T200～T245，共 46 点，定时范围：0.01～327.67s。

（3）1ms 积算定时器 T246～T249，共 4 点，定时范围：0.001～32.767s。

（4）100ms 积算定时器 T250～T255，共 6 点，定时范围：0.1～3276.7s。

定时器的使用说明如下。

（1）PLC 内的定时器是根据时钟脉冲的累积形式，将 PLC 内的 1ms、10ms、100ms 等时钟脉冲进行加法计数，当时间达到规定的设定值时，其常开触点闭合，常闭触点断开。

（2）每个定时器只有一个输入，普通定时器线圈通电时，开始定时，断电时，自动复位，不保存中间数值。定时器有两个数据寄存器，一个为设定值寄存器（字元件），另一个是当前值寄存器（字元件），分别一个线圈及无数个常开/常闭触点（位元件）。这些寄存器都是 16 位，定时器的定时值=设定值×时钟。定时器的设定值既可以用十进制常数 K 设定，也可以用后面讲到的数据寄存器 D 设定。定时器指令形式和时序图如图 1-4-3 所示。

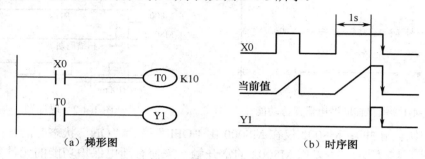

（a）梯形图　　　　　　　　　　　（b）时序图

图 1-4-3　定时器指令形式和时序图

在图 1-4-3 中，当定时器线圈 T0 的驱动输入继电器 X0 接通时，T0 开始定时，定时时间到，定时器 T0 的常开触点闭合，Y0 就有输出。当驱动输入继电器 X0 断开或发生停电时，定时器就复位，输出触点也复位。

（3）积算定时器一共有 10 点，从 T246～T249 是 1ms 积算定时器；从 T250～T255 是 100ms 积算定时器。

在 FX$_{1N}$、FX$_{2N}$ 系列 PLC 中，1ms 积算定时器有 4 个。

积算定时器指令时序图如图 1-4-4 所示，定时器线圈 T250 的驱动输入继电器 X0 接通时，T250 当前值计数器开始对 100ms 的时钟脉冲进行累积计数，当该值与设定值 K100 相等时，定时器的输出触点动作。在计数过程中，即使输入继电器 X0 断开或 PLC 断电，它也会把当前值保持下来如图 1-4-4（b）所示的 6s，当 X0 接通或 PLC 重新上电时，再继续累积 4s，当累积时间为 10s（100×100ms=10s）时触点动作，Y0 得电。因为积算定时器的线圈断电时不会复位，所以需要用复位指令 RST 使其强制复位。

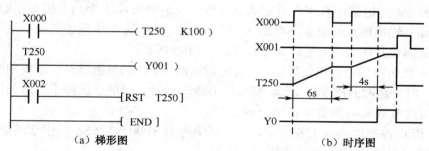

（a）梯形图　　　　　　　　　　　（b）时序图

图 1-4-4　积算定时器指令形式和时序图

■【任务实施】

一、任务要求

某设备有 3 台电动机，控制要求如下：按下启动按钮 SB0，第 1 台电动机 M1 启动，运行 5s 后，第 2 台电动机 M2 启动，M2 运行 10s 后，第 3 台电动机 M3 启动；按下停止按钮 SB1，延时 3s 后，3 台电动机全部停止。

二、硬件 I/O 分配及接线

（1）I/O 分配

通过分析任务要求可知，该控制系统有 3 个输入，启动按钮 SB0、停止按钮 SB1、过载保护 FR1～FR3，为节约 PLC 的输入点，将 3 台电动机的过载保护触点串联起来接在 PLC 的 1 个输入点上。具体 I/O 分配表如表 1-4-1 所示。

表 1-4-1 I/O 分配表

输　　入			输　　出		
输入继电器	输入元件	作　　用	输出继电器	输出元件	作　　用
X000	SB0	按钮 1	Y000	KM1	控制第 1 台电机
X001	SB1	停止按钮	Y001	KM2	控制第 2 台电机
X002	FR1～FR3	热继电器过载保护触点	Y002	KM3	控制第 3 台电机

（2）PLC 硬件接线

PLC 控制系统硬件接线图如图 1-4-5 所示。

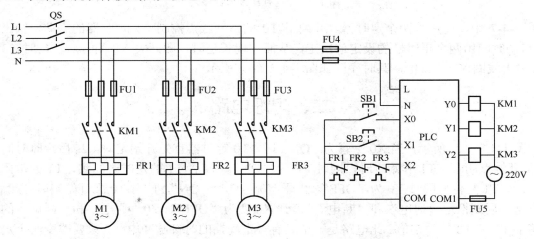

图 1-4-5 PLC 控制系统硬件接线图

（3）软件程序

电动机顺序启停控制程序如图 1-4-6 所示。

当按下启动按钮 X0，第 1 台电动机 Y0 启动，同时定时器 T0 的线圈为"ON"，开始定时。定时器 T0 的线圈接通 5s 后，延时时间到，其常开触点闭合，第 2 台电动机 Y1 启动；定时器 T1 的线圈接通 10s 后，延时时间到，其常开触点闭合，第 3 台电动机 Y2 启动。停止时，按下停止按钮 X1，所有的线圈都失电，3 台电动机全部停止。运行中，热继电器 FR1、

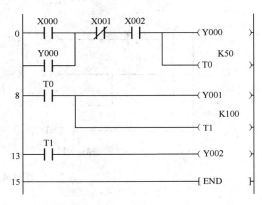

图 1-4-6 电动机顺序启停控制程序

FR2 或 FR3 任意常闭触点断开，控制电动机的线圈都会失电，停止动行。

■【知识链接】

一、定时器接力电路

定时器接力程序如图 1-4-7 所示。

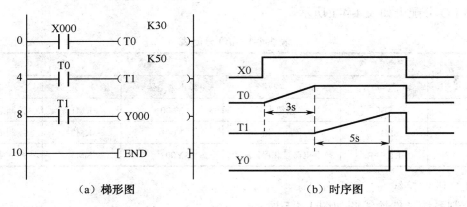

（a）梯形图　　　　　　　　　　（b）时序图

图 1-4-7　定时器接力程序

图 1-4-7 中，使用了两个定时器，并利用 T0 的常开触点控制 T1 定时器的启动，输出线圈 Y0 的启动时间由两个定时器的设定值决定，从而实现长延时，即开关 X0 闭合后，延时（3+5）s=8s，输出线圈 Y0 才得电，其时序图如图 1-4-7（b）所示。

二、闪烁电路

如图 1-4-8（a）所示，当 X0 一直为"ON"时，T0 定时器首先开始定时，2s 后定时时间到，T0 的常开触点闭合，T1 开始定时，同时 Y0 为"ON"。3s 后 T1 的定时时间到，T1 的常闭触点断开，T0、T1 复位，同时 Y0 为"OFF"。由于 X0 一直为"ON"，此时 T0 又开始定时，此后 Y0 线圈将这样周期性地"通电"和"断电"，直到 X0 变为"OFF"，Y0"通电"和"断电"的时间分别等于 T1 和 T0 的设定值。此电路是一个具有一定周期的时钟脉冲电路，只要改变两个定时器的设定值，就可以改变此电路脉冲周期的占空比，如图 1-4-8（b）所示。

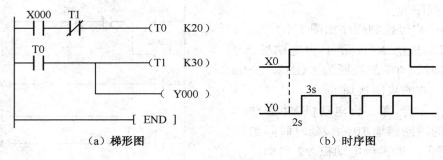

（a）梯形图　　　　　　　　　　（b）时序图

图 1-4-8　闪烁电路

时钟脉冲信号除了可以由图 1-4-8 所示的程序产生外，还可以由 PLC 内部特殊辅助继电器产生，如 M8011、M8012、M8013 和 M8014 分别是 10ms、100ms、1s 和 1min 时钟脉冲，用户只能使用它们的触点。

三、延时接通/断开电路

图 1-4-9（a）所示电路用 X0 控制 Y0，要求 X0 变为"ON"，再过 5s 后 Y0 才变为"ON"，X0 变为"OFF"，再过 7s 后 Y0 才变为"OFF"，且 Y0 用自锁电路来控制。

X0 的常开触点接通后，T0 开始定时，5s 后 T0 的常开触点接通，使 Y0 变为"ON"。X0 为"ON"时其常闭触点断开，使 T1 复位，X0 变为"OFF"后 T1 开始定时，7s 后 T1 的常闭触点断开，使 Y0 变为"OFF"，同时 T1 也被复位，其时序图如图 1-4-9（b）所示。

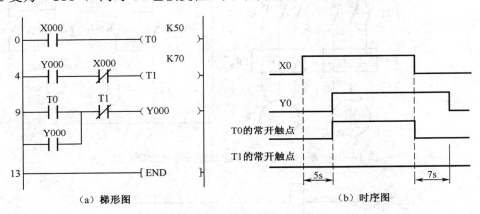

图 1-4-9　延时接通/断开电路

小结与习题

1．小结

（1）PLC 内部有很多辅助继电器，和输出继电器一样，只能由程序驱动。每个辅助继电器有无数对常开、常闭触点供编程使用，其作用相当于继电器控制线路中的中间继电器。

（2）辅助继电器的触点在 PLC 内部编程时可以任意使用，但它不能直接驱动负载，外部负载必须由输出继电器的输出触点来驱动。

（3）辅助继电器按十进制地址进行编号。

（4）M8011～M8014 分别是 10ms、100ms、1s、和 1min 时钟脉冲辅助继电器。

（5）定时器在 PLC 中的作用相当于时间继电器，它有一个设定值寄存器（一个字长），一个当前值寄存器（一个字长）及无限个触点（一个位），对于每个定时器，这 3 个量使用同一地址编号名称。

（6）定时器累计 PLC 内的 1ms、10ms、100ms 等的时钟脉冲，当达到设定值时，输出触点动作。

（7）定时器可以使用用户存储器内的常数 K 作为设定值，也可以用后述的数据寄存器 D 的内容作为设定值。

（8）定时器有通用定时器和积算定时器。

2. 习题

（1）FX 系列 PLC 辅助继电器的类型及特点是什么？

（2）FX 系列 PLC 定时的类型及特点是什么？

（3）分析并说出如图 1-4-10 所示的两台电动机顺序启动、逆序停止控制电路的特点，并根据图 1-4-11 给出的控制时序图，编写实现 PLC 控制的梯形图。

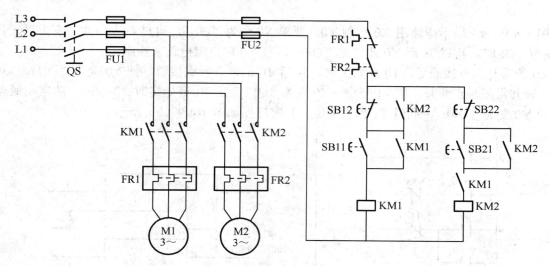

图 1-4-10　两台电动机顺序起动逆序停止控制电路

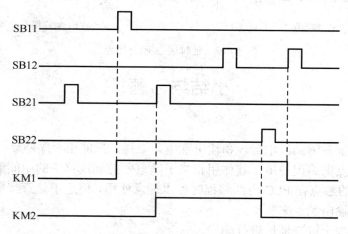

图 1-4-11　控制时序图

（4）试设计一个振荡电路（闪烁电路），其要求如下：X000 外接的 SB 是带自锁的按钮，Y000 外接指示灯 HL，让 HL 产生亮 3s，灭 2s 的闪烁效果。试编写梯形图并画出时序图。

（5）试用 PLC 控制发射型天塔。发射天塔有 HL1~HL9 9 个指示灯，按下启动按钮后，HL1 亮 2s 后熄灭，接着 HL2、HL3、HL4、HL5 亮 2s 后熄灭，接着 HL6、HL7、HL8、HL9 亮 2s 后熄灭，接着 HL1 亮 2s 后熄灭，如此循环下去，按下停止按钮，指示灯全灭。试编写出 PLC 程序并画出硬件接线图。

任务五

产品出入库控制程序设计

■【任务引入】

　　某小型仓库的控制检测系统如图 1-5-1 所示，在仓库的入口及出口处均安装了光电检测开关，当有产品入库时，入口处的光电检测开关 X0 闭合，仓库内的产品数量加"1"，当产品出库时，出口处的光电检测开关闭合，仓库的产品数量减"1"，当仓库内的产品数量达到30000 个时，仓库报警。试用 PLC 实现该控制。

　　由于该控制任务需要对仓库产品进行统计计数，需要用到 PLC 的编程元件——计数器。

图 1-5-1　某小型仓库的控制检测系统

■【关键知识】

一、计数器的分类

　　FX$_{2N}$ 系列 PLC 有 256 个计数器，其编号为 C000～C255，编号采用十进制。计数器可按计数方式、计数范围、计数开关量的频率、计数的元件号及设定值等分为如下 5 类。

1．16 位通用加计数器

16 位通用加计数器有 C0～C99，共 100 点，设定值为 1～32767。16 位是指其设定值寄存器为 16 位。

2．16 位锁存加计数器

16 位锁存（断电保持）加计数器有 C100～C199，共 100 点，设定值为 1～32767。

3．32 位通用加/减双向计数器

32 位通用加/减计数器有 C200～C219 共 20 点，设定值为 −2147483648～+2147483647。

4．32 位锁存加/减双向计数器

32 位锁存加/减双向计数器有 C220～C234，共 15 点，设定值为 −2147483648～+2147483647。

5．32 位加/减双向高速计数器

高速计数器有 C235～C255，共 21 点，设定值为 −2147483648～+2147483647。共享 PLC 上 6 个高速计数器输入（X000～X005）。高速计数器按中断原则运行。

二、计数器的使用说明

　　（1）计数器对内部元件 X、Y、S、M、T、C 的触点通断次数进行计数。当达到设定值时，计数器的常开触点闭合，常闭触点断开。

　　（2）计数器同定时器一样，也有 1 个设定值寄存器（字）、1 个当前值寄存器（字）、1 个线圈及无数个常开/常闭触点（位）。设定值可以用常数 K 设定，也可以用数据寄存器 D 设定。

　　（3）普通计数器在计数过程中发生断电，则前面所计的数值全部丢失，再次通电后从 0 开始

计数；锁存计数器在计数过程中发生断电，则前面所计数值保存，再次通电后，从原来的数值基础上继续计数。

通用型 C00～C99 计数器与断电保持型的 C100～C199 计数器都是 16 位计数器，其工作示意图如图 1-5-2 所示。应注意的是，对于计数器 C100～C199，即使 PLC 断电，当前值与触点的动作状态或复位状态也能保持。

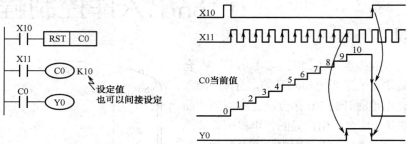

图 1-5-2　16 位计数器工作过程示意图

（4）C200～C255 加/减双向计数器的计数方向由特殊辅助继电器 M8200～M8255 设定，对应的辅助继电器为"ON"时，为减计数器（每计一个数，计数器的当前值就从设定值开始逐步减 1），反之为加计数器（每计一个数，计数器的当前值就从 0 开始逐步加 1）。

如图 1-5-3 所示，当 X3 为"OFF"时，M8200 为"OFF"，此时由 M8200 将计数器 C200 设定为加计数器。计数输入端 X0 每次驱动 C200 线圈时，计数器的当前值加 1，当 X3 为"ON"时，M8200 为"ON"，此时由 M8200 将计数器 C200 设定为减计数器。当计数器的当前值由 -5→-6（减小）时，计数器的线圈失电，常开触点 C200 断开，Y0 为"OFF"。当计数器的当前值由 -6→-5（增加）时，计数器的线圈得电，常开触点 C200 闭合，Y0 为"ON"。当复位输入端 X1 接通（ON）时，执行 RST 指令，计数器的当前值为 0，其常开触点 C200 也复位，Y0 为 OFF。

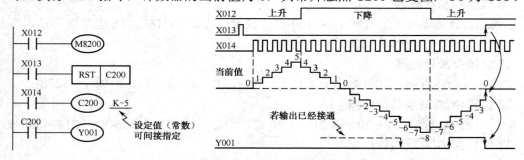

图 1-5-3　32 位计数器指令形式与时序图

（5）计数器必须用 RST 指令强制复位。

（6）32 位加减计数器是循环计数方式。在计数过程中当前值可加、可减。无论是加计数状态还是减计数状态，当前值大于或等于设定值时，计数器输出触点动作，即常开触点闭合，常闭触点断开；当前值小于设定值时，计数器输出触点复位。

■【任务实施】

一、任务要求

有一小型仓库控制检测系统硬件安装如图 5-1 所示，在仓库的入口及出口处均安装了光电检测开关，当有产品入库时，入口处的光电检测开关 X0 闭合，仓库内的产品数量加"1"，当产品出库时，出口处的光电检测开关闭合，仓库的产品数量减"1"，当仓库内的产品数量达到 30000 个时，仓库报警。试用 PLC 实现该控制。

二、硬件 I/O 分配及接线

1. I/O 分配

通过分析任务要求可知，该控制系统有两个光电检测开关 GK1、GK2，要设置 1 个复位按钮 SB0 和 1 个报警灯 HL，则具体 I/O 分配表如表 1-5-1 所示。

表 1-5-1 I/O 分配表

输　　入			输　　出		
输入继电器	输入元件	作　　用	输出继电器	输出元件	作　　用
X000	GK1	入口检测传感器	Y000	HL0	报警灯
X001	GK2	出口检测传感器			
X002	SB	复位开关			

2. PLC 硬件接线

PLC 控制系统硬件接线图如图 1-5-4 所示。

3. 软件程序

仓库控制系统程序如图 1-5-5 所示。

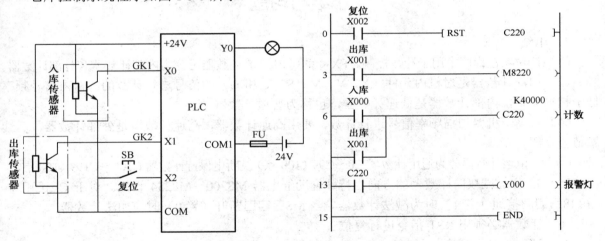

图 1-5-4 PLC 控制系统硬件接线图　　　　图 1-5-5 仓库控制系统程序

控制程序的关键是利用特殊辅助继电器 M8200 来控制 32 位的锁存加减计数器 C220 进行加减计数。当有产品入库时，X0 由"OFF"→"ON"变化 1 次，M8200=0，C220 为加计数，其当前值加 1；当有产品出库时，X1 由"OFF"→"ON"变化 1 次，M8200=1，C220 为减计数，其当前值减 1。无论处于何种方式，计数器的当前值始终随计数信号的变化而变化，准确反应了库存产品的数量。当 C220 的计数值到达 40000 时，C220=1，其常开触点闭合，Y0 变为 ON，报警灯亮。

■【知识链接】——定时器与计数器在长延时电路中的应用

FX 系列定时器的最长定时时间为 3276.7s，若需要更长的定时时间，如定时 24h，可使用如图 1-5-6 所示的电路。

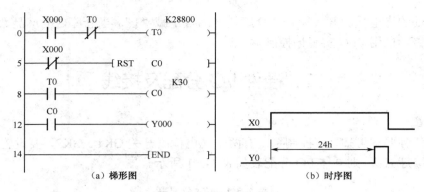

图 1-5-6　定时器范围扩展

当 X0 为 "OFF" 时，C0 和 T0 处于复位状态。当 X0 为 "ON" 时，其常开触点闭合，T0 开始定时，2880s 后定时器 T0 的定时时间到，其当前值等于设定值，则 T0 常开触点闭合，计数器当前值加 1；T0 常闭触点断开，使自己复位，复位后 T0 的当前值变为 0，同时其常闭触点闭合，使自己的线圈重新得电，又开始定时。T0 将这样周而复始地工作，直到 X0 变为 "OFF"。

T0 产生的脉冲序列送给 C0 计数，计满 30 个数（即 24h）后，C0 的当前值等于设定值，其常开触点闭合，Y0 "通电"。设 T0 和 C0 的设定值分别为 K_T 和 K_C，对于 100ms 定时器，总的定时时间为 $T=0.1K_TK_C$。

小结与习题

1．小结

（1）计数器在程序中用于计数控制。FX$_{2N}$ 系列 PLC 的计数器可分为内部计数器和外部计数器。

（2）内部计数器是对机内元件（X、Y、M、S、T 和 C）的信号进行计数的。机内信号频率低于扫描频率，内部计数器是低速计数器，也称为普通计数器。

（3）对高于机器扫描频率信号进行计数，要用高速计数器，高速计数器是外部计数器，后续章节会介绍。

（4）16 位增计数器分为通用计数器 C0～C99（100 点）及断电保持计数器 C100～C199（100 点）。

（5）32 位加减双向计数器的方向由特殊辅助继电器 M8200～M8234 设定。对于 C□□□，当 M8□□□接通（置 1）时为减法计数器，当 M8□□□断开（置 0）时为加法计数器。

（6）计数器必须用 RST 指令进行复位。

2．习题

（1）FX 系列 PLC 的计数器 C200～C255 如何设置成加计数器或减计数器？

（2）楼上、楼下各有一只开关（SB1、SB2）共同控制一盏照明灯（HL1），要求两只开关均可对灯的状态（亮或熄）进行控制。试用 PLC 来实现上述要求。

（3）试用 PLC 设计一个控制电路，该电路中有 3 台电动机，它们用一个按钮控制，第 1 次按下按钮时，M1 电动机启动；第 2 次按下按钮时，M2 电动机启动；第 3 次按下按钮时，M3 电动机启动；第 4 次按下按钮时，3 台电动机都停止。

（4）按下按钮 X0 后 Y0 变为 "ON" 并自锁，T0 定时 7s 后，用 C0 对 X1 输入的脉冲计数，计满 5 个脉冲后 Y0 变为 "OFF"，同时 C0 和 T0 被复位，在 PLC 刚开始执行用户程序时，C0 也被复位。试设计梯形图实现上述控制要求。

（5）试编写电子钟程序。

自动冲水设备控制系统设计

■【任务引入】

宾馆卫生间内水阀的控制要求：当有人进入卫生间并使用时，光电检测开关 GK 接通，3s 后水阀打开，开始冲水，2s 后停止；当使用者离开后，水阀再 1 次打开冲水，5s 后停止冲水，请用 PLC 实现上述控制。

从任务要求可知，人进去 1 次，水阀需要打开 2 次。因此，需要用到光电检测开关的瞬时接通及瞬时断开信号，要完成控制要求，必须使用 PLC 的微分指令 PLS/PLF。

■【关键知识】

一、输出微分指令

1. 输出上升沿微分指令 PLS

此指令是在输入信号上升沿产生 1 个扫描周期的脉冲输出，专用于操作元件的短时间脉冲输出。

2. 输出下降沿微分指令 PLF

此指令是在输入信号下降沿产生 1 个扫描周期的脉冲输出。

注意：PLS、PLF 指令的操作元件是 Y 和 M。

3. 程序举例

如图 1-6-1（a）所示，按下按钮 X0，Y0 点亮；当按下按钮 X1 时，Y0 仍然亮着，只有当松开按钮 X1 时，Y0 才会熄灭。

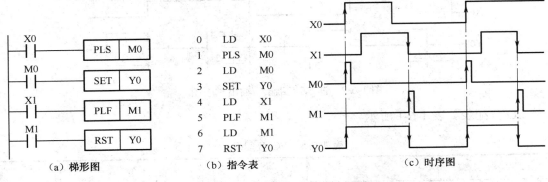

0	LD	X0
1	PLS	M0
2	LD	M0
3	SET	Y0
4	LD	X1
5	PLF	M1
6	LD	M1
7	RST	Y0

（a）梯形图　　　　（b）指令表　　　　（c）时序图

图 1-6-1　PLS、PLF 指令举例

如图 1-6-1（c）所示，当按钮 X0 按下接通时，在 X0 上升沿接通瞬间，M0 闭合 1 个扫描周期，即产生 1 个瞬时脉冲，通过 SET 指令使 Y0 得电，此时，松开 X0，由于 SET 的置位作用，

Y0 仍然得电；当按下按钮 X1 时，辅助继电器 M1 并不得电，只有松开 X1，在 X1 下降沿，PLF 指令使 M1 得电，闭合 1 个扫描周期，通过 RST 指令对 Y0 复位。

二、输出微分指令使用说明

（1）使用 PLS 时，仅在驱动输入继电器接通后的 1 个扫描周期内目标元件 M0 为"ON"，如图 1-6-1（c）所示，M0 仅在 X0 的常开触点由断到通时的 1 个扫描周期内为"ON"；使用 PLF 指令时只是利用输入信号的下降沿驱动，其他与 PLS 相同。

（2）PLS、PLF 指令的目标操作元件为 Y 和 M。但特殊辅助继电器不能用于 PLS 或 PLF 的操作元件。

（3）在驱动输入接通时，PLC 由运行（RUN）→停机（STOP）→（RUN），此时 PLS M0 动作，但 PLS M600（断电时有电池后备的辅助继电器）不动作。这是因为 M600 是保持继电器，即使在断电停机时其动作也能保持。

■ 【任务实施】

一、任务要求

宾馆卫生间内水阀控制要求如下：当有人进入卫生间并使用时，光电检测开关 GK 接通，3s 后水阀打开，开始冲水，2s 后停止；当使用者离开后，水阀再 1 次打开冲水，5s 后停止冲水，请用 PLC 实现其控制。

二、硬件 I/O 分配及接线

1. I/O 分配

通过分析任务要求可知，该控制系统有 1 个光电检测开关 GK，占用 PLC 1 个输入点 X0，水阀控制开关占用 1 个输出点 Y0，要用到辅助继电器 M，则控制输入/输出时序图如 1-6-2 所示。

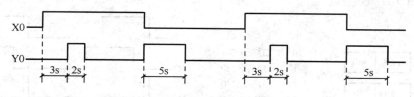

图 1-6-2　冲水控制输入/输出时序图

具体 I/O 分配表如表 1-6-1 所示。

表 1-6-1　I/O 分配表

输　入			输　出		
输入继电器	输入元件	作　用	输出继电器	输出元件	作　用
X000	GK	光电检测开关	Y000	水阀	控制冲水

2. PLC 硬件接线

PLC 控制系统硬件接线图如图 1-6-3 所示。

3. 软件程序

自动冲水设备控制系统程序如图 1-6-4 所示。

控制程序的关键是利用 PLC 的微分指令 PLS 和 PLF，当有人进入卫生间时，光电检测开关 X0 接通，利用上升沿微分指令 PLS，使 M0 接通 1 个扫描周期，M0 使 M2 得电并自锁，延时 3s 后，定时器 T0 接通并使 M10 得电，同时启动定时器 T1 定时 2s，M10 得电时使 Y0 得电，即打开冲水阀，T1 定时 2s 后关

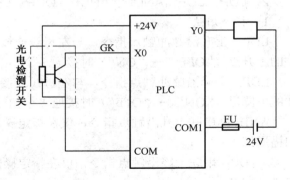

图 1-6-3 PLC 控制系统硬件接线图

闭 T0，使 M10 失电，则 Y0 失电，冲水阀关闭；当人离开卫生间时，X0 断开，利用下降沿微分指令 PLF，使 M1 接通 1 个扫描周期，M1 使 M15 得电，同时启动定时器 T2 定时 5s，M15 得电使 Y0 得电，打开冲水阀，5s 时间到，T2 定时常闭触点断开，使 M15 失电，则 Y0 失电，冲水阀关闭。

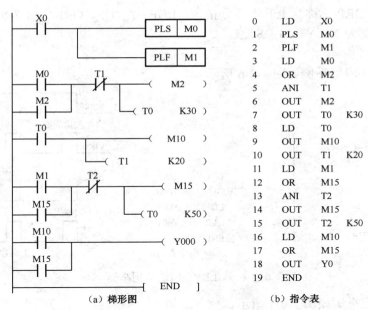

0	LD	X0	
1	PLS	M0	
2	PLF	M1	
3	LD	M0	
4	OR	M2	
5	ANI	T1	
6	OUT	M2	
7	OUT	T0	K30
8	LD	T0	
9	OUT	M10	
10	OUT	T1	K20
11	LD	M1	
12	OR	M15	
13	ANI	T2	
14	OUT	M15	
15	OUT	T2	K50
16	LD	M10	
17	OR	M15	
18	OUT	Y0	
19	END		

（a）梯形图　　　　（b）指令表

图 1-6-4 自动冲水设备控制系统程序

【知识链接】

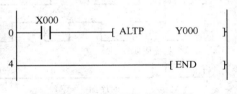

图 1-6-5 交替输出指令示例

1. 交替输出指令——ALT

如图 1-6-5 所示，第 1 次按下 X0，Y0 得电，第 2 次按下 X0，Y0 失电。交替输出指令在执行中，每个扫描周期其输出状态都要翻转 1 次，因此，采用脉冲执行方式，即加上指令后缀 P。这样，只在指令执行条件满足后的第 1 个扫描周期执行 1 次翻转，如果不加后缀 P，

则当 X0 接通时，Y0 则不停地翻转。

2. LDP、LDF、ANDP、ANDF、ORP、ORF 指令

1）指令用法

LDP：上升沿脉冲触点指令，与左母线连接的常开触点的上升沿检测指令，仅在指定操作元件的上升沿（"OFF"→"ON"）时接通 1 个扫描周期。

LDF：下降沿脉冲触点指令，与左母线连接的常开触点的下降沿检测指令，仅在指定操作元件的下降沿（"ON"→"OFF"）时接通 1 个扫描周期。

ANDP：串联上升沿触点指令，仅在指定操作元件的上升沿（"OFF"→"ON"）时接通 1 个扫描周期。

ANDF：串联下降沿触点指令，仅在指定操作元件的下降沿（"ON"→"OFF"）时接通 1 个扫描周期。

ORP：并联上升沿触点指令，仅在指定操作元件的上升沿（"OFF"→"ON"）时接通 1 个扫描周期。

ORF：并联下降沿触点指令，仅在指定操作元件的下降沿（"ON"→"OFF"）时接通 1 个扫描周期。

2）指令说明

LDP、ANDP、ORP 又称为上升沿微分指令；LDF、ANDF、ORF 又称为下降沿微分指令。6 个指令的操作元件都为 X、Y、M、S、T、C。

3）编程举例

（1）LDP、LDP 应用举例如图 1-6-6 所示。

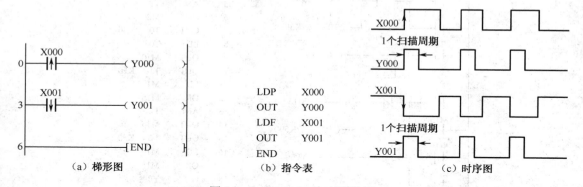

图 1-6-6　LDP、LDF 应用举例

（2）ANDP 应用举例如图 1-6-7 所示。

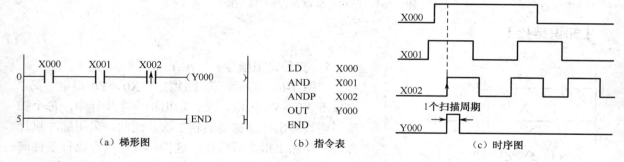

图 1-6-7　ANDP 应用举例

（3）ANDF 应用举例如图 1-6-8 所示。

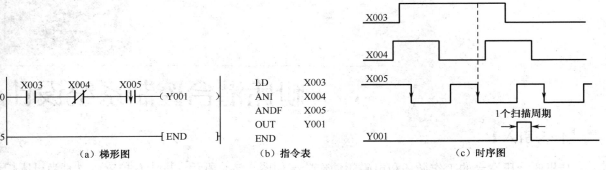

图 1-6-8　ANDF 应用举例

（4）DRP 应用举例如图 1-6-9 所示。

（5）ORF 应用举例如图 1-6-10 所示。

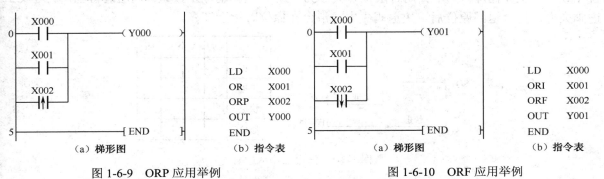

图 1-6-9　ORP 应用举例　　　　　　　图 1-6-10　ORF 应用举例

小结与习题

1．小结

（1）使用 PLS 指令，元件 Y、M 仅在驱动输入继电器接通后的 1 个扫描周期内动作（置 1）。

（2）使用 PLF 指令，元件 Y、M 仅在输入断开后的 1 个扫描周期内动作。

（3）ANDP、ANDF 指令都是指单个触点串联连接的指令，串联次数没有限制，可反复使用。

（4）ORP、ORF 指令都是指单个触点并联连接的指令，并联次数没有限制，可反复使用。

（5）指令加后缀 P，是脉冲执行方式，信号有效 1 个扫描周期。

（6）ALT 是交替输出指令。

2．习题

（1）利用 LDP 与 LDF 指令实现 1 个按钮控制两台电动机分时启动，其控制时序图如图 1-6-11 所示。

（2）试设计用 1 个按钮控制电动机启停的电路，即第 1 次按下该按钮，电动机启动，第 2 次按下该按钮，电动机停止。

（3）用 PLS 指令及自锁电路实现两台电机顺序启动，同时停止控制电路。

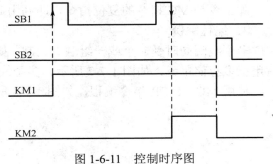

图 1-6-11　控制时序图

任务七

机床滑台控制系统设计

■【任务引入】

　　某机床液压滑台的工作循环和电磁阀动作情况如图 1-7-1 所示，机床有护罩，只有当机床护罩关闭且滑台返回原位的情况下，按启动按钮，滑台开始工作，滑台从原位开始快进，压下 SQ1 开关后改为工进，当压下 SQ2 开关时，滑台停止 20s，20s 后，滑台快退回原位，压下 SQ0，滑台完成一个工作循环。护罩关闭时限位开关 SQ3 闭合，当按动停止按钮，快退阀得电，快进及工进阀失电，滑台退回原位后，快退阀失电，滑台在原位时指示灯亮。

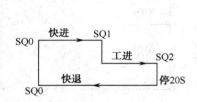

	YV1	YV2	YV3	HL
快进	+	−	+	−
工进	+	−	−	−
快退	−	−	+	−
原位	−	−	−	+

图 1-7-1　滑台工作示意图

　　根据上述任务要求，必须在机床左、右护罩关闭的情况下才能启动，在工作过程中，机床罩始终是关闭的，可以应用主控指令 MC、MCR 完成任务要求。

■【关键知识】

一、主控指令

1．主控指令 MC
此指令用于公共串联触点的连接。执行 MC 后，左母线移到 MC 触点的后面，其操作元件是 Y、M。

2．主控复位指令 MCR
此指令是 MC 指令的复位指令，即利用 MCR 指令恢复原左母线的位置。

3．编程举例
多个线圈同时受一个或一组触点控制，如果在每个线圈的控制电路中都串入同样的触点，将占用很多存储单元，如图 1-7-2 所示，多个线圈受一个触点控制的普通编程方法。

　　使用 MC、MCR 指令编程，如图 1-7-3 所示。

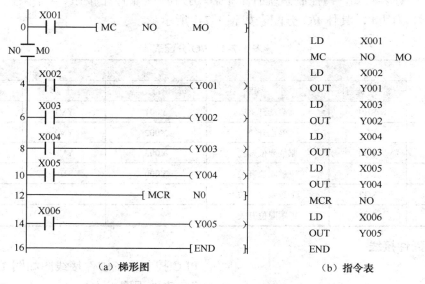

LD	X001		
MPS			
AND	X002		
OUT	Y001		
MRD			
AND	X003		
OUT	Y002		
MRD			
AND	X004		
OUT	Y003		
MPP			
AND	X005		
OUT	Y004		
LD	X006		
OUT	Y005		
END			

（a）梯形图　　　　　　（b）指令表

图 1-7-2　多线圈受一个触点控制的普通方法编程

LD	X001	
MC	N0	M0
LD	X002	
OUT	Y001	
LD	X003	
OUT	Y002	
LD	X004	
OUT	Y003	
LD	X005	
OUT	Y004	
MCR	N0	
LD	X006	
OUT	Y005	
END		

（a）梯形图　　　　　　（b）指令表

图 1-7-3　应用 MC、MCR 指令编程示例

二、主控指令使用说明

（1）主控指令的执行必须是有条件的，当条件具备时，执行该主控段内的程序；条件不具备时，该主控段内的程序不执行。此时该主控段内的积算定时器、计数器、用复位/置位指令驱动的内部元件保持其原来的状态；常规定时器和用 OUT 指令驱动的内部元件状态均变为 OFF 状态。

（2）使用 MC 指令后，相当于母线移到主控触点之后，因此与主控触点相连接的触点必须使用 LD 指令或 LDI 指令，再由 MCR 指令使母线返回原来状态。

（3）MC 指令里的继电器 M（或 Y）不能重复使用，如果重复作用会出现双重线圈的输出。MC 指令和 MCR 指令在程序中是成对出现的。

（4）在 MC 指令内再使用 MC 指令时称为嵌套，操作数 N（0~7）为嵌套层数，当有嵌套时，N 的编号依次增大，主控返回时用 MCR 指令，嵌套层数依次减小。

51 | PAGE

一、任务要求

某机床液压滑台的工作循环和电磁阀动作情况如图 7-1 所示，机床有护罩，只有当机床护罩关闭且滑台返回原位的情况下，按起动按钮，滑台开始工作，滑台从原位开始快进，压下 SQ1 开关后改为工进，当压下 SQ2 开关时，滑台停止 20s，20s 后，滑台快退回原位，压下 SQ0，滑台完成一个工作循环。护罩关合时限位开关 SQ3 闭合，当按动停止按钮，快退阀得电，快进及工进阀失电，滑台退回原位后，快退阀失电，滑台在原位时指示灯亮。

二、硬件 I/O 分配及接线

1．I/O 分配

通过分析任务要求知，该控制系统有 1 个启动按钮、1 个停止按钮、4 个限位开关、3 个电磁阀、1 个指示灯，因此，具体 I/O 分配表如表 1-7-1 所示。

表 1-7-1 I/O 分配表

输 入			输 出		
输入继电器	输入元件	作　用	输出继电器	输出元件	作　用
X000	SB0	启动开关	Y001	YV1	快进阀
X001	SB1	停止开关	Y002	YV2	工进阀
X002	SQ0	原位限位开关	Y003	YV3	快退阀
X003	SQ1	快进限位开关	Y000	HL	原位指示灯
X004	SQ2	工进限位开关			
X005	SQ3	护罩限位开关			

2．PLC 硬件接线

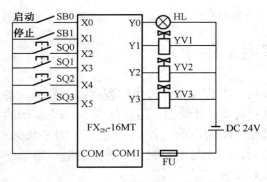

图 1-7-4 PLC 控制系统硬件接线图

PLC 控制系统硬件接线图如图 1-7-4 所示。

3．软件程序

机床滑台控制系统程序如图 1-7-5 所示。

X005 接机床护罩闭合限位开关，只有 X005 接通，此时，按启动按钮 X000，并且滑台在原位，即 X002 闭合的情况下，系统才能开始工作。由于启动按钮通常接瞬动开关，因此，用辅助继电器 M1 置位来保持启动按钮接通的动作。启动后，Y001、Y002 得电，滑台快进，当压下限位开关 SQ1（X003）时，Y001 失电，滑台改为工进，工进到压下限位开关 SQ2（X004）时，滑台停 20s，20s 后 Y002 失电，快退阀 Y003 得电，快退到原位 X002 压下，原位指示灯亮，等待启动下一个工作循环。

在滑台运行中，按动停止按钮 X001，快进阀、工进阀失电，快退阀得电，滑台退回原位。

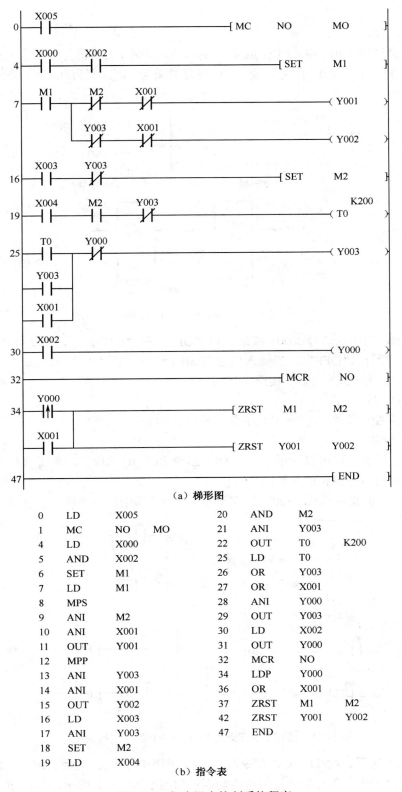

（a）梯形图

0	LD	X005		20	AND	M2	
1	MC	NO	MO	21	ANI	Y003	
4	LD	X000		22	OUT	T0	K200
5	AND	X002		25	LD	T0	
6	SET	M1		26	OR	Y003	
7	LD	M1		27	OR	X001	
8	MPS			28	ANI	Y000	
9	ANI	M2		29	OUT	Y003	
10	ANI	X001		30	LD	X002	
11	OUT	Y001		31	OUT	Y000	
12	MPP			32	MCR	NO	
13	ANI	Y003		34	LDP	Y000	
14	ANI	X001		36	OR	X001	
15	OUT	Y002		37	ZRST	M1	M2
16	LD	X003		42	ZRST	Y001	Y002
17	ANI	Y003		47	END		
18	SET	M2					
19	LD	X004					

（b）指令表

图 1-7-5 机床滑台控制系统程序

【知识链接】

1. 取反指令 INV

INV 指令在梯形图中用一条与水平成 45°的短斜线表示，它将执行该指令之前的运算结果取反，它前面的运算结果如为 0，则将其变为 1；运算结果为 1，则变为 0。INV 指令使用示例如图 1-7-6 所示。

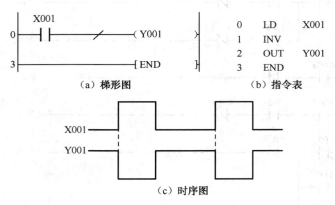

(a) 梯形图　　　　　　　　　　　　(b) 指令表

(c) 时序图

图 1-7-6　INV 指令使用示例

在图 1-7-6 中，当输入信号 X001 接通（由"OFF"→"ON"）时，INV 指令对 X001 取反，使输出线圈 Y001 断开（"OFF"）；当输入信号 X001 断开（由"ON"→"OFF"）时，INV 指令对 X001 取反转，使输出线圈 Y001 接通（"ON"）。

2. NOP 指令

NOP 指令为空操作指令，它使该步序做空操作。

3. 指令使用说明

（1）INV 指令只能用在可以使用 LD、LDI、LDP 和 LDF 的位置，不能直接连接母线，也不能像 OR、ORI、ORP 和 ORF 指令那样单独使用。

（2）如将已写入的指令改为 NOP，程序将发生变化，如图 1-7-7 所示，使用时必须注意。

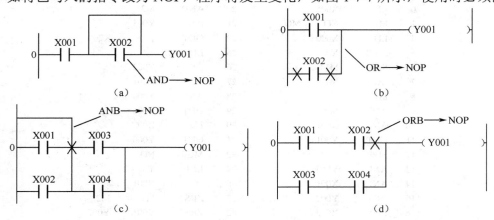

图 1-7-7　已有指令变更为 NOP 指令时程序结构的变化

如图 1-7-7（a）所示，AND、ANI 指令改为 NOP 指令时会使相关触点短路；如图 1-7-7（b）所示 OR 指令改为 NOP 指令时会使相关电路切断；如图 1-7-7（c）所示，ANB 指令改为 NOP 指令时会使前面的电路全部切短路；如图 1-7-7（d）所示，ORB 指令改为 NOP 指令时会使前面的电路全部切断。当执行完清除用户存储器的操作后，用户存储器的内容全部变为空操作指令。

小结与习题

1. 小结

（1）主控指令 MC、MCR 必须成对使用，当条件具备时，执行该主控段内的程序；条件不具备时，该主控段内的程序不执行。

（2）主控指令的使用是为了节省存储单元，解决多个线圈受一个触点控制的编程方法。

（3）取反指令 INV 不能直接连接母线，只能使用在可以使用 LD、LDI、LDP 和 LDF 的位置。

（4）空操作指令 NOP 使用时要注意对程序产生的变化。

2. 习题

（1）如图 1-7-8 所示，程序的意思是对 X010 和 X011 进行逻辑"与"运算，结果取反后驱动 Y010，输入和输出的状态关系如表 1-7-2 所示。要求不用 INV 指令，实现图 1-7-8 程序所示的功能。

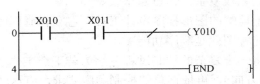

图 1-7-8　梯形图

表 1-7-2　输入和输出的状态关系

X010 的状态	X011 的状态	Y010 的状态
0	0	1
0	1	1
1	0	1
1	1	0

（2）用 PLC 可以实现对输入信号的任意分频，如图 1-7-9 所示为其控制时序图，请设计出相应的梯形图。

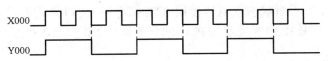

图 1-7-9　二分频电路的时序图

（3）有一液压三面铣组合机床，有左、右机床护罩并用按钮单独控制，在液压泵开启的情况下，放入工件，关合左右护罩，按动机床工作启动按钮，工件夹紧，工件夹紧到位，工作滑台快进，快进到位，滑台转为工进，工进到位，左、右铣头开始加工工件，加工到一定位置，立铣头开始工作，加工到终点位置，3 个铣头停止工作，滑台退回原位，工件松夹，完成一个工作循环。试用 PLC 编程实现上述工作过程。

任务八

彩灯控制系统设计

■【任务引入】

一组彩灯由"厚德、高能、求实、创新"4 组字型灯构成。要求 4 组灯按顺序轮流各亮 5s 后，停 2s，再 4 组灯齐亮 5s，然后全部灯灭 2s 后再循环。试用步进顺控指令实现彩灯控制系统。

前面 7 个任务的程序设计方法一般称为经验设计法，使用经验法编制的程序存在以下一些问题。

（1）梯形图可读性差，很难从梯形图看出具体控制工艺过程。

（2）工艺动作表达烦琐。

（3）梯形图涉及的联锁关系较复杂，处理起来较麻烦。

寻求一种易于构思、易于理解的图形程序设计工具。它应有流程图的直观，又有利于复杂控制逻辑关系的分解与综合，这种图就是顺序功能图。

步进顺控编程思想就是将一个复杂的控制过程分解为若干个工作步，弄清各个步的工作细节（步的功能、转移条件和转移方向），再依据总的控制顺序要求，将这些步联系起来，形成顺序功能图，进而编制出梯形图程序。顺序功能图是步进顺控编程的重要工具。

通过彩灯控制要求可知，该系统是按照时间的先后次序，遵循一定规律的典型顺序控制系统。彩灯的一个工作周期可分为 4 个阶段，彩灯分别亮 5s、停 2s、齐亮 5s、全灭 2s。这种按时间流程运行的程序最适合用步进顺控的思想编程。

■【关键知识】

一、状态继电器 S

状态继电器是用于编制顺序控制程序的一种编程元件，常与 STL 指令（步进梯形图指令）配合使用，主要用于编程过程中顺控状态的描述和初始化。状态继电器与 STL 指令组合使用，容易编制出易懂的顺控程序。当不对状态继电器使用 STL 指令时，可以把它们当作普通辅助继电器（M）使用，其地址码按十进制编号。FX$_{2N}$ 系列 PLC 的状态继电器共有 1000 点，分为 5 类，状态继电器元件编号与功能如表 1-8-1 所示。

表 1-8-1 状态继电器 S 编号与功能表

初始状态器	返回的点状态器	通用状态器	保持状态器	报警状态器
S0~S9	S10~S19	S20~S499	S500~S899	S900~S999
共 10 点	共 10 点	共 480 点	共 400 点	共 100 点

二、顺序功能图

顺序功能图（SFC）是一种通用的 PLC 程序设计语言，可以供不同专业人员之间进行技术交流。它主要由步、动作、有几连线、转移条件组成，如图 1-8-1 所示。

1. 顺序功能图的组成

（1）步：将一个复杂的顺控程序分解为若干个状态，这些状态称为步。步用单线方框表示，框中编号可以是 PLC 中的辅助继电器 M 或状态器 S 的编号。

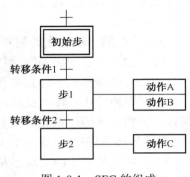

图 1-8-1　SFC 的组成

一个控制系统必须有一个初始状态，称为初始步，用双线方框表示，初始状态继电器为 S0～S9。

步又分为活动步与静步。活动步是指当前正在运行的步，静步是没有运行的步。步处于活动状态时，相应的动作被执行。

（2）动作：步方框右边用线条连接的符号为本步的工作对象，简称为动作。当状态继电器 S 或辅助继电器 M 接通时（"ON"），工作对象通电动作。

（3）有向连线：有向连线表示状态的转移方向。在画顺序功能图时，将代表各步的方框按先后顺序排列，并用有向连线将它们连接起来。表示从上到下或从左到右这两个方向的有向连线的箭头可以省略。

（4）转移条件：转移是用与有向连线垂直的短划线来表示的，它将相邻两状态隔开。转移条件标注在转移短线的旁边。转移条件是与转移逻辑相关的触点，可以是常开触点、常闭触点或它们的串并联组合。

2. 顺序功能图的分类

根据生产工艺系统复杂程度的不同，SFC 的基本结构可分为单序列结构、选择序列结构、并行序列结构 3 种。

（1）单序列结构：单序列结构是由一系列相继激活的步组成，每个步的后面仅有一个转移，每个转移后面只有一步，如图 1-8-2（a）所示。

（2）选择序列结构：选择序列结构如图 1-8-2（b）所示。顺序过程进行到某步，若该步后面有多个转移方向，而当该步结束后，只有一个转换条件被满足以决定转移的去向，即只允许选择其中一个分支执行，这种顺序控制过程的结构就是选择序列结构。

（3）并行序列结构：顺序过程进行到某步，若该步后面有多个分支，而当该步结束后，若转移条件满足，则同时开始所有分支的顺序动作，若全部分支的顺序动作同时结束后，汇合到同一状态，这种顺序控制过程的结构就是并行序列结构，如图 1-8-2（c）所示。

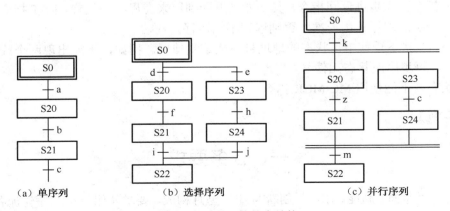

（a）单序列　　　　　　（b）选择序列　　　　　（c）并行序列

图 1-8-2　SFC 的基本结构

并行序列结构分支开始时采用双水平线将各个分支相连，双水平线上方需要一个转移，转移对应的条件称为公共转移条件。若公共转移条件满足，则同时执行下列所有分支，水平线下方一般没有转移条件。

3．绘制顺序功能图的规则

（1）步与步之间必须有转移条件隔开。

（2）两个转换也不能直接相连，必须用一个步将它们隔开。

（3）步和转移、转移和步之间用有向线段连接，正常画顺序功能图的方向是从上到下或从左到右，按照正常顺序画图时，有向线段可以不加箭头，否则必须加箭头。

（4）一个顺序功能图中至少有一个初始步。

（5）仅当某一步的前级步是活动步且转移条件满足时，该步才有可能成为活动步。

4．步进指令 STL、RET

FX 系列 PLC 的步进指令可以很方便地编制顺序控制梯形图程序。步进指令 STL、RET 的助记符、逻辑功能等指令属性如表 1-8-2 所示。

表 1-8-2　STL、RET 指令

助 记 符	逻 辑 功 能	电 路 表 示	操 作 元 件	步 数
STL	步进开始	在左母线上连接 S 的常开触点	S	1
RET	步进结束	返回左母线		1

步进指令的使用说明如下。

（1）STL 指令称为步进触点指令。其功能是将步进触点触到左母线。STL 指令的操作元件是状态继电器 S。

步进触点只有常开触点，没有常闭触点。步进触点接通，需要用 SET 指令进行置位。步进触点后的驱动处理：STL 触点可直接驱动或通过别的触点驱动 Y、M、S、T 等元件的线圈。若只有线圈，直接使用 OUT 指令输出；若既有触点还有线圈，是必须用 LD 指令或 LDI 指令开始写指令表。

（2）步进触点具有主控功能。步进触点接通，与之相连的电路被驱动；步进触点断开，与之相连的电路停止执行。若要在步进触点断开时仍然保持线圈的输出，要使用 SET 指令。

（3）由于 PLC 只执行活动步对应的电路块，所以使用 STL 指令时允许双线圈输出（顺控程序在不同的步可多次驱动同一线圈），但定时器不能在相邻的状态中输出。

（4）RET 指令称为步进返回指令，其功能是返回到原来左母线的位置。RET 指令没有操作元件，仅在最后一步的末行使用一次，否则程序不能运行。

（5）在 SFC 状态转移中，状态的地址号不能重复使用。例如，不能出现两个或两个以上的 S20 或 S21 等，每步用一状态元件号。

（6）在状态内不能使用 MC/MCR 指令。

■【任务实施】

一、任务要求

一组彩灯由"厚德、高能、求实、创新"4 组字型灯构成。要求 4 组灯按顺序轮流各亮 5s 后，停 2s，再 4 组灯齐亮 5s，然后全部灯灭 2s 后再循环。试用步进顺控指令实现彩灯控制系统。

通过任务分析，该任务应使用单序列结构步进顺控功能图进行编程，4 组字型灯占用 4 个输出点，起动和停止按钮占用 2 个输出点。

二、硬件 I/O 分配及接线

1．I/O 分配
通过分析任务要求可知，该控制系统有 1 个启动按钮、1 个停止按钮、4 组字型灯，因此，具体 I/O 分配表如表 1-8-3 所示。

表 1-8-3　I/O 分配表

输　　入			输　　出		
输入继电器	输入元件	作　　用	输出继电器	输出元件	作　　用
X000	SB0	停止开关	Y000	HL0	厚德灯
X001	SB1	启动开关	Y001	HL1	高能灯
			Y002	HL2	求实灯
			Y003	HL3	创新灯

2．PLC 硬件接线
PLC 控制系统硬件接线图如图 1-8-3 所示。

3．软件程序
彩灯控制系统一共有 8 步，各步的功能是通过 PLC 驱动各种负载来完成的。负载可由状态元件直接驱动，也可由其他软元件触点的逻辑组合驱动。

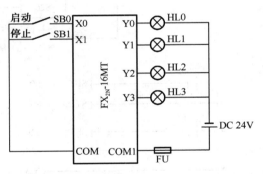

图 1-8-3　PLC 控制系统硬件接线图

S0 步：无动作；

S20 步：驱动"厚德灯"（Y000）及定时器 T0（延时 5s）；

S21 步：驱动"高能灯"（Y001）及定时器 T1（延时 5s）；

S22 步：驱动"求实灯"（Y002）及定时器 T2（延时 5s）；

S23 步：驱动"创新灯"（Y003）及定时器 T3（延时 5s）；

S24 步：驱动定时器 T4 延时 2s；

S25 步：驱动 4 组灯同时亮并延时 5s；

S26 步：驱动定时器 T6（延时 2s），4 组灯同时灭。

各步之间的转换条件是时间节点，当定时时间到，上一步停止，由该步驱动的各种负载也停止运行（用 SET 指令置位的除外），下一步激活变为活动步，相应的负载被驱动。

彩灯控制系统程序如图 1-8-4 所示。

当按动停止按钮时，所有的彩灯都熄灭，然后关闭电源，只有重新上电，系统才能再次开始工作。

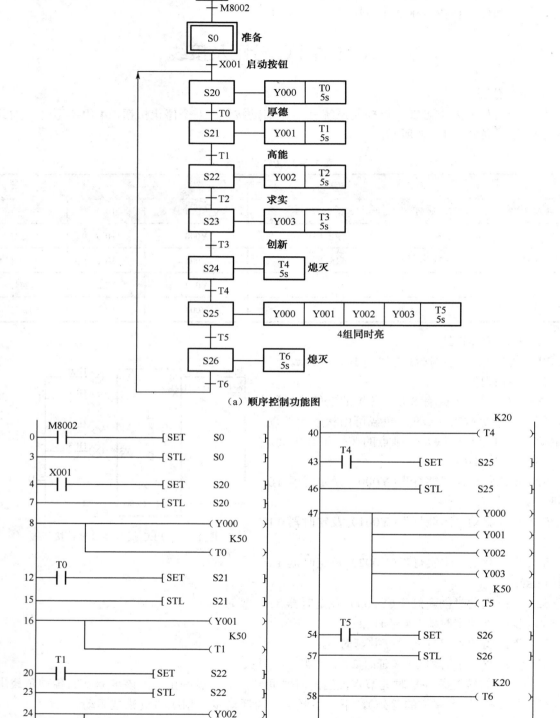

（a）顺序控制功能图

图 1-8-4　彩灯控制系统程序

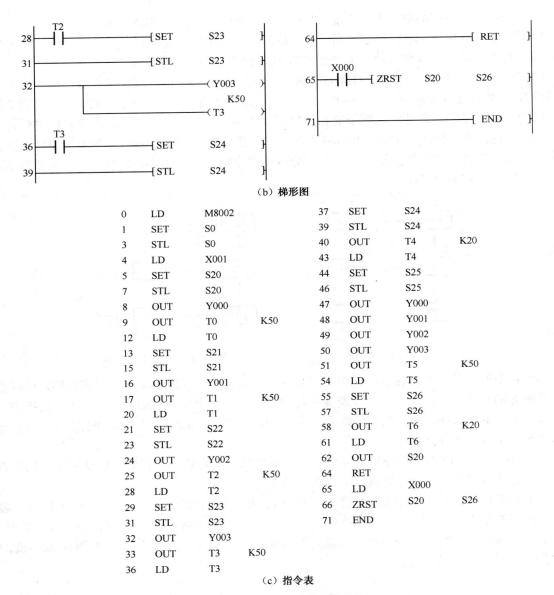

（b）梯形图

0	LD	M8002		37	SET	S24	
1	SET	S0		39	STL	S24	
3	STL	S0		40	OUT	T4	K20
4	LD	X001		43	LD	T4	
5	SET	S20		44	SET	S25	
7	STL	S20		46	STL	S25	
8	OUT	Y000		47	OUT	Y000	
9	OUT	T0	K50	48	OUT	Y001	
12	LD	T0		49	OUT	Y002	
13	SET	S21		50	OUT	Y003	
15	STL	S21		51	OUT	T5	K50
16	OUT	Y001		54	LD	T5	
17	OUT	T1	K50	55	SET	S26	
20	LD	T1		57	STL	S26	
21	SET	S22		58	OUT	T6	K20
23	STL	S22		61	LD	T6	
24	OUT	Y002		62	OUT	S20	
25	OUT	T2	K50	64	RET		
28	LD	T2		65	LD	X000	
29	SET	S23		66	ZRST	S20	S26
31	STL	S23		71	END		
32	OUT	Y003					
33	OUT	T3	K50				
36	LD	T3					

（c）指令表

图 1-8-4　彩灯控制系统程序（续）

■【知识链接】——步进梯形图编程规则

（1）初始步可由其他步驱动，但运行开始时必须用其他方法预先激活初始步，否则状态流程不可能向下进行。一般用系统的初始条件驱动，若无初始条件，可用 M8002 或 M8000 进行驱动。

（2）步进梯形图的编程顺序：先进行驱动处理，后进行转移处理，二者不能颠倒。驱动处理就是该步的输出处理。转移处理就是根据转移方向和转移条件实现下一步的状态转移。

（3）编程时必须使用 STL 指令对应于顺序功能图上的每一步。

（4）各 STL 触点的驱动电路一般放在一起，最后一个 STL 电路结束时，一定要使用步进返回指令 RET，使其返回主母线。

（5）STL 触点可以直接被驱动，也可以通过别的触点来驱动，如 Y、M、S、T、C 等元件的线圈和应用指令。与 STL 触点相连的触点应使用 LD 或 LDI 指令，STL 触点的右边不能使用 MPS

指令。在转移条件对应的电路中，不能使用 ANB、ORB、MPS、MRD、MPP 指令。

（6）驱动负载使用 OUT 指令。当同一负载需要连续多步驱动时可使用多重输出，也可使用 SET 指令将负载置位，等到负载不需要驱动时再用 RST 指令将其复位。

（7）由于 CPU 只执行活动步对应的电路块，因此使用 STL 指令时允许"双线圈"输出，即不同的 STL 触点可以分别驱动同一编程元件的一个线圈，如图 1-8-5 所示，S20 和 S22 驱动的是同一线圈 Y0。但是同一元件的线圈不能在可能同时为活动步的 STL 内出现，在有并行序列的 SFC 中，应特别注意这一问题。另外，相邻步不能重复使用一个定时器 T 或计数器 C，因为指令会互相影响，使定时器或计数器无法复位。对于分隔的两个状态，如图 1-8-6 所示中的 S20 和 S22，可以使用同一个定时器 T1。

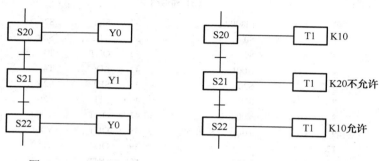

图 1-8-5　双线圈　　　　　　　　　　图 1-8-6　相邻步定时器

（8）在步的活动状态的转移过程中，相邻两步的状态器会同时 ON 一个扫描周期，此时可能会引发瞬时的双线圈输出问题。为了避免不能同时接通的两个输出（如图 1-8-7 所示的控制电动机正反转的接触器线圈）同时动作，除了在梯形图中设置软件互锁电路外，还应在 PLC 外部设置由常闭触点组成的硬件互锁电路。

（9）SET 指令和 OUT 指令均可以用于步的活动状态的转移，可将原来活动步对应的状态器复位，将后续步置为活动步，此外还有自保持功能。

SET 和 OUT 指令用于将状态器置位（为 ON）并保持，以激活对应的步。SET 指令一般用于驱动相邻的状态转移，而 OUT 指令用于顺序功能图中的闭环和跳步转移，如图 1-8-8 所示。在图 1-8-8（a）中，当 S21 为活动步并满足转移条件 C 时，系统状态就从 S21 跳到 S0，此时用 OUT S0 指令实现该步状态的转移。

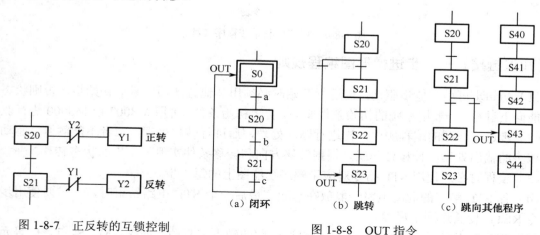

图 1-8-7　正反转的互锁控制　　　　　　　　图 1-8-8　OUT 指令

（10）并行序列结构和选择序列结构中，分支处的支路数不能超过 8。

小结与习题

1. 小结

（1）步进顺控指令只有两个（STL 和 RET），并且成对出现，STL 是对 SET 状态元件的响应。用步进顺控指令和状态元件 S 可以编制步进顺控程序，此种编程方法直观，程序可读性强。

（2）状态转移图（SFC）有 3 种结构：单序列结构、选择序列结构和并行序列结构。本任务介绍了单序列结构状态转移图的编制方法。

（3）在 SFC 的状态转移中，状态的地址号不能重复使用，每步用一个状态元件号，每个状态都是先驱动负载再转移，状态之间的转向，可以用 SET，也可用 OUT，但返回初态，一般用 OUT。

（4）STL 触点右方，可以看成提供一状态子母线，此子母线可直接通过触点完成驱动或置位功能，与子母线连接的触点用 LD、LDI 指令。

（5）在不同步之间，可输出同一个软元件（如 Y、M 等），但定时器不能在相邻的状态中输出。

（6）STL 状态子母线的输出，要满足"先驱动，后转移"的原则，因此，不能连成如图 1-8-9（a）所示形式，而要连成如图 1-8-9（b）所示形式。

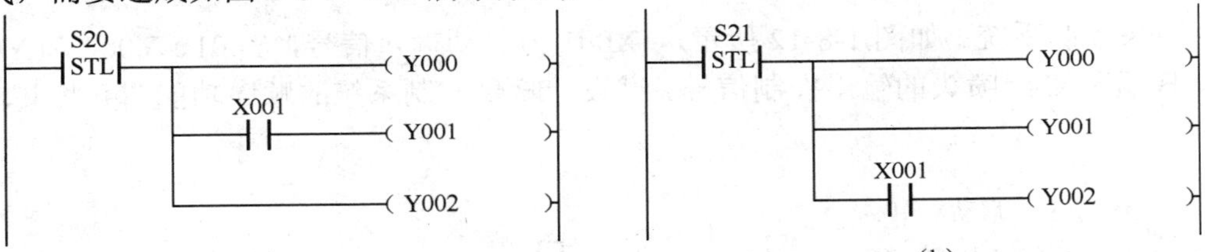

图 1-8-9　STL 状态后的母线输出

（7）在状态内使用基本逻辑指令，除了 MC/MCR 不能使用，其余均可使用。如图 1-8-10 所示，在 STL 状态子母线直接并联输出触点线圈，连续使用 LD 指令则可。但在触点 X0 后并联输出触点线圈，则要用到 MPS/MRD/MPP 指令。

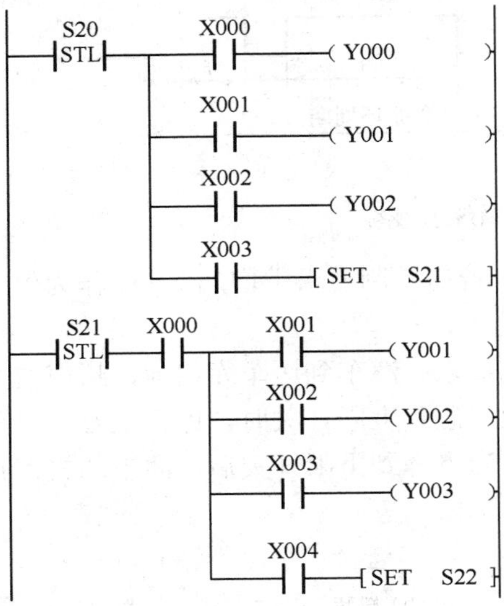

0	STL	S20	13	AND	X001
1	LD	X000	14	OUT	Y001
2	OUT	Y000	15	MRD	
3	LD	X001	16	AND	X002
4	OUT	Y001	17	OUT	Y002
5	LD	X002	18	MRD	
6	OUT	Y002	19	AND	X003
7	LD	X003	20	OUT	Y003
8	SET	S21	21	MPP	
10	STL	S21	22	AND	X004
11	LD	X000	23	SET	S22
12	MPS		25	END	

（a）梯形图　　　　　　　　　　　　（b）指令表

图 1-8-10　状态内 MPS/MRD/MPP 的用法

（8）为了保证已使用过的状态元件在一个工作循环之后可靠复位，一般在程序结尾都用 ZRST 指令成批复位状态元件。

2. 习题

（1）如图 1-8-11 所示，设小车在初始位置时停在右边，限位开关 SQ2 为"ON"。按下启动按钮 SB0 后，小车向左运动，碰到限位开关 SQ1 时，变为右行；返回限位开关 SQ2 处变为左行，碰到限位开关 SQ0 时，变为右行，返回起始位置后停止运动。试用步进顺控指令设计出小车运动的状态转移功能图并转换出梯形图，画出硬件接线图。

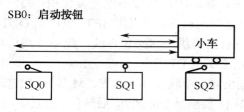

图 1-8-11 习题 1 小车往返运动示意图

（2）喷泉控制系统。如图 1-8-12 所示， X001 为启动输入信号，Y001、Y002 和 Y003 分别为 A 组、B 组和 C 组喷头的输出控制信号。试设计喷泉控制系统的顺序功能图并将其转换成梯形图。

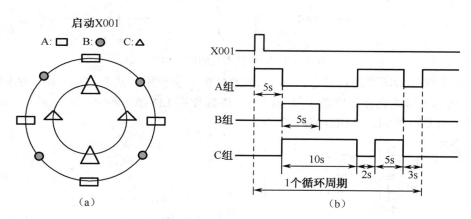

图 1-8-12 喷泉控制系统示意图

（3）如图 1-8-11 所示的小车往复运动控制系统，若在控制要求中增加 X004 作为停止输入信号，小车往复运动控制系统的顺序功能图又该如何设计？

（4）设计一个汽车库自动门控制系统，具体控制要求：汽车到达车库门前，超声波开关接收到来车的信号，门电动机正转，门上升，当门升到顶点碰到上限开关时，停止上升；汽车驶入车库后，光电开关发出信号，门电动机反转，门下降，当下降到下限开关后，门电动机停止。试画出 PLC 的 I/O 接线图，并设计出梯形图程序。

任务九

包装流水线控制系统设计

■【任务引入】

某包装流水线系统如图 1-9-1 所示，按下启动按钮 SB0，传送带 1 转动，传送带 1 侧面有检测器件传感器 GK0，每当器件经过时，检测器便发出一个计数脉冲，器件按大包装和小包装进行包装，用选择开关 XK0 进行选择。当 XK0=0 时，选择小包装，计满 6 件一包，当 XK0=1 时，选择大包装，计满 12 件一包，当一个包装完成后，延时 3s，停止传送带 1，同时启动传送带 2，传送带 2 保持运行 5s 后停止。中途按停止按钮，完成一次包装后停止，如没有按停止按钮，程序循环执行。

图 1-9-1　包装流水线系统

这是一个典型的选择分支控制系统，如何用步进顺控指令实现选择分支的顺序功能图并转换成梯形图，这是本任务重点学习的内容。

■【关键知识】——选择分支的编程

在如图 1-9-2 所示的选择分支中，X0 和 X1 在同一时刻最多只能有一个为接通状态。S20 为活动步时，当 X0 接通，动作状态就向 S21 转移，S20 就变为"0"状态。此后，即使 X1 接通，S31 也不会变为活动步。汇合状态 S50 可由 S21 或 S31 任意一个驱动。

在进行选择分支的顺序功能图与步进梯形图之间的转换时，应首先进行分支状态元件的处理。处理方法：先进行分支状态的输出连接，然后依次按照各个分支的转移条件置位各转移分支的首转移状态元件；其次依顺序进行各分支的连接；最后进行汇合状态的处理。汇合状态的处理方法：先进行汇合前的驱动连接，然后依顺序进行汇合状态的连接。与图 1-9-2 对应的梯形图和指令表如图 1-9-3 所示。

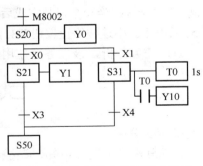

图 1-9-2　选择分支的顺序功能图

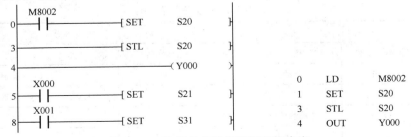

图 1-9-3　选择分支的梯形图和指令表

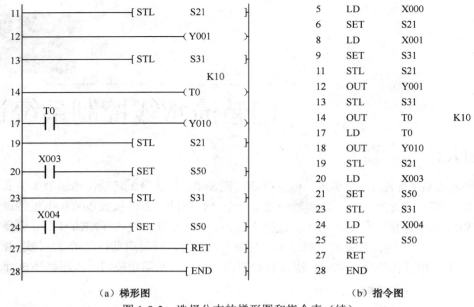

11	├──────────────────[STL	S21
12	├──────────────────(Y001	
13	├──────────────────[STL	S31
		K10
14	├──────────────────(T0	
	T0	
17	├─┤├─────────────────(Y010	
19	├──────────────────[STL	S21
	X003	
20	├─┤├─────────────────[SET	S50
23	├──────────────────[STL	S31
	X004	
24	├─┤├─────────────────[SET	S50
27	├──────────────────[RET	
28	├──────────────────[END	

5	LD	X000
6	SET	S21
8	LD	X001
9	SET	S31
11	STL	S21
12	OUT	Y001
13	STL	S31
14	OUT	T0	K10
17	LD	T0
18	OUT	Y010
19	STL	S21
20	LD	X003
21	SET	S50
23	STL	S31
24	LD	X004
25	SET	S50
27	RET	
28	END	

（a）梯形图　　　　　　　　　　　　（b）指令图

图 1-9-3　选择分支的梯形图和指令表（续）

■【任务实施】

一、任务要求

有一包装流水线，如图 1-9-1 所示，按下启动按钮 SB0，传送带 1 转动，传送带 1 侧面有检测器件传感器 GK0，每当器件经过时，检测器便发出一个计数脉冲，器件按大包装和小包装进行包装，用选择开关 XK0 进行选择。当 XK0=0 时，选择小包装，计满 6 件一包，当 XK0=1 时，选择大包装，计满 12 件一包，当一个包装完成后，延时 3s，停止传送带 1，同时启动传送带 2，传送带 2 保持运行 5s 后停止。中途按停止按钮 SB1，完成一次包装后停止，如没有按停止按钮，程序循环执行。

通过任务分析，该任务应使用选择序列结构步进顺控功能图进行编程。

二、硬件 I/O 分配及接线

1．I/O 分配

通过分析任务要求可知，该控制系统有 1 个启动按钮 SB0、1 个停止按钮 SB1、1 个检测开关 GK0、1 个控制包装选择开关 XK0、控制传送带 1 的电机继电器 KM1、控制传送带 2 的电机继电器 KM2。因此，具体 I/O 分配表如表 1-9-1 所示。

表 1-9-1　I/O 分配表

输　入			输　出		
输入继电器	输入元件	作　用	输出继电器	输出元件	作　用
X000	SB0	启动开关	Y000	KM1	控制传送带 1 电机
X001	SB1	停止开关	Y001	KM2	控制传送带 2 电机
X002	GK0	检测传感器			
X003	XK0	包装选择开关			

2．PLC 硬件接线

PLC 控制系统硬件接线图如图 1-9-4 所示。

3．软件程序

包装流水线控制系统程序如图 1-9-5 所示。

整个程序是由 3 个子块组成，第 1 个子块是梯形图，一上电，用 M8002 激活初始步 S0；第 2 个子块是 SFC 模块，用选择序列结构编制程序，第 3 个子块是梯形图，编制停止程序。根据任务要求，当按下停止按钮 X001 时，辅助继电器 M0 得电并自锁，当程序执行到 S22 步，传送带 2 接通并延时 5s，延时时间到，程序需要跳转时进行选择分支检测，此时如果检测到 M0 有信号，程序跳转到 S0 步，停止运行，等待启动；如果没有检测到 M0 信号，需要检测 XK0（X003）信号状态，当 X003 触点接通时，跳转到大包装分支程序执行，当 X003 触点不接通，则跳转到小包装分支程序执行。

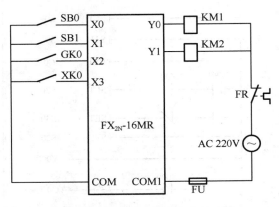

图 1-9-4　PLC 控制系统硬件接线图

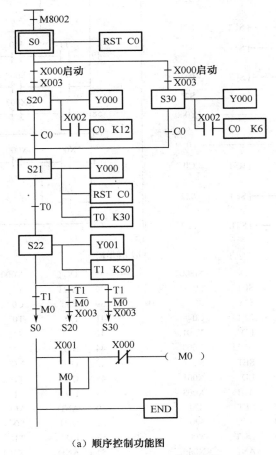

（a）顺序控制功能图

图 1-9-5　包装流水线控制系统程序

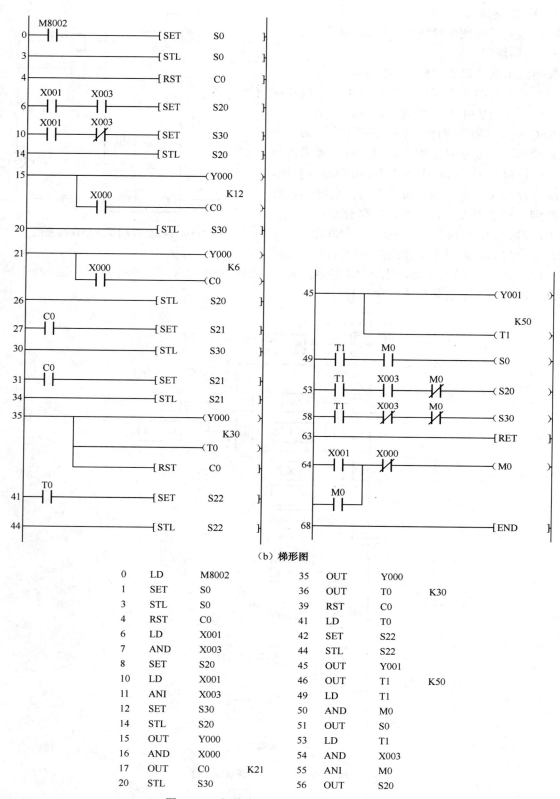

0	LD	M8002		35	OUT	Y000	
1	SET	S0		36	OUT	T0	K30
3	STL	S0		39	RST	C0	
4	RST	C0		41	LD	T0	
6	LD	X001		42	SET	S22	
7	AND	X003		44	STL	S22	
8	SET	S20		45	OUT	Y001	
10	LD	X001		46	OUT	T1	K50
11	ANI	X003		49	LD	T1	
12	SET	S30		50	AND	M0	
14	STL	S20		51	OUT	S0	
15	OUT	Y000		53	LD	T1	
16	AND	X000		54	AND	X003	
17	OUT	C0	K21	55	ANI	M0	
20	STL	S30		56	OUT	S20	

（b）梯形图

图 1-9-5　包装流水线控制系统程序（续）

21	OUT	Y000		58	LD	T1
22	AND	X000		59	ANI	X003
23	OUT	C0	K6	60	ANI	M0
26	STL	S20		61	OUT	S30
27	LD	C0		63	RST	
28	SET	S21		64	LD	X001
30	STL	S30		65	OR	M0
31	LD	C0		66	ANI	X000
32	SET	S21		67	OUT	M0
34	STL	S21		68	END	

（c）指令表

图 1-9-5　包装流水线控制系统程序（续）

■【知识链接】——状态编程中的分支、汇合的组合流程及虚设状态

运用状态编程思想解决工程问题时，当状态转移图设计出后，发现有些状态转移图不单是某一分支、汇合流程，而是若干个或若干类分支、汇合流程的组合。只要严格按照分支、汇合的原则和方法，就能对其编程。但有些分支、汇合的组合流程不能直接编程，需要转换后才能进行编程。如图 1-9-6 所示，应将左边形式转换为可直接编程的右边形式。

另外，还有一些分支、汇合组合的状态转移图如图 1-9-7 所示，它们连续地从汇合线转移到下一个分支线，而没有中间状态。这样的流程组合既不能直接编程，又不能采用上述办法先转换后编程。这时就要在汇合线到分支线之间插入一个状态，以使状态转移图与前边提到的标准图形结构相同。但在实际工艺中这个状态并不存在，所以只能虚设，这种状态称为虚设状态。加入虚设状态之后的状态转移图就可以进行编程了。

FX_{2N} 系列 PLC 中一条并行分支或选择性分支的电路数限定为 8 条以下；有多条并行分支与选择性分支时，每个初始状态的电路总数应小于或等于 16 条，如图 1-9-8 所示。

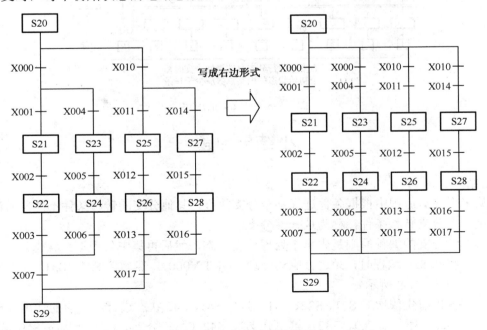

图 1-9-6　组合流程的转移

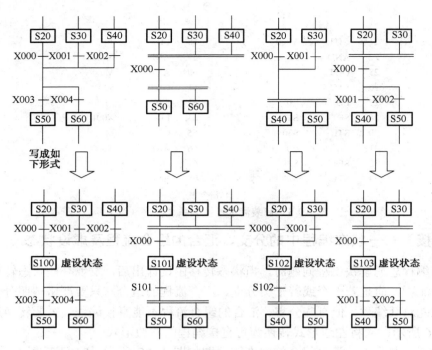

图 1-9-7　虚设状态的设置

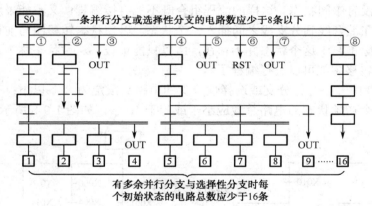

图 1-9-8　分支数的限定

小结与习题

1．小结

（1）从多个分支流程中根据条件选择某一分支执行，其他分支的转移条件不能同时满足，即每次只满足一个分支转移条件，称为选择性分支。

（2）选择性分支的编程原则是先集中处理分支状态，然后再集中处理汇合状态。

针对分支状态 S20 编程时，先进行驱动处理（OUT Y000），然后按 S21、S31、S41 的顺序进行转移处理，如图 1-9-9 所示。

汇合状态编程前先依次对 S21、S22、S31、S32、S41、S42 状态进行汇合前的输出处理编程，然后按顺序从 S22（第一分支）、S32（第二分支）、S42（第三分支）向汇合状态 S50 转移编程，如图 1-9-10 所示。

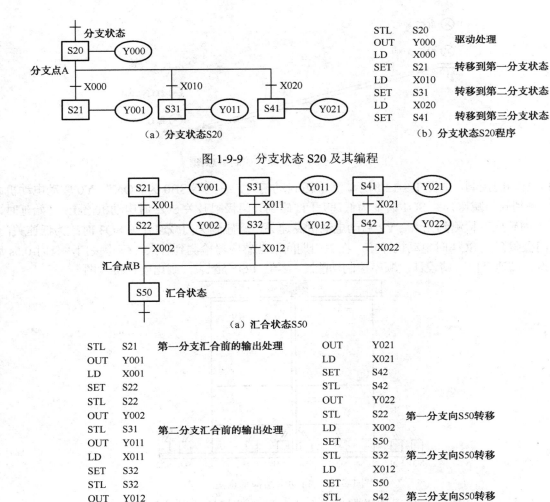

图 1-9-9　分支状态 S20 及其编程

（a）汇合状态S50

STL S21　第一分支汇合前的输出处理
OUT Y001
LD X001
SET S22
STL S22
OUT Y002
STL S31　第二分支汇合前的输出处理
OUT Y011
LD X011
SET S32
STL S32
OUT Y012
STL S41　第三分支汇合前的输出处理

OUT Y021
LD X021
SET S42
STL S42
OUT Y022
STL S22　第一分支向S50转移
LD X002
SET S50
STL S32　第二分支向S50转移
LD X012
SET S50
STL S42　第三分支向S50转移
LD X022
SET S50

（b）汇合状态S50的编程

图 1-9-10　汇合状态 S50 及其编程

（3）在状态编程中，只有激活步的程序段能够被扫描执行，其他步都是关闭的。在关闭步中，以 OUT 指令驱动输出的线圈全部停止，只有以 SET 指令驱动输出的线圈保持输出。

2．习题

（1）如图 1-9-11 所示，为了节省空间，在地下停车场的出/入口处，同时只允许一辆车进/出，在进/出通道的两端设置有红、绿灯，光电开关 X000 和 X001 用于检测是否有车经过，光线被车遮挡住时 X000 或 X001 为"ON"。有车进入通道时（光电开关检测到车的前沿），两端的绿灯灭，红灯亮，以警示后来的车辆不可再进入通道。车开出通道时，光电开关检测到车的后沿，两端的红灯灭，绿灯亮，其他车辆可以进入通道。用顺序控制设计法来实现车库控制。

（2）抢答器控制。抢答器系统可实现四组抢答，每组两人。共有 8 个抢答按钮，各按钮对应的输入信号为 X000、X001、X002、X003、X004、X005、X006、X007；主持人的控制按钮的输入信号为 X010；各组对应指示灯的输出控制信号分别为 Y001、Y002、Y003、Y004。前三组中任意一人按下抢答按钮即获得答题权；最后一组必须同时按下抢答按钮才可以获得答题权；主持人可以对各输出信号复位。试设计抢答器控制系统的顺序功能图。

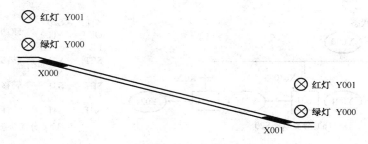

图 1-9-11 停车场交通灯控制示意图

（3）自动门控制。如图 1-9-12 所示，人靠近自动门时，感应器 SB0 为 "ON"，Y0 驱动电动机高速开门，碰到开门减速开关 SQ1 时变为低速开门。碰到开门极限开关 SQ2 时电动机停止，开始延时，若在 0.5s 内感应器检测到无人，Y2 启动电动机高速关门。碰到关门减速开关 SQ3 时改为低速关门，碰到关门极限开关 SQ4 时电动机停止。在关门期间，若感应器检测到有人，停止关门，延时 0.5s 后自动转换为高速开门。请设计出顺序控制功能图、给出 I/O 分配表，画出硬件接线图。

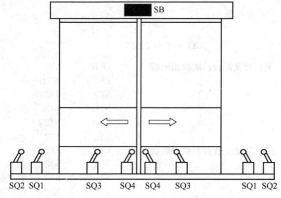

图 1-9-12 自动门结构示意图

（4）如图 1-9-13 所示为使用传送带将大、小球分类选择的传送装置。

在图 1-9-13 中，左上为原点，机械臂的动作顺序为下降、吸住、上升、右行、下降、释放、上升、左行。机械臂下降时，当电磁铁压着大球时，下限位开关 LS2（X002）断开；压着小球时，LS2 接通，以此可判断吸住的是大球还是小球。

左行、右行分别由 Y004、Y003 控制；上升、下降分别由 Y002、Y000 控制，吸球电磁铁由 Y001 控制。试用顺序控制进行编程。

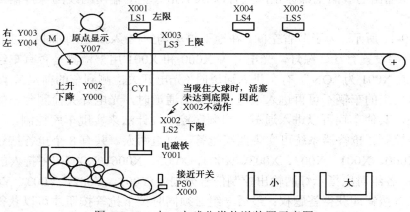

图 1-9-13 大、小球分类传送装置示意图

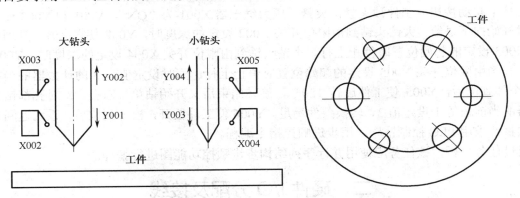

前面的区域（任务十的标题栏）

任务十

钻床控制系统设计

■【任务引入】

　　某组合钻床用来加工圆盘状态零件上均匀分布的 6 个孔，如图 1-10-1 所示。操作人员放好工件后，按下启动按钮，工件被夹紧，夹紧后压力继电器 X001 为 "ON"，Y001 和 Y003 使两只钻头同时开始向下进给。大钻头钻到由限位开关 X002 设定的深度时，Y002 使它上升，升到由限位开关 X003 设定的起始位置时停止上行。小钻头钻到由限位开关 X004 设定的深度时，Y004 使它上升，升到由限位开关 X005 设定的起始位置时停止上行，同时设定值为 3 的计数器的当前值加 1。两个都到位后，Y005 使工件旋转 120°，旋转结束后又开始钻第 2 对孔。3 对孔都钻完后，计数器的当前值等于设定值 3，转换条件满足。Y006 使工件松开，松开到位后，系统返回初始状态。项目要求用 PLC 控制钻床，用步进顺控指令编程。

图 1-10-1　零件加工系统示意图

　　从任务中可知，大、小钻头同时工作，需要用到并行序列结构顺控功能。

■【关键知识】——并行分支的编程

　　图 1-10-2 所示的并行分支的顺序功能图，并行分支是指同时处理的程序流程。图 1-10-2 中，S20 为活动步时，只要 X0 一闭合，S21、S24 就同时被激活，即其状态均变为 "ON"，各分支流程也开始运行。待各流程的动作全部结束，即 S23、S26 的状态同时为 "ON"，且 X7 闭合时，汇合到状态 S30 动作，而 S23、S26 全部变为 "OFF" 状态，这种汇合又被称为排队汇合。

　　在进行并行分支顺序功能图与梯形图的转换时，进入并行分支处后，首先用公共转移条件对各分支的首状态进行置位，其次依顺序进行各分支的连接，最后在分支汇合处将各分支最后一个状态器的触点串联，并串入其对应的转移条件，从而跳出汇合点，其梯形图和指令表如图 1-10-3 所示。

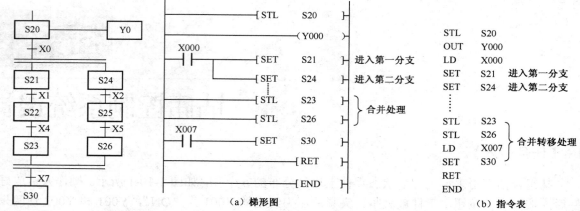

图 1-10-2　并行分支的顺序功能图　　　图 1-10-3　并行分支的梯形图和指令表

■【任务实施】

一、任务要求

某组合钻床用来加工圆盘状态零件上均匀分布的 6 个孔，如图 1-10-1 所示。操作人员放好工件后，按下起动按钮，工件被夹紧，夹紧后压力继电器 X001 为 "ON"，Y001 和 Y003 使两只钻头同时开始向下进给。大钻头钻到由限位开关 X002 设定的深度时，Y002 使它上升，升到由限位开关 X003 设定的起始位置时停止上行。小钻头钻到由限位开关 X004 设定的深度时，Y004 使它上升，升到由限位开关 X005 设定的起始位置时停止上行，同时设定值为 3 的计数器的当前值加 1。两个都到位后，Y005 使工件旋转 120°，旋转结束后又开始钻第二对孔。3 对孔都钻完后，计数器的当前值等于设定值 3，转换条件满足。Y006 使工件松开，松开到位后，系统返回初始状态。项目要求用 PLC 控制钻床，用步进顺控指令编程。

通过任务分析，该任务应使用并行序列结构步进顺控功能图进行编程。

二、硬件 I/O 分配及接线

1. I/O 分配

通过分析任务要求可知，该控制系统有 1 个启动按钮 SB0、6 个限位开关 SQ0～SQ6、7 个控制输出的继电器。因此，具体 I/O 分配表如表 1-10-1 所示。

表 1-10-1　I/O 分配表

输　入			输　出		
输入继电器	输入元件	作　用	输出继电器	输出元件	作　用
X000	SB0	启动按钮	Y000	KM0	工件夹紧
X001	SQ0	夹紧到位限位	Y001	KM1	大钻下进给
X002	SQ1	大钻下限位开关	Y002	KM2	大钻退回
X003	SQ2	大钻上限位开关	Y003	KM3	小钻下进给
X004	SQ3	小钻下限位开关	Y004	KM4	小钻退回
X005	SQ4	小钻上限位开关	Y005	KM5	工件旋转
X006	SQ5	工件旋转限位开关	Y006	KM6	工件松开
X007	SQ6	松开到位限位开关			

2．PLC硬件接线

PLC控制系统硬件接线图如图1-10-4所示。

3．软件程序

在图 1-10-5（a）所示的顺序功能图中，步 S21 之后有一个选择序列的合并，还有一个并行序列的分支。在步 S29 之前，有一个并行序列的合并，还有一个选择序列的分支。在并行序列中，两个子序列中的第一步 S22 和 S25 是同时变为活动步的，两个子序列中的最后一步 S24 和 S27 是同时变为不活动步的。因为两个钻头上升到位有先有后，故设置了步 S24 和步 S27 作为等待步，它们用来同时结束两个并行序列。当两个钻头均上升到位，限位开关 X003 和 X005 分别为"ON"，大、小钻头的两个子系统分别进入两个等待步，并行序列将会立即结束。每钻 1 对孔计数器 C0 加 1；没钻完 3 对孔时，C0 的当前值小于设定值，其常闭触点闭合，转换条件 C0 不满足，将从步 S27 转换到步 S28。如果已钻完 3 对孔，C0 的当前值等于设定值，其常开触点闭合，转换条件 C0 满足，将从步 S24 和 S27 转换到步 S29。

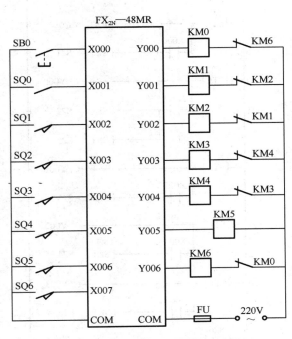

图 1-10-4　PLC 控制系统硬件接线图

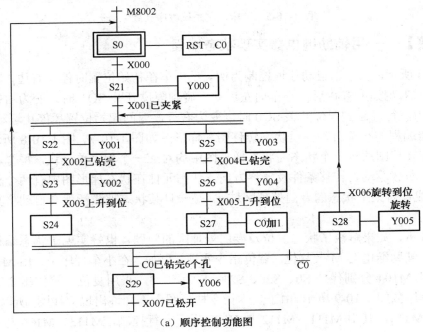

（a）顺序控制功能图

图 1-10-5　钻床控制系统程序

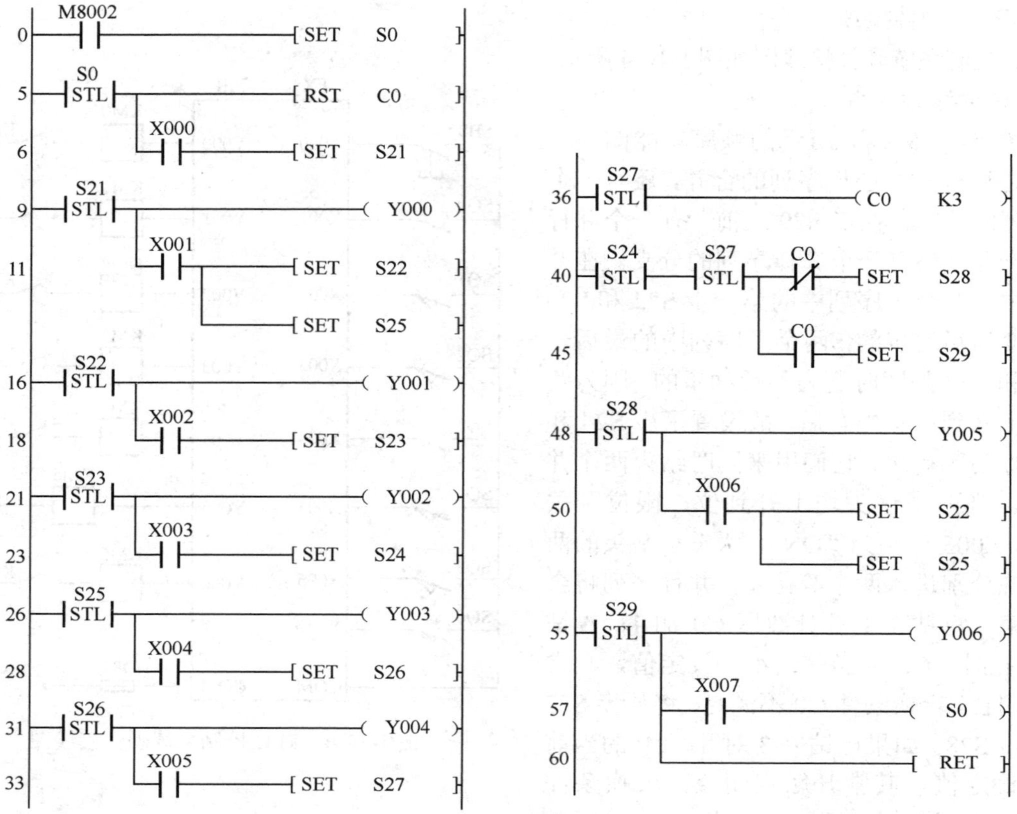

（b）梯形图

图 1-10-5　钻床控制系统程序（续）

■【知识链接】——用辅助继电器实现状态编程

如图 1-10-6 所示，以小车自动往返控制为例。设小车在初始位置时停在右边，限位开关 SQ2 为"ON"。按下启动按钮 SB0 后，小车向左运动，碰到限位开关 SQ1 时，变为右行；返回限位开关 SQ2 处变为左行，碰到限位开关 SQ0 时，变为右行，返回起始位置后停止运动。

采用状态器编程的小车自动往返状态转移图和梯形图如图 1-10-7、图 1-10-8 所示，从这两图可以看到，状态转移图的每一个状态在状态梯形图中均对应一个程序单元块，每个单元块都包含了状态三要素：负载驱动、转移条件及转移方向，状态元件在状态梯形图中有两个作用，一是提供 STL 触点形成针对某个状态的专门处理区域，二是一旦某状态被激活就会自动将其前一个状态复位。

通过以上分析，如果解决了状态复位及专门处理区的问题，也就实现了状态编程。而这两个问题可以借助于辅助继电器 M 及复位、置位指令实现。例如，在小车程序中，用 M100、M101、M102、M103 及 M104 分别代替 S0、S20、S21、S22、S23，采用复位、置位指令实现的小车自动往返的步进程序如图 1-10-9 所示。由于基本指令梯形图中不允许出现双线圈，所以引入 M111、M112、M113、M114，其中 M111、M112 与 Y000 用于左行控制，M113、M114 与 Y001 用于右行控制。

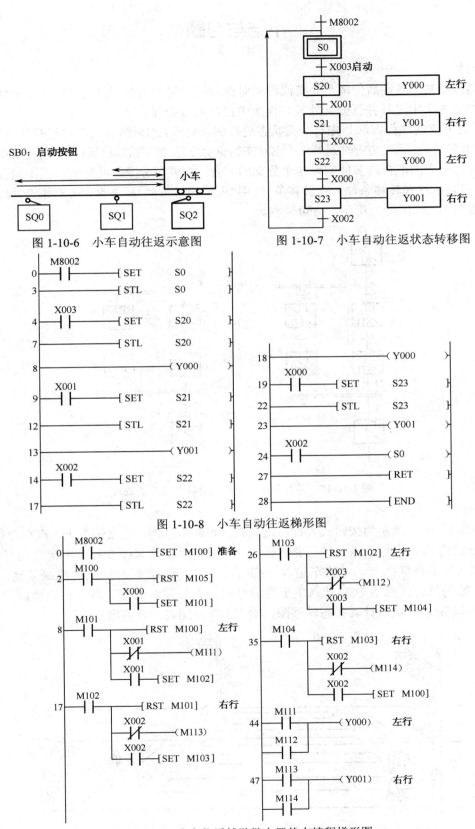

图 1-10-6　小车自动往返示意图

图 1-10-7　小车自动往返状态转移图

图 1-10-8　小车自动往返梯形图

图 1-10-9　小车往返辅助继电器状态编程梯形图

小结与习题

1. 小结

（1）当满足某个条件后使多个分支流程同时执行的分支称为并行分支。并行分支状态转移图的编程原则是先集中进行并行分支处理，再集中进行汇合处理。

（2）并行分支的编程方法是先对分支状态进行驱动处理，然后按分支顺序进行状态转移处理。

（3）并行汇合的编程方法是先进行汇合前状态的驱动处理，然后按顺序进行汇合状态的转移处理。

（4）并行分支的汇合最多能实现 8 个分支的汇合。在并行分支，并联的后面不能使用选择转移条件（用※表示选择转移条件），在转移条件（用*表示转移条件）后不允许并行汇合，如图 1-10-10（a）应改成图 1-10-10（b）所示，方可编程。

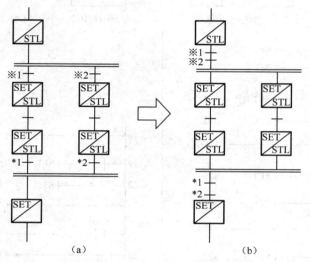

（a）　　　　　　　　　　　　　（b）

图 1-10-10　并行分支并联与汇合转移条件的处理

2. 习题

（1）如图 1-10-11 所示为按钮式人行横道交通灯控制示意图。正常情况下，汽车通行，即 Y3 绿灯亮、Y5 红灯亮；当行人需要过马路时，则按下按钮 X0 或 X1，30s 后车道交通灯的变化为绿→黄→红（其中黄灯亮 10s），当车道红灯亮时，人行道红灯亮再 5s 后转成绿灯亮，15s 后人行道绿灯开始闪烁，闪烁 5 次后转入主干道绿灯亮，人行道红灯亮。各方向三色灯的工作时序图如图 1-10-12 所示。试设计其状态转移图，给出 I/O 分配表，并编出梯形图。

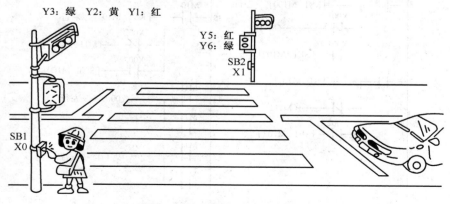

图 1-10-11　交通灯控制示意图

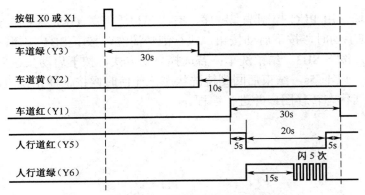

图 1-10-12　交通灯控制时序图

（2）有一并行分支状态转移图如图 1-10-13 所示，请检查是否有错误，如有错误，请改正后对其进行编程。

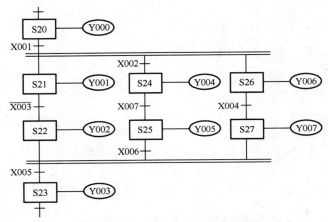

图 1-10-13　并行分支状态转移图

（3）有一状态转移图如图 1-10-14 所示，请检查是否有错误，如有错误，改正并对其进行编程。

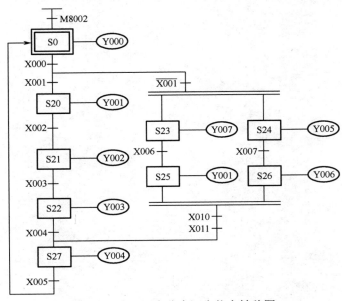

图 1-10-14　混合分支汇合状态转移图

（4）有一洗车场，用 PLC 控制洗车程序，有车辆检测开关 GK0，工作方式有两种。当方式选择开关 XK0 打到手动时，按下启动按钮，执行泡沫清洗，按下 SB1 按钮，执行清水清洗，按下 SB2，执行风干，按下 SB3，结束洗车；若选择自动方式，按下启动按钮后，先执行泡沫清洗10s，清水冲洗 20s，风干 5s，结束后回到待洗状态；任何时候按下停止按钮，则所有输出复位，停止洗车。试设计其状态转移图，并进行编程。

模块二　PLC 功能指令应用

任务一

彩灯交替点亮控制系统设计

【任务引入】

有一组彩灯 L1～L8，要求隔灯显示，每 2s 变换一次，反复进行。用一个开关实现启停控制。

由控制要求可知，该控制系统的实现可以采用前面学过的应用基本指令的经验编程法或顺序功能图设计法。这两种设计方法虽然可以达到控制目的，但编程却很烦琐，编制出来的程序比较长。如果控制系统里需要数据运算和特殊处理，则只应用基本指令是无法实现的。PLC 的一条基本指令只是完成一个特定的操作，而一条应用指令却能完成一系列的操作，相当于执行了一个子程序，所以应用指令的应用更加强大，使编程更加精炼。因此，必须学习 PLC 的应用指令才能实现复杂的控制任务。

【关键知识】

一、应用指令的通用格式

FX 系列 PLC 应用指令冠以 FNC 符号，指令编号为 FNC00～FNC246，根据不同型号，PLC 所含的应用指令功能不同，基本上可分为数据传送和比较类指令、算术与逻辑运算类指令、移位和循环类指令、数据处理指令、方便指令、程序流程控制指令、外部输入/输出处理和通信指令等。本模块介绍一些应用较为广泛的应用指令。

应用指令常用应用框表示，如图 2-1-1 所示，常开触点 X0 是应用指令的执行条件，其后的方框即为应用框。应用框分栏表示指令的名称、相关数据或数据的存储地址。

使用应用指令要注意指令的基本格式及使用要素。图 2-1-1 所示为传送指令的基本格式及使用要素。

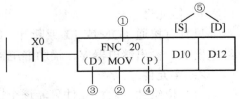

图 2-1-1　应用指令的通用表示方法

1. 应用指令编号

应用指令按应用号 FNC00～FNC246 来编号，如图 2-1-1 所示的①。

2．助记符

应用指令的助记符是该指令的英文缩写。如传送指令"MOVE"简写为 MOV，如图 2-1-1 所示的②。

3．数据长度

应用指令可按处理数据的长度分为 16 位指令和 32 位指令。其中 32 位指令用（D）表示，无（D）符号为 16 位指令。图 2-1-1 所示的③表示该指令为 32 位指令。

4．执行形式

应用指令有脉冲执行型和连续执行型两种。指令中标有（P）（图 2-1-1 所示的④）的为脉冲

图 2-1-2　连续执行型

执行型，脉冲执行型指令在执行条件满足时仅执行一个扫描周期，如图 2-1-1 所示，当 X0 闭合时，只在闭合的第一个扫描周期中将 D10 中的数传送到 D12 中，只传一次。连续执行型如图 2-1-2 所示，在 X0 为"ON"的每个扫描周期都要被重复执行传送。在不需要每一个扫描周期都执行时，用脉冲执行方式可缩短程序执行时间。XCH（数据交换）、INC（加 1）、DEC（减 1）等指令一般应使用脉冲执行型，若连续执行型时要特别注意，因为在每一个扫描周期内，其结果均在变化。

5．操作数

操作数是应用指令涉及或产生的数据，如图 2-1-1 中的⑤。它一般由 1～4 个操作数组成，但有的应用指令只有助记符和应用号而不需要操作数。操作数分为源操作数、目标操作数和其他操作数。

[S]：源（Source）操作数，其内容不随指令执行而变化。源操作数不止一个时，可用[S1]、[S2]等表示。

[D]：目标（Destination）操作数，其内容随执行指令而改变。目标操作数不止一个时，可用[D1]、[D2]等表示。

[m]与[n]：表示其他操作数。常用来表示常数或作为源操作数和目标操作数的补充说明。表示常数时，K 表示十进制，H 表示十六进制，注释可用 m1、m2 等表示。

这些操作数的形式如下。

（1）位元件 X、Y、M 和 S。

（2）常数 K(十进)、H（十六进制）或指针 P。

（3）字元件 T、C、D、V、Z。

（4）由位元件 X、Y、M、S 的位指定组成的字元件 KnX、KnY、KnM、KnS。

二、应用指令的数据结构

1．位元件

只具有接通（ON 或 1）或断开（OFF 或 0）两种状态的元件称为位元件。常用位元件有输入继电器 X、输出继电器 Y、辅助继电器 M 和状态继电器 S。

2．字元件

（1）位组件：对位元件只能逐个操作，如取 X0 的状态用"LD X0"完成。若需要取多个位元件的状态，如取 X0～X7 的状态，就需要 8 条取指令语句，程序较烦琐。将多个位元件按一定规律组合成字元件后，便可以用一条指令语句同时对多个位元件进行操作，大大减少指令语句的数量，提高编程效率和数据处理能力。

位元件 X、Y、M、S 等的组合也可以作为数值数据进行处理。将这些位元件组合，以 KnP 的形式表示，每组由 4 个连续的位元件组成，称为位组件，其中 P 为组件的首地址，n 为组数（1～8）。4 个单元 K4 组成 16 位操作数，如 K4M10 表示由 M25～M10 组成的 16 位数据。

当一个 16 位数据传送到 K1M0、K2M0、K3M0 时，只传送相应的低位数据，高位数据溢出。

在处理一个 16 位操作数时，参与操作的元件由 K1～K4 指定。若仅由 K1～K3 指定，不足部分的高位做 0 处理，这意味着只能处理正数（符号位为 0）。

被组合的位组元件的首元件号可以是任意的，习惯采用以 0 结尾的元件，如 M0、M100 等。

（2）字元件：处理数据的元件称为字元件。FX 系列的字元件最少 4 位，最多 32 位。如 T、C、数据寄存器 D、位组件等。字元件范围如表 2-1-1 所示。

表 2-1-1　字元件范围

符　号	表　示　内　容
KnX	输入继电器位元件组合的字元件，也称为输入位组件
KnY	输出继电器位元件组合的字元件，也称为输出位组件
KnM	辅助继电器位元件组合的字元件，也称为辅助位组件
KnS	状态继电器位元件组合的字元件，也称为状态位组件
T	定时器 T 的当前值寄存器
C	计数器 C 的当前值寄存器
D	数据寄存器
V、Z	变址寄存器

数据寄存器主要用于存储运算数据，可以对数据寄存器进行"读"、"写"操作。FX 系列中每一个数据寄存器都是 16 位（最高位为符号位）二进制数或一个字，可以用两个相邻数据寄存器合并起来存储 32 位（最高位为符号位）二进制数或两个字，为了避免出现错误，建议首地址统一用偶数编号。数据寄存器用 D 表示，采用十进制编号，分为如下 4 种类型。

① 通用数据寄存器。FX$_{2N}$ PLC 中的 D0～D199 是通用数据寄存器，共 200 点。数据寄存器中数据的写入一般采用传送指令，只要不往通用数据寄存器写入新数据，已写入的数据就不会变化。但是，PLC 运行状态由 RUN→STOP 时，全部数据均清零（若特殊辅助继电器 M8033 已被驱动，则数据不被清零）。

② 锁存数据寄存器。FX$_{2N}$ PLC 中的 D200～D7999 为锁存数据寄存器，共 7800 点（不同机型，该点数不同）。

锁存数据寄存器有断电保持功能，PLC 由 RUN 状态进入 STOP 状态时，锁存数据寄存器中的值保持不变。

③ 文件寄存器。FX$_{2N}$ PLC 中的 D1000～D7999 为文件寄存器，共 256 点。

④ 特殊数据寄存器用来监控 PLC 内部的各种工作方式和元件，如电池电压、扫描时间等。

FX 系列 PLC 内部的编程元件还有变址寄存器（V、Z），变址就是改变操作数地址，变址寄存器的作用就是存放改变地址的数据。

变址寄存器（V、Z）除了和普通的数据寄存器有相同的使用方法外，还常用于修改器件的地址编号，实际地址=当前地址+变址数据。

变址寄存器由 V0～V7 及 Z0～Z7 共 16 点 16 位的数据寄存器构成，可进行数据的读写，当进行 32 位操作时，将 V 和 Z 合并，其中 Z 为低 16 位。如图 2-1-3 所示，当 X000 闭合时，将 8

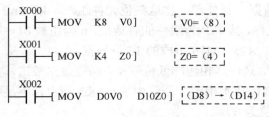

传送到 V0 中，当 X001 闭合时，将 4 传送到 Z0 中，当 X002 闭合时，将 D0+V0=D8 地址里存储的数传送到 D10+Z0=D14 中。

图 2-1-3　变址寄存器使用说明

3. 字元件与位元件之间的数据传送

字元件与位元件之间的数据传送，由于数据长度的不同，在传送时，应按如下的原则处理。

① 长→短的传送：只传送相应的低位数据，高位数据溢出；

② 短→长的传送：长数据的高位全部变零。

字元件与位组合元件数据传送如图 2-1-4 所示。

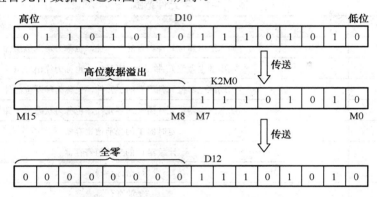

图 2-1-4　字元件与位组合元件数据传送

三、传送指令 MOV

传送指令 MOV 是将源操作数[S]中的数据送到指定的目标操作数[D]中，源操作数内的数据不变。若源操作数是一个变数，则需用脉冲型传送指令，即在 MOV 后加 P 表示。32 位数据要用 DMOV 传送。如图 2-1-5 所示，当 X0 为 "ON" 时，执行指令，将[S]中的数据 K80 传送到目标元件 D10 中；当 X0 为 "OFF" 时，指令不执行。

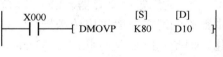

图 2-1-5　MOV 指令使用说明

说明：如果[S]为十进制常数，执行上述指令时，自动转换成二进制数后进行数据传送。

MOV 指令的助记符、操作数等指令属性如表 2-1-2 所示。其中，K 表示十进制数，H 表示十六进制数。

表 2-1-2　MOV 指令格式

指令名称	助记符	功能号	操作数	
			[S]	[D]
传送	MOV	FNC12	K、H、KnX、KnY、KnM、KnS、T、C、D、V、Z	KnY、KnM、KnS、T、C、D、V、Z

一、任务要求

有一组彩灯 L1~L8，要求隔灯显示，每 2s 变换一次，反复进行。用一个开关实现启停控制。

二、硬件 I/O 分配及接线

1. I/O 分配

根据任务要求，I/O 分配表如表 2-1-3 所示。

表 2-1-3 I/O 分配表

输　入			输　出		
输入继电器	输入元件	作用	输出继电器	输出元件	作用
X000	SB0	启停开关	Y000~Y007	L1~L8	8 个彩灯

2. PLC 硬件接线

PLC 控制系统硬件接线图如图 2-1-6 所示。

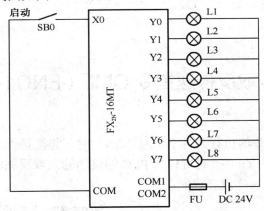

图 2-1-6 PLC 控制系统硬件接线图

3. 软件程序

彩灯交替点亮控制梯形图如图 2-1-7 所示。

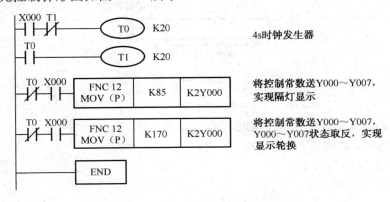

图 2-1-7 彩灯交替点亮控制梯形图

该程序是通过将控制常数向输出口传送，从而实现控制要求。

■【知识链接】

一、块传送指令 BMOV (FNC15)

1. 用法说明

如图 2-1-8 所示，当指令的执行条件 X0 为"ON"时，成批传送数据，将源操作数 D5、D6、D7 中的数据传送到目标操作数 D10、D11、D12 中去。如果元件号超出允许的范围，数据仅传送到允许的范围。对位元件操作时，源操作数和目标操作数指定的位数必须相同。

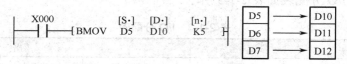

图 2-1-8　BMOV 指令使用说明

2. 操作数

[S]：K、H、KnX、KnY、KnM、KnS、T、C、D、V、Z。

[D]：KnY、KnM、KnS、T、C、D、V、Z。

n：K、H。

该指令有连续及脉冲执行型。

二、取反传送指令 CML (FNC14)

1. 用法说明

如图 2-1-9 所示，当指令的执行条件 X0 为"ON"时，将源操作数 D0 中的二进制数每位取反后传送到目标操作数 Y3～Y0 中。它可作为 PLC 的反相输入或反相输出指令。若源操作数中的数是十进制常数时，将自动转换成二进制。

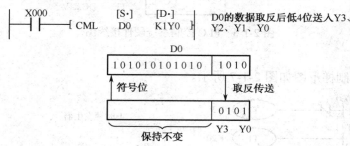

图 2-1-9　CML 指令使用说明

2. 操作数

[S]：K、H、KnX、KnY、KnM、KnS、T、C、D、V、Z。

[D]：KnY、KnM、KnS、T、C、D、V、Z。

该指令有连续及脉冲执行型。

三、多点传送指令 FMOV（FNC16）

1. 举例说明

当指令的执行条件满足时，将源操作数[S·]传送到多个目标操作数[D·]中，数据传送的目标操作数个数由 n 决定。如果元件号超出允许的范围，数据仅传送到允许的范围，同时 n 小于或等于 512。

在如图 2-1-10 所示中，当 X0 为"ON"时，将常数 0 送到 D100～D119 这 20 个（n 为 20）数据寄存器中。

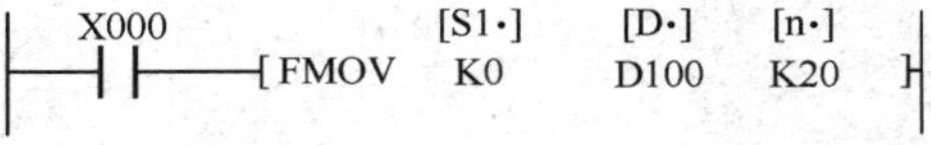

```
  X000           [S1·]   [D·]    [n·]
  ─┤ ├──────┤FMOV   K0    D100    K20  ├
```

图 2-1-10　FMOV 指令使用说明

2. 操作数

[S]：K、H、KnX、KnY、KnM、KnS、T、C、D、V、Z。

[D]：KnY、KnM、KnS、T、C、D。

n：K、H

该指令有连续及脉冲执行型。

四、移位传送指令 SMOV（FNC30）

1. 举例说明

SMOV 指令是先将二进制[S]变成 BCD 码，再从第 m1 位起，将低 m2 位的 BCD 码向目标[D]的第 n 位开始传送，目标[D]未接受传送的位保持不变，最后再将目标[D]变为二进制数。如图 2-1-11 所示，[S]是源操作数，m1 是被传送的起始位，m2 是传送位数，n 是传送到目标的起始位，[D]是目标操作数。

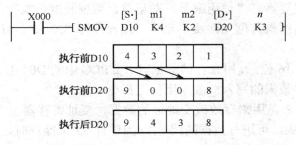

图 2-1-11　SMOV 指令使用说明

2. 操作数

[S]：KnX、KnY、KnM、KnS、T、C、D、V、Z。

[D]：KnY、KnM、KnS、T、C、D。

M1、m2、n：K、H、n=1～4。

五、利用 MOV 指令改写定时器和计数器的设定值

有一个洗衣机控制程序，要求强洗时定时 25min，循环 6 次；弱洗时定时 10min，循环 3 次。如图 2-1-12 所示，可以用 MOV 指令实现。

在如图 2-1-12 中，按下强洗选择按钮 X0 时，MOV 指令将 K15000 和 K6 分别传送给 D0 和 D1，这样当洗衣机运行时，定时器 T0 和计数器 C0 的设定值就分别为 K15000 和 K6，洗衣机就按照这个时间和次数洗涤；当按下弱洗选择按钮 X1 时，MOV 指令将 K6000 和 K3 分别传送给 D0 和 D1。这样当洗衣机运行时，定时器 T0 和计数器 C0 的设定值就变为 K6000 和 K3。通过此例，可以方便地改变设备的工作时间和工作次数。若一次需要传送很多数据，可以使用块传送指令 BMOV 实现。

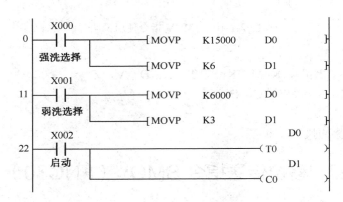

图 2-1-12　传送指令应用

小结与习题

1．小结

（1）应用指令的使用要素有"使用编号、助记符、数据长度、执行形式及操作数"。

（2）应用指令的数据结构有位元件及字元件，位元件有"X、Y、M、S"，字元件有"位组件及 T、C、D、V、Z"。

（3）数据寄存器 D 是 16 位的，用来存储数据，FX$_{2N}$ PLC 中的 D0～D199 是通用数据寄存器，共 200 点。数据寄存器中数据的写入一般采用传送指令。

（4）变址寄存器 V、Z 是用来存放改变地址的数据，变址寄存器由 V0～V7 及 Z0～Z7 共 16 点 16 位的数据寄存器构成，可进行数据的读/写，当进行 32 位操作时，将 V 和 Z 合并，其中 Z 为低 16 位。

（5）传送类指令的基本用途。

① 用以获得程序的初始工作数据。

一个控制程序总是需要初始数据，这些数据可以从输入端口上连接的外部器件获得，需要使用传送指令读取这些器件上的数据并送到内部单元；初始数据也可以用程序设置，即向内部单元传送立即数；另外，某些运算数据存储在机内的某个地方，等程序开始运行时通过初始化程序传送到工作单元。

② 机内数据的存取管理。

在数据运算过程中，机内数据的传送是不可缺少的。运算可能要涉及不同的工作单元，数据需要在它们之间传送；运算可能会产生一些中间数据，这些中间数据需要传送到适当的地方暂时存放；有时机内的数据需要备份保存，因此需要找地方把这些数据存储妥当。总之，对一个涉及数据运算的程序，数据管理是很重要的。

③ 运算处理结果向输出端口传送。

运算处理结果总是要通过输出实现对执行器件的控制，或者输出数据用于显示，或者作为其他设备的工作数据。对于输出口连接的离散执行器件，可成组处理后看作整体的数据单元，按各口的目标状态送入一定的数据，可实现对这些器件的控制。

（6）本任务介绍的应用指令有：MOV、BMOV、CML、FMOV、SMOV。

2．习题

（1）什么是位元件，什么是字元件，两者有什么区别？

（2）位元件如何组成字元件？请举例说明。

（3）什么是变址寄存器，变址寄存器的作用是什么？

（4）应用指令的组成要素有哪些？其执行方式有几种，其操作数有几类？

（5）请问如下软元件是哪种软元件，由多少位组成？

X0、D20、S20、K4X0、V2、X10、K3Y0、M20

（6）执行指令语句“MOV　K10　K1Y0”后，Y0～Y3 的位状态是什么？

（7）执行指令语句“DMOV　H5AA55　D0”后，D0、D1 中存储的数据各是多少？

（8）3 台电动机相隔 5s 启动。请使用传送指令完成控制要求。

密码锁控制系统设计

■【任务引入】

密码锁有 3 个置数开关（即 12 个按钮），分别代表 3 个十进制数，根据设计，如所拨数据与密码锁设定值相符合，3s 后，锁开启。且 30s 后，重新锁定。

开锁时，输入的数据要与设定的密码数据进行比较，相符合时锁才能被打开，因此，需要用到 PLC 的比较应用指令。

■【关键知识】

组件比较指令 CMP

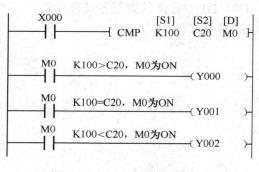

图 2-2-1   CMP 指令使用说明

组件比较指令 CMP（FNC10）是两数比较指令，其使用格式如图 2-2-1 所示。组件比较指令 CMP（FNC10）比较源操作数[S1]和[S2]的内容，比较的结果送到目标操作数[D]中去。

（1）组件比较指令 CMP 比较源操作数[S1]和[S2]的内容，并把比较的结果送到目标操作数[D]～[D+2]中去。

（2）两个源操作数[S1]和[S2]的形式可以为 K、H、KnX、KnY、KnM、KnS、T、C、D、V、Z；而目标操作数的形式可以为 Y、M、S。

（3）两个源操作数[S1]和[S2]都被看作二进制数，其最高位为符号位，如果该位为 0，则该数为正；如果该位为 1，则表示该数为负。

（4）目标操作数[D]由 3 个位元件组成，指令中标明的是第一个位元件，另外两个位元件紧随其后。

（5）当执行条件满足时，比较指令执行，每扫描一次该梯形图，就对两个源操作数[S1]和[S2]进行比较，比较结果分 3 种情况：当[S1]>[S2]时，[D]=1；当[S1]=[S2]时，[D+1]=1；当[S1]<[S2]时，[D+2]=1。

（6）在指令前加"D"，表示操作数为 32 位；在指令后加"P"，表示指令为脉冲执行型。

如图 2-2-1 所示，在 X0 为"ON"时，比较指令 CMP 将十进制常数 100 与计数器 C20 的当前值比较，比较结果分 3 种情况，分别使 M0、M1、M2 中的一个为"ON"，另两个为"OFF"。在 X0 为"OFF"时，CMP 指令不执行，M0、M1、M2 保持比较前的状态。要清除比较结果，可以使用复位 RST 或区间复位 ZRST 指令。

一、任务要求

密码锁有 3 个置数开关（即 12 个按钮），分别代表 3 个十进制数，根据设计，如所拨数据与密码锁设定值相符合，3s 后，锁开启。且 30s 后，重新锁定。

通过任务分析，用比较指令实现密码锁系统。根据控制要求，如果要解锁，数据需要从 PLC 的输入端 X000~X013 处送入，因为输入数据要和 3 个十六进制常数（或十进制数）比较，而 X 是开关量，表示的是二进制数，所以在此要选用位组合元件 KnX。因为密码是 3 位十六进制常数（或十进制常数），则输入元件只要用 K3X0，分别接入 X013~X000，其中，X000~X007 代表第一个十六进制数；X004~X007 代表第二个十六进制数；X010~X013 代表第三个十六进制数；因此，输入占用 12 个点，密码开启占用 1 个输出点。

二、硬件 I/O 分配及接线

1. I/O 分配

通过分析任务要求知，该控制系统有 12 个输入按钮，1 个输出开锁，因此，具体 I/O 分配表如表 2-2-1 所示。

表 2-2-1　I/O 分配表

输　入			输　出		
输入继电器	输入元件	作用	输出继电器	输出元件	作用
X000~X003	按钮 SB1~SB4	密码个位	Y000	开锁装置	锁控制信号
X004~X007	按钮 SB5~SB8	密码十位			
X010~X013	按钮 SB9~SB12	密码百位			

2. PLC 硬件接线

PLC 控制系统硬件接线图如图 2-2-2 所示。

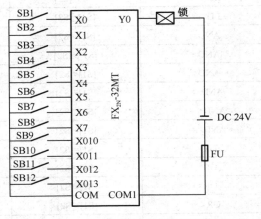

图 2-2-2　PLC 控制系统硬件接线图

3．软件程序

假设密码设定为 H518，则程序如图 2-2-3 所示。

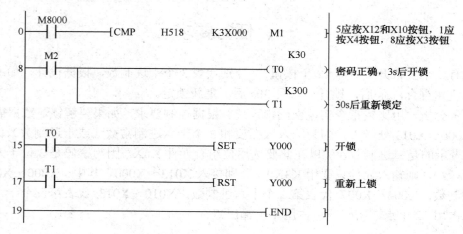

图 2-2-3　密码锁程序

【知识链接】

一、触点比较指令

触点比较指令共有 18 条，分为 3 类：取比较指令、串联比较指令、并联比较指令。16 位数据触点比较指令的助记符及操作数如表 2-2-2 所示。

表 2-2-2　触点比较指令

	FNC 编号	助　记　符	比　较　条　件	逻　辑　功　能
取比较指令	224	LD=	[S1]=[S2]	[S1]与[S2]相等
	225	LD>	[S1]>[S2]	[S1]大于[S2]
	226	LD<	[S1]<[S2]	[S1]小于[S2]
	228	LD<>	[S1]≠[S2]	[S1]与[S2]不相等
	229	LD<=	[S1]≤[S2]	[S1]小于或等于[S2]
	230	LD>=	[S1]≥[S2]	[S1]大于或等于[S2]
串联比较指令	232	AND=	[S1]=[S2]	[S1]与[S2]相等
	233	AND>	[S1]>[S2]	[S1]大于[S2]
	234	AND<	[S1]<[S2]	[S1]小于[S2]
	236	AND<>	[S1]≠[S2]	[S1]与[S2]不相等
	237	AND<=	[S1]≤[S2]	[S1]小于或等于[S2]
	238	AND>=	[S1]≥[S2]	[S1]大于或等于[S2]
并联比较指令	240	OR=	[S1]=[S2]	[S1]与[S2]相等
	241	OR>	[S1]>[S2]	[S1]大于[S2]
	242	OR<	[S1]<[S2]	[S1]小于[S2]
	244	OR<>	[S1]≠[S2]	[S1]与[S2]不相等
	245	OR<=	[S1]≤[S2]	[S1]小于或等于[S2]
	246	OR>=	[S1]≥[S2]	[S1]大于或等于[S2]

如图 2-2-4 所示，D0 中存储的数据与 K100 相比较，若二者相等，触点闭合，Y0 得电；当 X0 为 "ON"，同时 C100 中的当前值等于 K200 时，该触点闭合，Y1 得电；当 X1 为 "ON"，或者 C3 的当前值与 K5 相比较相等时，则 Y2 得电。其他触点比较指令不在此——说明。

触点比较指令源操作数可取任意数据格式。使用 32 位数据触点比较指令时，需要在比较符号前加 D。

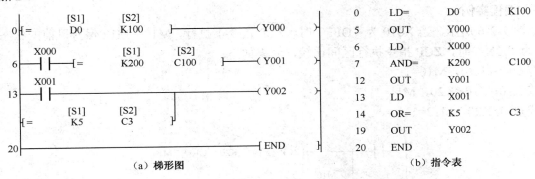

(a) 梯形图   (b) 指令表

图 2-2-4 触点比较指令使用说明

二、区间比较指令 ZCP

1. 指令功能

区间比较指令 ZCP（FNC11）是将一个源操作数[S]与另两个源操作数[S1]和[S2]形成的区间比较，且[S1]不得大于[S2]，并将比较的结果送到[D]～[D+2]中，其使用格式如图 2-2-5 所示。

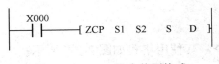

图 2-2-5 ZCP 指令使用格式

2. ZCP 指令说明

（1）ZCP 指令将[S1]、[S2]的值与[S]的内容进行比较，然后用元件[D]～[D+2]来反应比较的结果。

（2）源操作数[S1]、[S2]与[S]的形式可以为 K、H、KnX、KnY、KnM、KnS、T、C、D、V、Z；目标操作数[D]的形式可以为 Y、M、S。

（3）源操作数[S1]和[S2]确定区间比较范围，不论[S1]>[S2]，还是[S1]<[S2]，执行 ZCP 指令时，总是将较大的那个数看作[S2]。

例如：[S1]=K200，[S2]=K100，执行 ZCP 指令时，将 K100 视为[S1]，K200 视为[S2]。使用时还是尽可能让[S1]<[S2]。

（4）所有源操作数都被看作二进制数，其最高位为符号位。该位为 0，则为正；为 1，则为负。

（5）目标操作数[D]由 3 个位元件组成，梯形图中的 "D" 代表的是首地址，另外两个位元件紧随其后。如指令中指明目标操作数[D]为 M0，则实际目标操作数还包括紧随其后的 M1、M2。

（6）当 ZCP 指令执行时，每扫描一次该梯形图，就将[S]内的数据与源操作数[S1]和[S2]进行比较：当[S1]>[S]时，[D]=1；当[S1]≤[S]≤[S2]时，[D+1]=1；当[S]>[S2]时，[D+2]=1。

（7）执行比较操作后，即使其执行条件被破坏，目标操作数的状态仍保持不变，除非用 RST 指令将其复位。

（8）在指令前加"D"表示其操作数为 32 位的二进制数，在指令后加"P"表示指令为脉冲执行型。

3．编程实例

如图 2-2-6 所示，当 X010 为"OFF"时，ZCP 指令不执行，M10～M12 保持以前的状态；当 X010 为"ON"时，ZCP 指令执行区间比较，结果如下：

若 C10<K10，M10=1；

若 K10≤C10≤K20，M11=1；

若 C10>K20，M12=1。

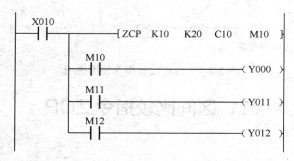

图 2-2-6　ZCP 指令编程实例

三、区间复位指令 ZRST

1．指令功能

指令 ZRST 为区间复位指令，其使用格式如图 2-2-7 所示。

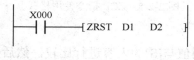

图 2-2-7　ZRST 指令使用格式

2．ZRST 指令说明

（1）ZRST 指令可将[D1]～[D2]指定的元件号范围内的同类元件成批复位，常用于区间初始化。

（2）操作数[D1]、[D2]必须指定相同类型的元件。

（3）[D1]的元件编号必须大于[D2]的元件编号。

（4）此功能指令只有 16 位形式，但可以指定 32 位计数器。

（5）若要复位单个元件，可以使用 RST 指令。

（6）在指令后加"P"表示指令为脉冲执行型。

3．编程实例

在如图 2-2-8 所示的梯形图中，当 PLC 运行时，M8002 初始脉冲 ZRST 指令执行，该指令复位清除 M500～M599、C0～C199、S0～S10 状态。

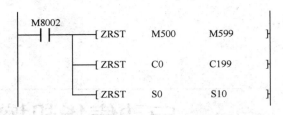

图 2-2-8　ZRST 指令编程实例

小结与习题

1. 小结

（1）本任务介绍了组件比较指令 CMP，使用 CMP 时，要注意目标操作数[D]由 3 个位元件组成。当执行条件满足时，比较指令执行，每扫描一次该梯形图，就对两个源操作数[S1]和[S2]进行比较。比较结果分为 3 种情况：当[S1]>[S2]时，[D]=1；当[S1]=[S2]时，[D+1]=1；当[S1]<[S2]时，[D+2]=1。

（2）区间比较指令 ZCP 是将一个源操作数[S]与另两个源操作数[S1]和[S2]形成的区间相比较，且[S1]不得大于[S2]，并将比较的结果送到[D]～[D+2]中。目标操作数也是由 3 个位元件组成的，当 ZCP 指令执行时，每扫描一次该梯形图，就将[S]内的数据与源操作数[S1]和[S2]进行比较。当[S1]>[S]时，[D]=1；当[S1]≤[S]≤[S2]时，[D+1]=1；当[S]>[S2]时，[D+2]=1；

（3）执行比较操作后，即使其执行条件被破坏，目标操作数的状态仍保持不变，除非用 RST 指令将目标操作数复位。

（4）ZRST 指令可将[D1]～[D2]指定的元件号范围内的同类元件成批复位，常用于区间初始化，操作数[D1]、[D2]必须指定相同类型的元件，且[D1]的元件编号必须大于[D2]的元件编号。

2. 习题

（1）用 CMP 指令实现下面功能：X000 为脉冲输入，当脉冲数大于 8 时，Y1 为"ON"；反之，Y0 为"ON"，编写出梯形图。

（2）设计程序实现下列功能：当 X1 接通时，计数器每隔 1s 计数；当计数数值小于 50 时，Y10 为"ON"；当计数数值等于 50 时，Y11 为"ON"；当计数数值大于 50 时，Y12 为"ON"；当 X1 为"OFF"时，计数器和 Y10～Y12 均复位，编写出梯形图。

（3）利用计数器与比较指令，设计一个 24h 可设定定时时间的住宅控制器的控制程序（以 15min 为一个设定单位），要求实现的控制：早上 6:30，电铃（Y0）每秒响 1 次，6 次后自动停止；9:00～17:00，启动住宅报警系统（Y1）；晚上 18:00 开园内照明（Y2）；晚上 22:00 关园内照明（Y2）。给出 I/O 分配表，并编写出梯形图。

（4）用一个传送带输送工件，数量为 20 个。连接 X0 端子的光电传感器对工件进行计数，当工件数量小于 15 时，指示灯常亮；计件数量等于或大于 15 时，指示灯闪烁；当工件数量为 20 时，10s 后传送带停机，同时指示灯熄灭。设计 PLC 控制电路并编写出梯形图。

任务三

自动售货机控制系统设计

■【任务引入】

用 PLC 对自动售汽水机进行控制，工作要求如下。

（1）此售货机可投入 0.5 元、1 元硬币，投币口为 TB1、TB2。

（2）当投入的硬币总值大于或等于 6 元时，汽水指示灯 L1 亮，此时按下汽水按钮 SB1，则汽水从口 CK1 流出，12s 后自动停止。

（3）不找钱，不结余，下一位投币又重新开始。

请用 PLC 进行设计：给出 I/O 分配表，画出 PLC I/O 口的硬件接线图；设计出梯形图并调试。

根据任务要求，如果想买到汽水，需要对投币数值进行计算，因此，要用到 PLC 的算术运算功能指令。

■【关键知识】

PLC 算术运算指令包括 ADD、SUB、MUL、DIV（二进制加、减、乘、除），以及 INC 和 DEC 指令，这些指令的名称、助记符、功能号、操作数如表 2-3-1 所示。

表 2-3-1 算术运算功能指令格式

指令名称	助记符	功能号	操 作 数	
			[S1·] [S2·]	[D·]
加法	ADD（P）	FNC20	K、H、KnX、KnY、KnM、KnS、T、C、D、V、Z	KnY、KnM、KnS、T、C、D、V、Z
减法	SUB（P）	FNC21		
乘法	MUL（P）	FNC22	K、H、KnX、KnY、KnM、KnS、T、C、D、V、Z	KnY、KnM、KnS、T、C、D
除法	DIV（P）	FNC23		

一、加法指令 ADD

当指令的执行条件满足时，加法指令 ADD 将指定的源操作数[S1]、[S2]中的二进制数相加，结果送到目标操作数[D]中，每个数据的最高位为符号位。

ADD 加法指令有 3 个常用标志。M8020 为零标志，M8021 为借位标志，M8022 为进位标志。如果运算结果为零，则零标志位 M8020 置 1；如果运算结果超过 32767（16 位）或 2147483647（32 位），则进位标志 M8022 置 1；如果运算结果小于-32767（16 位）或-2147483647（32 位），则借位标志 M8021 置 1。

如图 2-3-1 所示，当 X0 由"OFF"变为"ON"时，执行（D10）+（D12）→（D14）。

二、减法指令 SUB

当指令的执行条件满足时，减法指令 SUB 将指定的源操作数[S1]和[S2]中的二进制数相减，结果送到目标操作数[D]中，每个数据的最高位为符号位。各种标志位的动作与加法指令相同。

如图 2-3-1 所示，当 X0 由 "OFF" 变为 "ON" 时，执行（D16）-（D18）→（D20）

三、乘法指令 MUL

当指令执行条件满足时，乘法指令 MUL 将指定的源操作数[S1]和[S2]中的二进制数相乘，结果送到目标操作数[D]中，每个数据的最高位为符号位。

如图 2-3-1 所示，当 X0 由 "OFF" 变为 "ON" 时，执行（D22）×（D24）→（D27、D26）。乘积的低 16 位送到（D26），高 16 位送到（D27）。

四、除法指令 DIV

当指令的执行条件满足时，除法指令 DIV 将指定的源操作数[S1]、[S2]中的二进制数相除，[S1]为被除数，[S2]为除数，商送到目标操作数[D]中，余数送到目标操作数的下一个操作数[D+1]中，每个数据的最高位为符号位。

如图 2-3-1 所示，当 X0 由 "OFF" 变为 "ON" 时，执行(D30)/(D32)，商送到（D34），余数送到[D35]。

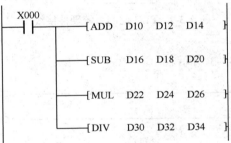

图 2-3-1　算术运算指令使用说明

■【任务实施】

一、任务要求

用 PLC 实现自动售汽水机的控制，工作要求如下。

（1）此售货机可投入 0.5 元、1 元硬币，投币口为 TB1、TB2。

（2）当投入的硬币总值大于等于 6 元时，汽水指示灯 L1 亮，此时按下汽水按钮 SB1，则汽水从口 CK1 流出，12 秒后自动停止。

（3）不找钱，不结余，下一位投币又重新开始。

请用 PLC 进行设计：给出 I/O 分配表；画出 PLC I/O 口的硬件接线图；设计出梯形图并调试。

根据任务要求可知，该控制系统有 4 个输入、2 个输出，因此，选用 FX$_{2N}$-16MT 型号 PLC 即可满足控制要求。

二、硬件 I/O 分配及接线

1. I/O 分配

通过分析任务要求知,该控制系统有 4 个输入、2 个输出。因此,具体 I/O 分配表如表 2-3-1 所示。

表 2-3-1　I/O 分配表

输　入			输　出		
输入继电器	输入元件	作用	输出继电器	输出元件	作用
X000	按钮 SB0	总控制开关	Y000	L1	汽水指示灯
X001	按钮 SB1	出汽水按钮	Y001	CK1	出汽水口
X002	TB1	投币 0.5 元口			
X003	TB2	投币 1 元口			

2. PLC 硬件接线

PLC 控制系统硬件接线图如图 2-3-2 所示。

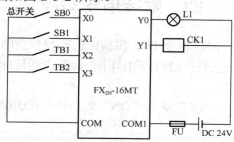

图 2-3-2　PLC 控制系统硬件接线图

（3）软件程序

自动售货机的程序如图 2-3-3 所示。

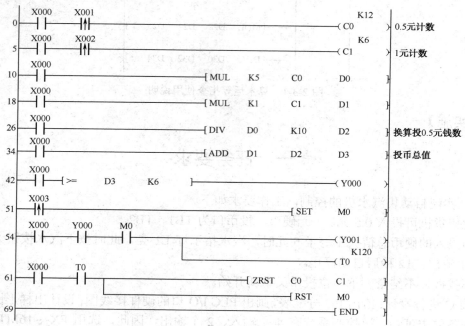

图 2-3-3　自动售货机的程序

一、加1指令INC

INC 指令的使用格式如图 2-3-4 所示，当指令执行条件满足（即 X0=1）时，加 1 指令 INC 将指定的目标操作数[D]中的二进制数自动加 1，该指令不影响零标志、借位标志和进位标志。其操作数范围如表 2-3-1 所示。

图 2-3-4　INC、DEC 指令的使用

二、减1指令DEC

如图 2-3-4 所示，当指令执行条件满足（X1=1）时，减 1 指令 DEC 将指定的目标操作数[D]中的二进制数自动减 1，它不影响标志位。其操作数范围如表 2-3-1 所示。

表 2-3-1　INC、DEC 指令格式

指令名称	助记符	功能号	操作数	
			[S]	[D]
加 1	INC（P）	FNC24		KnY、KnM、KnS、T、C、D、V、Z
减 1	DEC（P）	FNC25		

INC 和 DEC 指令需要采用脉冲执行型，否则目标操作数中的二进制数每个扫描周期都加 1 或减 1。

三、字逻辑运算指令

字逻辑运算指令包括 WAND（字逻辑与）、WOR（字逻辑或）、WXOR（字逻辑异或）、NEG（求补），指令格式如表 2-3-2 所示。

表 2-3-2　WAND、WOR、WXOR 指令格式

指令名称	助记符	功能号	操作数	
			[S]	[D]
逻辑字与	WAND（P）	FNC26	KnX、KnY、KnM、KnS、T、C、D、V、Z	KnY、KnM、KnS、T、C、D、V、Z
逻辑字或	WOR（P）	FNC27	K、H、KnX、KnY、KnM、KnS、T、C、D、V、Z	
逻辑字异或	WXOR（P）	FNC28		
求补码	NEG（P）	FNC29	无	

（1）字逻辑与指令的说明如图 2-3-5 所示，当 X000 为"ON"时，[S1·]指定的 D10 和[S2·]指定的 D12 内数据按各位对应，进行逻辑与运算，结果存于由[D·]指定的元件 D14 中。

（2）字逻辑或指令的说明如图 2-3-5 所示，当 X001 为"ON"时，[S1·]指定的 D16 和[S2·]指定的 D18 内数据按各位对应，进行逻辑或运算，结果存于由[D·]指定的元件 D20 中。

（3）字逻辑异或指令的说明如图 2-3-5 所示，当 X002 为"ON"时，[S1·]指定的 D22 和[S2·]指定的 D24 内数据按各位对应，进行逻辑异或运算，结果存于由[D·]指定的元件 D26 中。

（4）NEG 指令只有目标操作数元件。其[D·]指定的数的每一位取反后再加 1，结果存于同一元件，求补指令实际上是绝对值不变的变号操作。指令的使用如图 2-3-5 所示。

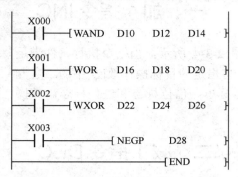

图 2-3-5　字逻辑运算指令使用说明

小结与习题

1．小结

（1）本任务介绍了 PLC 的加（ADD）、减（SUB）、乘（MUL）、除（DIV）算术功能指令，本任务介绍的是整数四则运算指令，该 4 条指令都有脉冲执行型，也都可以进行 32 位数据运算。

（2）使用算术功能指令时，通常要用到数据寄存器（D）存储数据，当两个 16 位数相乘时，结果是 32 位，占用两个字，乘积的低 16 位放置在存储器的低位字节里，乘积的高 16 位存入高字节中。当两个 16 位数据相除时，商存在目标操作数[D]中，余数存在[D+1]中。

（3）在进行加法和减法运算时，运算结果影响标志位（零标志 M8020，借位标志 M8021，进位标志 M8022）。

（4）加 1、减 1 指令 INC 和 DEC 的指令操作数只有一个，且不影响标志位。

（5）字逻辑运算指令包括 WAND（字逻辑与）、WOR（字逻辑或）、WXOR（字逻辑异或）、NEG（求补）。

2．习题

（1）某控制程序中要进行的算式运算为 Y=38X/255+2，用 PLC 编程实现此运算。

（2）有一组灯 15 个，接于 Y000～Y016，要求：当 X000 为"ON"时，灯正序每隔 1s 单个移位，并循环；当 X000 为"OFF"时，灯反序每隔 1s 单个移位，至 Y000 为"ON"，停止。试用 PLC 编程实现上述控制。

（3）有彩灯 12 盏，彩灯变化的间隔为 1s，用 PLC 实现：灯正序亮至全亮，反序熄至全熄，再循环控制。

图 2-3-6　指示灯在 K4Y000 的分布图

（4）某机场装有 12 盏指示灯，用于各种场合的指示，接于 K4Y000，一般情况下总是有的指示灯是亮的，有的指示灯是灭的。但机场有时候要将灯全部打开，也有时要将灯全部关闭。再需设计一种电路，用一只开关打开所有的灯，用另一只开关熄灭所有的灯。12 盏指示灯在 K4Y000 的分布如图 2-3-6 所示，试用逻辑控制指令完成控制要求。

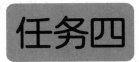

流水灯控制系统设计

【任务引入】

　　某灯光招牌有 L1～L8 盏灯接于 K2Y000，要求当 X000 为"ON"时，灯先以正序每隔 1s 轮流点亮，当 Y007 亮后，停 2s；然后以反序每隔 1s 轮流点亮，当 Y000 再亮后，停 2s，重复上述过程。当 X001 为"ON"时，停止工作。

　　根据任务要求，可以用 PLC 的循环移位指令实现上述任务。

【关键知识】

循环移位指令 ROR、ROL、RCR 和 RCL

　　循环移位指令包括 ROR、ROL、RCR 和 RCL 指令。这些指令的名称、助记符功能号、操作数如表 2-4-1 所示。

表 2-4-1　移位指令格式

指令名称	助记符	功能号	操作数	
			[D]	n
循环右移	ROR（P）	FNC30	KnX、KnY、KnM、KnS、T、C、D、V、Z	K、H 16 位操作：n≤16 32 位操作：n≤16
循环左移	ROL（P）	FNC31		
带进位右移	RCR（P）	FNC32		
带进位左移	RCL（P）	FNC33		

1. 右、左循环移位指令 ROR、ROL

　　（1）如图 2-4-1 所示，在 X0 由"OFF"变"ON"时，循环移位指令 ROR 或 ROL 执行，将目标操作数 D 中的各位二进制数向右或向左循环移动 4 位，最后一次从目标元件中移出的状态存于进位标志 M8022 中。

　　（2）循环移位是周而复始的移位。如图 2-4-1 所示，D 为要移位的目标操作数，n 为移动的位数。ROR 和 ROL 指令的功能是将 D 中的二进制数向右或向左移动 n 位。移出的最后一位状态存在进位标志位 M8022 中。

　　（3）若在目标元件中指定位元件组的组数时，只能用 K4（16 位指令）或 K8（32 位指令）表示，如 K4M0 或 K8M0。

　　（4）在指令的连续执行方式中，每一个扫描周期都会移位一次。在实际控制中，常采用脉冲执行型。

2. 带进位的循环移位指令 RCR、RCL

　　如图 2-4-2 所示，带进位循环移位指令 RCR 或 RCL 执行时，将目标操作数 D0 中的各位二进制数和进位标志 M8022 一起向右或向左循环移动 4 位。若在目标元件中指定位元件的组数时，只能用 K4（16 位指令）或 K8（32 位指令）表示。

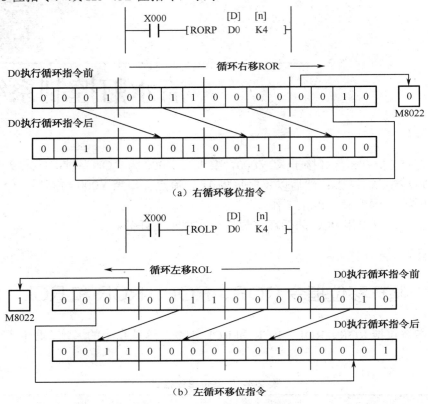

（a）右循环移位指令

（b）左循环移位指令

图 2-4-1　右、左循环移位指令

注意，该指令最好采用脉冲执行型，只有在 X0 由"OFF"变为"ON"时，目标操作数 D0 中的各位二进制数才移位一次，否则在每一个扫描周期都会移位。

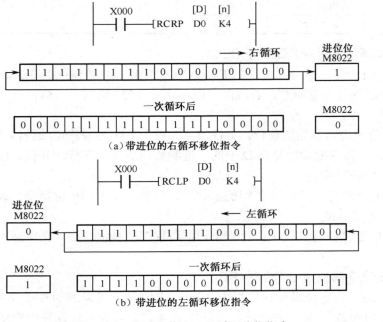

（a）带进位的右循环移位指令

（b）带进位的左循环移位指令

图 2-4-2　带进位的右、左循环移位指令

■【任务实施】

一、任务要求

某灯光招牌有 L1～L8 盏灯接于 K2Y000，要求当 X000 为"ON"时，灯先以正序每隔 1s 轮流点亮，当 Y007 亮后，停 2s；然后以反序每隔 1s 轮流点亮，当 Y000 再亮后，停 2s，重复上述过程。当 X001 为"ON"时，停止工作。

二、硬件 I/O 分配及接线

1. I/O 分配

通过分析任务要求知，该控制系统有 2 个输入按钮、8 盏输出灯。因此，具体 I/O 分配表如表 2-4-2 所示。

表 2-4-2 I/O 分配表

输　入			输　出		
输入继电器	输入元件	作用	输出继电器	输出元件	作用
X000	按钮 SB0	启动按钮	Y000～Y007	L1～L8	流水灯
X001	按钮 SB1	停止按钮			

2. PLC 硬件接线

PLC 控制系统硬件接线图如图 2-4-3 所示。

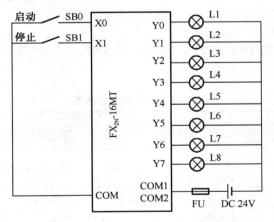

图 2-4-3 PLC 控制系统硬件接线图

3. 软件程序

流水灯控制系统的程序如图 2-4-4 所示。

按下启动按钮 X0，Y000=1，因 X0 是瞬动信号，因此 X0 有效时，置位 M0，将启动信号保存下来，在 M0 有效的情况下，每隔 1s，从 Y000 开始，循环向左移位，轮流点亮流水灯；当 L8 灯点亮时，即 Y007=1，置位 M1，延时 2s 后，从 Y007 开始，循环向右移位，逆序点亮流水灯，当 Y000=1 时，置位 M2，M2=1 时，使向右循环移位停止，延时 5s，时间到，复位 M1，置位 M0，程序重复运行。

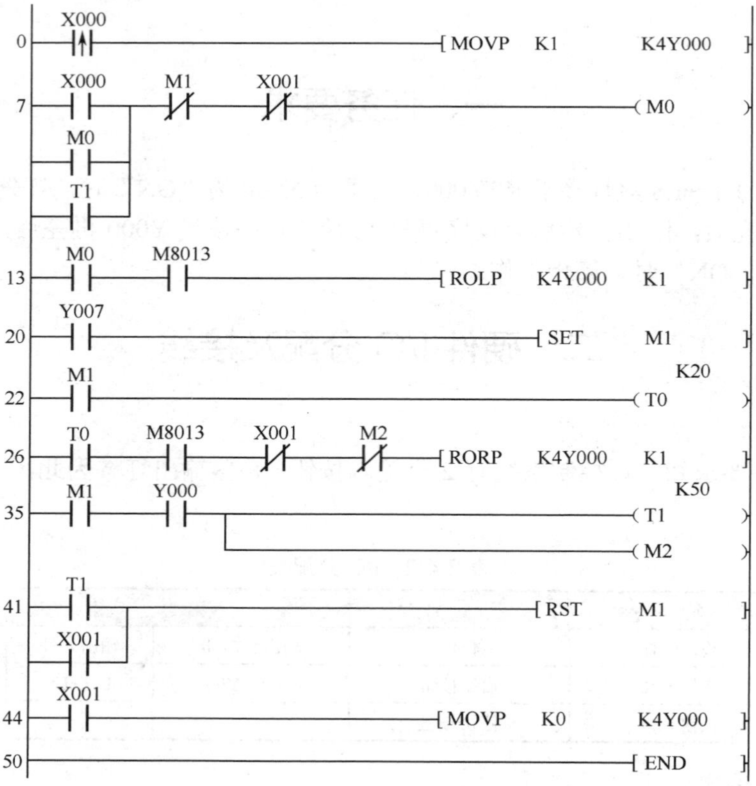

图 2-4-4　流水灯控制系统的程序

【知识链接】

PLC 的移位指令包括 SFTR、SFTL、WSFR 和 WSFL。这些指令的名称、助记符、功能号、操作数如表 2-4-2 所示。

表 2-4-2　移位指令格式

指令名称	助记符	功能号	操作数		
			[S]	[D]	n1　n2
位右移	SFTR（P）	FNC34	X、Y、M、S	Y、M、S	K、H，n2≤n1≤1024
位左移	SFTL（P）	FNC35			
字右移	WSFR（P）	FNC36	KnX、KnY、KnM、KnS、T、C、D	KnY、KnM、KnS、T、C、D	K、H，n2≤n1≤512
字左移	WSFL（P）	FNC37			

一、位左移指令 SFTL

位左移指令 SFTL 执行时，将源操作数[S]中的位元件的状态送入目标操作元件[D]中的低 n2 位中，并依次将目标操作数向左移位。

如图 2-4-5 所示，当 X5 由 OFF 变为 ON 时，执行 SFTL 指令，将源操作数 X3～X0 中的 4 个数送入到目标操作数 M 的低 4 位 M3～M0 中去，并依次将 M15～M0 中的数顺次向左移，每次移 4 位。高 4 位 M15～M12 溢出。

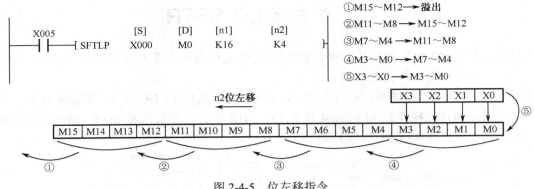

图 2-4-5　位左移指令

1. 位左移指令 SFTL 的说明

（1）如图 2-4-6 所示，S 为移位的源操作数的最低位，D 为被移位的目标操作数的最低位。n1 为目标操作数长度，n2 指定移位的位数。

（2）位左移就是源操作数从目标操作数的低位移入 n2 位，目标操作数各位向高位方向移 n2 位，目标操作数中的高 n2 位溢出。源操作数各位状态不变。

（3）在指令的连续执行型中，每一个扫描周期都会移位一次。在实际控制中，常采用脉冲执行型。

2. 位左移指令 SFTL 应用举例

例：4 盏流水灯每隔 1s 顺序点亮，并不断循环。

根据控制要求，写出 4 盏流水灯的真值表如 2-4-3 所示。

表 2-4-3　4 盏流水灯真值表

脉冲	Y3	Y2	Y1	Y0
0	0	0	0	0
1	0	0	0	1
2	0	0	1	0
3	0	1	0	0
4	1	0	0	0

由于输出是 4 盏灯，所以移位指令的长度是 4 位，每次移动 1 位，输出是 Y0～Y3，其梯形图和指令表如图 2-4-6 所示。在图 2-4-6 中，用定时器 T0 和 T1 构成周期为 1s 的脉冲振荡器，用 T0 的常开触点控制每次移位，由于只在 1s 内移动一次，所以 SFTL 指令采用脉冲执行型，即在 SFTL 后加 P。

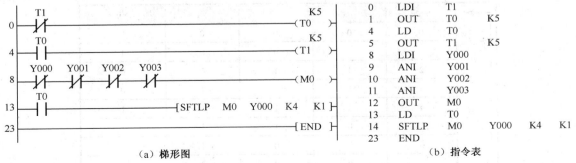

（a）梯形图　　　　　　　　　　　（b）指令表

图 2-4-6　循环左移位控举例梯形图和指令表

二、位右移指令 SFTR

位右移指令 SFTR 执行时，将源操作数[S]中的位元件的状态送入目标操作元件[D]中的高 n2 位中，并依次将目标操作数向右移位。

如图 2-4-7 所示，当 X5 由 "OFF" 变为 "ON" 时，执行 SFTR 指令，将源操作数 X3～X0 中的 4 个数送入到目标操作数 M 的高 4 位 M15～M12 中去，并依次将 M15～M0 中的数顺次向右移，每次移 4 位。低 4 位 M3～M0 溢出。

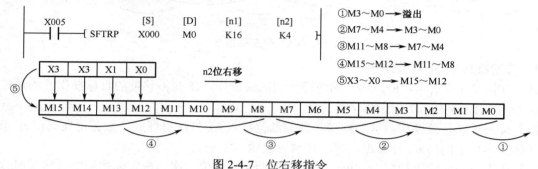

图 2-4-7　位右移指令

1. 位右移指令 SFTR 的说明

（1）如图 2-4-3 所示，S 为移位的源操作数的最低位，D 为被移位的目标操作数的最低位。n1 为目标操作数长度，n2 指定移位的位数。

（2）位右移就是源操作数从目标操作数的高位移入 n2 位，目标操作数各位向低位方向移 n2 位，目标操作数中的低 n2 位溢出。源操作数各位状态不变。

（3）在指令的连续执行方式中，每一个扫描周期都会移位一次。在实际控制中，常采用脉冲执行型。

上述两个移位指令都采用脉冲指令型，只有在 X5 由 "OFF" 变为 "ON" 时，目标操作数 M 中的各位二进制数才移位一次，否则在每个扫描周期都会移位。位右移和位左移指令的源操作数可取 X、Y、M、S，目标操作数可取 Y、M、S。

字移位指令 WSFR(WSFL)执行时，将指定的源操作数[S]中的二进制数向目标操作数[D]中以字为单位向右（左）移位，n1 指定目标操作数的字数，n2 指定每次向前移动的字数。用位指定的元件进行字位移指令时，是以 8 个数为一组进行的。

2. 位右移指令 SFTR 应用举例

用右移移位指令实现表 2-4-4 所示的循环右移真值表的输出，其梯形图和指令表如图 2-4-8 所示。

表 2-4-4　4 盏流水灯循环右移真值表

脉冲	Y3	Y2	Y1	Y0
0	0	0	0	0
1	1	0	0	1
2	1	1	0	0
3	1	1	1	0
4	1	1	1	1
5	0	1	1	1
6	0	0	1	1
7	0	0	0	1

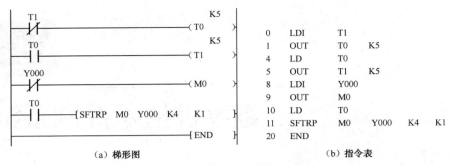

（a）梯形图   （b）指令表

图 2-4-8　循环右移位举例梯形图和指令表

小结与习题

1. 小结

（1）本任务介绍了 PLC 的右、左循环移位指令 ROR、ROL，ROR 和 ROL 指令的功能是将目标操作数向右或向左移动 n 位。移出的最后一位状态存在进位标志位 M8022 中，若在目标元件中指定位元件组的组数时，只能用 K4（16 位指令）或 K8（32 位指令）表示，该指令有脉冲执行型。

（2）带进位循环移位指令 RCR 或 RCL，是将目标操作数和进位标志 M8022 一起向右或向左循环移动 n 位。若在目标元件中指定位元件的组数时，只能用 K4（16 位指令）或 K8（32 位指令）表示，该指令有脉冲执行型。

（3）位左移指令 SFTL 是将源操作数从目标操作数的低位移入 n_2 位，目标操作数各位向高位方向移 n_2 位，目标操作数中的高 n_2 位溢出。源操作数各位状态不变，该指令有脉冲执行型。

（4）位右移指令 SFTR 是将源操作数从目标操作数的高位移入 n_2 位，目标操作数各位向低位方向移 n_2 位，目标操作数中的低 n_2 位溢出。源操作数各位状态不变，该指令有脉冲执行型。

2. 习题

（1）设 D0 循环前为 H1A2B，则秫行一次"ROLP　D0　K4"指令后，D0 数据为多少？进位标志位 M8022 为多少？

（2）设 D0 循环前为 H1A2B，则执行一次"RORP　D0　K4"指令后，D0 数据为多少？进位标志位 M8022 为多少？

（3）试用 SFTL 位左移指令构成移位寄存器，实现广告牌字的闪烁控制。用 HL1～HL4 4 盏灯分别照亮"欢迎光临"4 个字。其控制流程要求如表 2-4-5 所示，每步间隔 1s。

表 2-4-5　广告牌真值表

脉冲	Y3（临）	Y2（光）	Y1（迎）	Y0（欢）
0	0	0	0	0
1	0	0	0	1
2	0	0	1	0
3	0	1	0	0
4	1	0	0	0
5	1	1	1	1
6	0	0	0	0
7	1	1	1	1

（4）利用 PLC 实现 24 盏流水灯控制。某灯光招牌有 24 盏灯，要求按下启动开关 X0 时，灯以正、反序每间隔 0.1s 轮流点亮；按下停止按钮，停止工作。

数字钟显示控制系统设计

■【任务引入】

设计一个 24h 数字钟，分别用 7 段数码管显示时、分、秒，并能通过外部调节按钮，调节时间显示值。

根据任务要求，可以利用 PLC 的计数器分别计时、分、秒，然后用编码指令将计数器中的二进制数转换成 BCD 码，最后用 7 段译码指令将相应的时间数据显示出来，这就需要用到 BCD 码指令和 SEGD 指令。

■【关键知识】

一、7 段译码指令 SEGD

7 段译码指令 SEGD 的助记符、操作数等指令属性如表 2-5-1 所示。

表 2-5-1　SEGD 指令格式

指令名称	助记符	功能号	操作数	
			[S]	[D]
7 段译码	SEGD（P）	FNC73	K、H、KnX、KnY、KnM、KnS、T、C、D、V、Z	KnX、KnY、KnM、KnS、T、C、D、V、Z

7 段译码指令的使用如图 2-5-1 所示，将源操作数[S]中指定元件的低 4 位所确定的十六进制数（0~F）经译码后存于[D]指定的元件中，以驱动 7 段数码管，[D]的高 8 位保持不变。

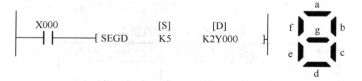

图 2-5-1　7 段译码指令的使用

SEGD 指令注意事项如下。

（1）源操作数[S]可取 K、H、KnX、KnY、KnM、KnS、T、C、D、V 和 Z，目标操作数[D]可取 KnY、KnM、KnS、T、C、D、V 和 Z。

（2）SEGD 指令是对 4 位二进制数编码，若源操作数大于 4 位，只对最低 4 位编码。

（3）SEGD 指令的译码范围为一位十六进制数字 0~9、A~F。

如图 2-5-1 所示，当 X0 闭合时，对数字 5 执行 7 段译码指令 SEGD，并将译码 H6D 存入输出位组件 K2Y0，即输出继电器 Y7~Y0 的位状态为 01101101。

二、数据变换指令 BCD 和 BIN

BCD 和 BIN 指令的助记符、操作数等指令属性如表 2-5-2 所示。

表 2-5-2　BCD 和 BIN 指令格式

指令名称	助记符	功能号	操作数	
			[S]	[D]
BCD 转换	BCD	FNC18	KnX、KnY、KnM、KnS、T、C、D、V、Z	KnY、KnM、KnS、T、C、D、V、Z
BIN 转换	BIN	FNC19		

1．BCD 变换指令

在 PLC 中，参加运算和存储的数据无论是以十进制形式输入，还是以十六进制形式输入，都是以二进制形式存在的。如果直接使用 SEGD 指令对数据进行编码，则会出现差错。例如，十进制数 21 的二进制形式为 00010101，对高 4 位应用 SEGD 指令编码，则得到"1"的 7 段显示码；对低 4 位应用 SEGD 指令编码，则得到"5"的 7 段显示码，显示的数码"15"是十六进制数，而不是十进制数 21。显然，要想显示"21"，就要先将二进制数 00010101 转换成反映十进制进位关系（即逢十进一）的 00100001，然后对高 4 位"2"和低 4 位"1"分别用 SEGD 指令编出 7 段显示码。

这种用二进制形式反映十进制进位关系的代码称为 BCD 码，其中最常用的是 8421BCD 码，它是用 4 位二进制数来表示 1 位十进制数。

8421BCD 码从低位起每 4 位为一组，高位不足 4 位补 0，每组表示 1 位十进制数。

如图 2-5-2 所示，当指令的执行条件满足时，将源操作数[S]中的二进制数转换成 BCD 码并传送到指定的目标操作数[D]中。PLC 中内部的运算为二进制运算，BCD 指令可用于将 PLC 中的二进制数变成 BCD 码输出，以驱动 LED7 段数码管。

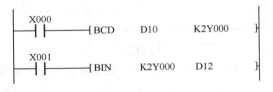

图 2-5-2　数据变换指令的使用说明

2．BCD 指令注意事项

（1）BCD 指令是将源操作数的数据转换成 8421BCD 码存入目标操作数中。在目标操作数中每 4 位表示 1 位十进制数，从低到高分别表示个位、十位、百位、千位……，16 位数表示的范围为 0～9999，32 位数表示的范围为 0～99999999。

（2）BCD 指令若转换成 32 位数字时，前面要加 D，采用脉冲执行型时，指令后面要加 P。

3．BIN 变换指令

BIN 指令是将源操作数[S]中的 BCD 码转换为二进制数并送到目标操作数[D]中，如图 2-5-3 所示。它常用于将 BCD 数字开关的设定值输入到 PLC 中。常数 K 不能作为本指令的操作元件，因为在任何处理之前它们都会被转换成二进制数。

■【任务实施】

一、任务要求

设计一个 24h 数字钟，分别用 7 段数码管显示时、分、秒，并能通过外部调节按钮调节时间显示值。

　　根据控制要求可知，该控制系统有 3 个手动调节按钮 SB1、SB2、SB3，分别调节时、分、秒，有 6 组输出 Y6～Y0、Y16～Y10、Y26～Y20、Y36～Y30、Y46～Y40、Y56～Y50（分别对应 6 个 LED 数码管）分别显示秒、分、时的个位和十位，计数器 C0、C1、C2 分别对秒、分、时进行计数，设置辅助继电器 M0～M24 分别存放 BCD 指令变换后秒、分、时的个位和十位数字。

二、硬件 I/O 分配及接线

1. I/O 分配

通过分析任务，具体 I/O 分配表如表 2-5-3 所示。

表 2-5-3　I/O 分配表

输　入			输　出		其他元件	
输入继电器	输入元件	作用	输出继电器	作用	C0	秒计数
X000	按钮 SB3	秒调整	Y006～Y000	秒个位	C1	分计数
X001	按钮 SB2	分调整	Y016～Y010	秒十位	C2	时计数
X002	按钮 SB1	时调整	Y026～Y020	分个位	M3～M0	存秒个位
			Y036～Y030	分十位	M7～M4	存秒十位
			Y046～Y040	时个位	M13～M10	存分个位
			Y056～Y050	时十位	M17～M14	存分十位
				◄	M23～M20	存时个位
					M27～M24	存时十位

2. PLC 硬件接线

PLC 控制系统硬件接线图如图 2-5-3 所示。

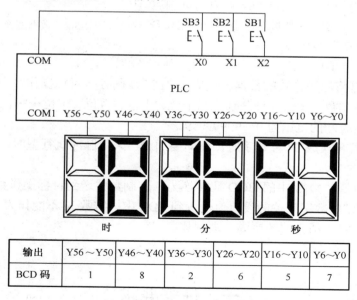

输出	Y56～Y50	Y46～Y40	Y36～Y30	Y26～Y20	Y16～Y10	Y6～Y0
BCD 码	1	8	2	6	5	7

图 2-5-3　PLC 控制系统硬件接线图

3. 软件程序

数字钟显示控制系统的程序如图 2-5-4 所示。

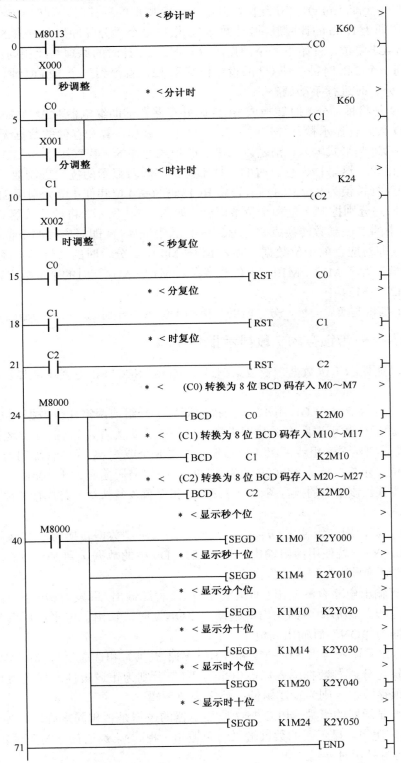

图 2-5-4　数字钟显示控制系统的程序

步 0～步 21 利用 3 个计数器 C0、C1、C2 进行秒、分、时的计时和复位。这里利用特殊辅助继电器 M8013 提供一个周期为 1s 的计时脉冲。计数器 C0 根据这个"秒脉冲"对过去的时间以秒计时。计时到 60（即 1min），C0 复位，开始下一个周期的秒计时，同时 C0 的常开触点闭合，给 C1 提供一个周期为 1min 的计时脉冲，计数器 C1 根据这个"分脉冲"对过去的时间以分计时。计时到 60（1h），C1 复位，开始下一个周期的分计时。C2 计时的原理与此相同。使 C2 的设定值等于 24，就得到一个 24h 时钟；使 C2 的设定值等于 12，就得到一个 12h 时钟。用 X0、X1、X2 按钮分别对秒、分、时进行手动调整。

步 24～步 39 是将秒、分、时转换成 BCD 码并存储在辅助继电器 M0～M24 中。该计时钟采用 6 个 7 段 LED 数码管显示秒、分、时。在 PLC 中，参加运算和存储的数据无论是以十进制形式输入还是以十六进制形式输入，都是以二进制的形式存在的。若直接用 SEGD 指令对数据进行编码，则会出现错误。这里秒、分、时的数据都是数字，若显示两位二进制数，要先用 BCD 转换指令将二进制数据转换为 8 位 BCD 码，再将 BCD 码的高 4 位和低 4 位分别用 SEGD 指令编码，然后用高、低位译码分别控制十位和个位数码管。如图 2-5-4 所示，将秒计数器 C0 中秒数据通过 BCD 指令将 C0 中的二进制数转换成 8 位 BCD 码，其中低 4 位（即对应秒的个位数据）存入 M3～M0 中，高 4 位（即对应秒的十位数据）存入 M7～M4 中。分、时的二进制数经过 BCD 变换后分别将分的个位数字存入 M13～M10，十位数字存入 M17～M14。时的个位数字存入 M23～M20、十位数字存入 M27～M24 中。

步 24～步 71 是将变换后的秒、分、时的个位和十位数字分别送入对应的输出继电器进行显示。

■【知识链接】——带锁存的 7 段显示指令 SEGL

SEGD 指令只能显示 1 位数据，若数据超过 1 位，则 SEGD 指令就不能显示。这时就需要用到 SEGL 指令。

带锁存的 7 段显示指令 SEGL 用 12 个扫描周期显示一组或两组 4 位数据，SEGL 的应用指令编号为 FNC74，源操作数可选所有的数据类型，目标操作数为 Y，只有 16 位运算，n=0～7。该指令用 12 个扫描周期显示一组或两组 4 位数据，占用 8 个或 12 个晶体管输出点，在程序中可使用两次。完成 4 位显示后，标志 M8029 置为 1。PLC 的扫描周期应大于 10ms，若小于 10ms，则应使用恒定扫描方式。该指令的执行条件一旦接通，指令就反复执行，若执行条件变为"OFF"，则停止执行。

在图 2-5-5 中，若使用一组输出（n=0～3），D0 中的二进制数据转换为 BCD 码（n=0～9999），各位依次送到 Y0～Y3。若使用两组输出（n=4～7），D0 中的数据送到 Y0～Y3，D1 中的数据送到 Y10～Y13，选通信号由 Y4～Y7 提供。

PLC 的晶体管输出电路有漏输出（即集电极输出）和源输出（即发射极输出）两种，如图 2-5-6 所示，前者为负逻辑，梯形图中的输出继电器为"ON"时，输出低电平；后者为正逻辑，梯形图中的输出继电器为"ON"时输出高电平。

7 段显示器的数据输入（由 Y0～Y3 和 Y10～Y13 提供）和选通信号（由 Y4～Y7 提供）也有正逻辑和负逻辑之分。若数据输入以高电平为"1"，则为正逻辑性；反之为负逻辑。选通信号若在高电平时锁存数据，则为正逻辑性；反之为负逻辑。

参数 n 的值由显示器的组数、PLC 与 7 段显示器的逻辑是否相同来确定，如表 2-5-4 所示。设 PLC 的输出为负逻辑，显示器的数据输入为负逻辑（相同），选通信号为正逻辑（不同），则一组显示时 n=1，两组显示时 n=5。

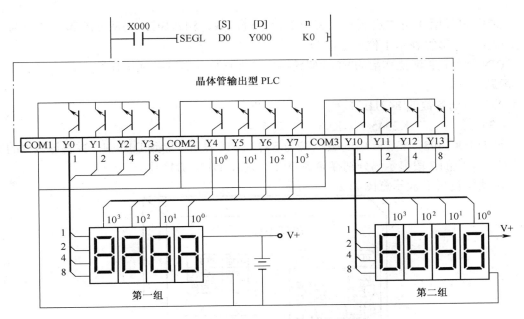

图 2-5-5　带锁存的 7 段显示接线图

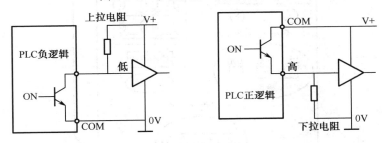

图 2-5-6　漏输出与源输出

表 2-5-4　参数 n 的值

组　　数	1				2			
PLC 与数据输入类型	相同		不同		相同		不同	
PLC 与脉冲选通类型	相同	不同	相同	不同	相同	不同	相同	不同
n	0	1	2	3	4	5	6	7

小结与习题

1．小结

（1）本任务介绍了 7 段译码指令 SEGD 和带锁存的 7 段显示指令 SEGL，SEGD 指令只能显示 1 位，若数据超过 1 位，就要用 SEGL 指令。

（2）) SEGD 指令是对 4 位二进制数编码，若源操作数大于 4 位，只对最低 4 位编码，SEGD 指令的译码范围为一位十六进制数字 0～9、A～F。

（3）SEGL 指令在使用时要注意输出电路的正、负逻辑类型，数据输入的正、负逻辑，选通信号的正、负逻辑。

（4）BCD 码是用 4 位二进制数来表示 1 位十进制数，8421BCD 码从低位起每 4 位为一组，高位不足位补 0，每组表示 1 位十进制数。

（5）BIN 指令是将源操作数的 BCD 码转换为二进制数并送到目标操作数中。

2．习题

（1）编写下列各数的 8421BCD 码。

   K35   K2345 K987   K456

（2）设 D0=K3498，将 D0 中的数据编为 8421BCD 码后存储到 D10 中，并将该数据的千位、百位、十位、个位的 7 段显示码分别存储到 D14、D13、D12、D11 中。

（3）自动售货机面板示意图如 2-5-7 所示。

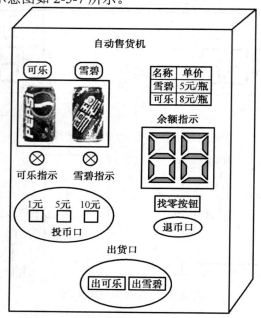

图 2-5-7 自动售货机面板示意图

用 PLC 进行设计，实现下列控制要求：

① 按 1 元、5 元、10 元按钮，可以投入货币，按下"可乐"和"雪碧"按钮分别代表购买可乐和雪碧饮料。出货口的"出可乐"和"出雪碧"表示可乐和雪碧饮料已经取出。购买后用两个 LED 数码管显示当前余额，按下"找零按钮"，退币口退币。

② 该售货机可以出卖雪碧和可乐两种饮料，价格分别为 5 元/瓶和 8 元/瓶。当投入的货币大于或等于其售价时，对应的可乐指示灯、雪碧指示灯点亮，表示可以购买。

③ 当可以购买时，按下相应的"可乐"或"雪碧"按钮，与之对应的指示灯闪烁，表示已经购买了可乐饮料或雪碧饮料，同时出货口延时 3s 吐出可乐饮料或雪碧饮料。

④ 在购买了可乐饮料或雪碧饮料后，余额指示显示当前的余额。若余额还可以购买饮料，按下"可乐"或"雪碧"选择按钮可以继续购买；若不想再购买，按下"找零按钮"后，退币口退币。

声光报警控制系统设计

■【任务引入】

有一个声光报警控制系统，报警系统启动之后，灯闪烁（亮 0.5s、灭 0.5s），蜂鸣器响。灯闪烁 30 次之后，灯灭，蜂鸣器停，间歇 5s。如此进行 3 次，自动熄灭。

此任务里有重复的动作，即灯闪烁、蜂鸣器响是反复进行的，如果将重复的动作编写成子程序，在主程序里通过调用子程序的方法实现控制系统设计，程序的结构将会很清楚。因此，编程中将用到 PLC 的程序流转控制类指令。

■【关键知识】

一、子程序调用指令 CALL 和子程序返回指令 SRET

调用指令的助记符、指令代码、操作数、程序步如表 2-6-1 所示。

表 2-6-1　子程序调用指令要素

指 令 名 称	助 记 符	功 能 号	操 作 数 [D]	程 序 步
子程序调用	CALL（P）	FNC01	指针 P0～P127 嵌套 5 级	3 步 指令标号 1 步
子程序返回	SRET	FNC02	无	1 步

子程序是为一些特定的控制要求编制的相对独立的程序。为了区别于主程序，规定在程序编排时，将主程序排在前边，子程序排在后边，并以主程序结束指令 FEND（FNC06）将这两部分分隔开。

子程序调用指令在梯形图中使用的情况如图 2-6-1 所示，如果 X0 接通，则转到标号 P10 处去执行子程序。当执行 SRET 指令时，返回到 CALL 指令的下一步执行。

使用子程序调用与返回指令时应注意以下几点。

（1）转移标号不能重复，也不可与跳转指令 CJ 的标号重复。

（2）主程序在前，子程序在后，即子程序一定要放在 FEND 指令之后。不同位置的 CALL 指令可以调用相同标号的子程序，但同一标号的指针只能使用一次。

（3）子程序可以调用下一级子程序，成为子程序嵌套，最多可 5 级嵌套。当有多个子程序排列在一起时，标号和最近的一个子程序返回指令构成一个子程序，如图 2-6-2 所示。

（4）子程序只能用 T192～T199 和 T246～T249 作为定时器。

图 2-6-2 是一级嵌套的例子。子程序 P11 是脉冲执行型，即 X010 置 1 一次，子程序 P11 只执行一次。当子程序 P11 开始执行并 X011 置 1 时，程序转去执行子程序 P12，当 P12 执行完毕后又回到 P11 原断点处执行 P11。直到 P11 执行完成后返回主程序。

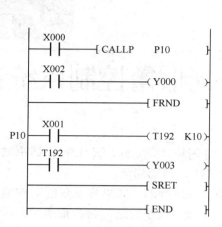

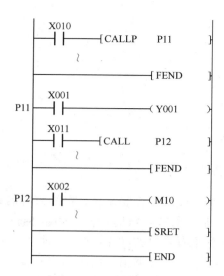

图 2-6-1 子程序调用与返回指令的应用 　　　　图 2-6-2 子程序的嵌套

二、主程序结束指令 FEND

主程序结束指令 FEND 无操作数，占用一个程序步。FEND 表示主程序结束，当执行到 FEND 时 PLC 进行输入/输出处理，监视定时器刷新，完成后返回起始部。END 是指整个程序（包括主程序和子程序）结束。一个完整的程序可以没有子程序，但一定要有主程序。

使用 FEND 指令时应注意以下两点。

（1）子程序和中断服务程序应放在 FEND 之后。

（2）子程序和中断服务程序必须写在 FEND 和 END 之间，否则出错。

三、条件跳转指令 CJ

条件跳转指令的助记符、指令代码、操作数、程序步如表 2-6-2 所示。

表 2-6-2 条件跳转指令要素

指令名称	助记符	功能号	操作数 [D]	程序步
条件跳转	CJ（P）	FNC00	指针 P0～P127 P63 即 END	CJ（P）3 步 指令标号 1 步

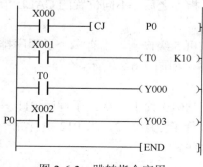

图 2-6-3 跳转指令应用

条件跳转指令用来选择执行指定的程序段，跳过暂时不需要执行的程序段。如图 2-6-3 所示，当 X0 接通时，是由"CJ P0"指令跳到标号为 P0 的指令处开始执行，跳过了程序的一部分，缩短了扫描周期。如果 X0 断开，跳转不会执行，则程序按原顺序执行。

使用跳转指令应注意以下几点。

（1）条件跳转指令 CJ（P）的操作数为指针标号 P0～P127，P 用于分支和跳转程序。

（2）标号 P 放置在左母线的左边，在一个程序中一个标号只能出现一次，可以有多条跳转指令使用同一标号，但不允许一个跳转指令对应两个标号的情况，即在同一程序中不允许存在两个相同的标号。

（3）若跳转条件满足，则执行跳转指令，程序跳到以标号 P 为入口的程序段中执行，否则不执行跳转指令，按顺序执行下一条指令。

（4）不在同一个指针标号的程序段中出现的同一个线圈不被看作双线圈。

（5）使用 CJ（P）指令时，跳转只执行一个扫描周期，但若用辅助继电器 M8000 作为跳转指令的工作条件，跳转就成为无条件跳转。

（6）在跳转执行期间，即使被跳过程序段的驱动条件改变，但其线圈（或结果）仍保持跳转前的状态。

（7）如果在跳转开始时定时器和计数器已在工作，则在跳转执行期间它们将停止工作，到跳转条件不满足后又继续工作。对于正在工作的定时器 T192～T199 和高速计数器 C235～C255，不管有无跳转仍连续工作。

（8）定时器、计数器的复位指令具有优先权，即使复位指令位于被跳过的程序段中，当执行条件满足时，复位工作也将被执行。

（9）P63 是 END 所在的步序，在程序中不需要设置 P63。指针标号允许用变址寄存器修改，在编写跳转程序的指令表时，标号要占用一行。

四、条件跳转指令应用实例

1．控制要求

某台设备具有手动/自动两种工作方式，SB3 是工作方式选择开关，当 SB3 处于断开状态时，选择手动工作方式；当 SB3 处于接通方式时，选择自动工作方式，不同工作方式进程如下。

（1）手动方式：按下启动按钮 SB2，电动机旋转；按停止按钮 SB1，电动机停止。

（2）自动方式：按下启动按钮 SB2，电动机连续运转 1min 后，自动停机，按停止按钮 SB1，电动机立即停机。

2．确定输入/输出，并分配 I/O 地址

通过分析任务，具体的 I/O 分配表如表 2-6-3 所示。

表 2-6-3　I/O 分配表

输　入			输　出		
输入继电器	输入元件	作用	输出继电器	输出元件	作用
X000	FR	过载保护	Y000	KM	控制电动机
X001	按钮 SB1	停止按钮			
X002	按钮 SB2	启动按钮			
X003	按钮 SB3	方式选择			

3．程序设计

根据控制要求，设计的程序如图 2-6-4 所示。

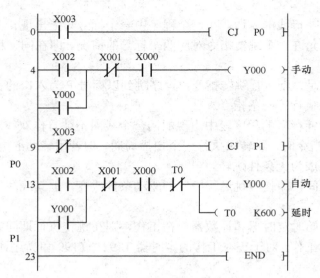

图 2-6-4　手动/自动程序

程序说明如下。

（1）手动工作方式。当 SB3 处于断开状态时，X3 的常开触点断开，不执行"CJ P0"指令，而顺序执行程序步 4～步 8 的手动程序段。此时，因 X3 的常闭触点闭合，执行"CJ P1"指令，跳过自动工作方式程序段到结束指令语句。

（2）自动工作方式。当 SB3 处于接通状态时，X3 的常开触点闭合，执行"CJ P0"指令，跳过程序步 4～步 12 手动程序段，执行步 13～步 23 的自动程序段，然后顺序执行结束指令。

由于手动程序和自动程序不能同时执行，所以程序中的线圈 Y0 不能视为双线圈。

■【任务实施】

一、任务要求

有一个声光报警控制系统，报警系统启动之后，灯闪烁（亮 0.5s、灭 0.5s），蜂鸣器响。灯闪烁 30 次之后，灯灭，蜂鸣器停，间歇 5s。如此进行 3 次，自动熄灭。

编写程序时，可以将重复的动作——灯闪、蜂鸣器响作为子程序，放在 FEND 之后。而调用子程序 CALL 放在主程序之中。

二、硬件 I/O 分配及接线

（1）I/O 分配

通过分析任务，具体的 I/O 分配表如表 2-6-4 所示。

表 2-6-4　I/O 分配表

输　入			输　出		
输入继电器	输入元件	作用	输出继电器	输出元件	作用
X000	按钮 SB1	启动按钮	Y000	LAMP	灯
X001	按钮 SB2	停止按钮	Y001	BUZZ	蜂鸣器

（2）PLC 硬件接线

PLC 控制系统硬件接线图如图 2-6-5 所示。

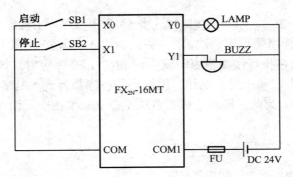

图 2-6-5　PLC 控制系统硬件接线图

（3）软件程序

声光报警控制系统的程序如图 2-6-6 所示。

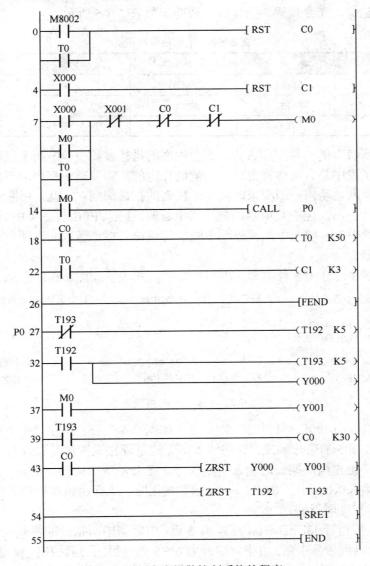

图 2-6-6　声光报警控制系统的程序

图 2-6-6 中，步 0～步 26 为主程序，步 27～步 54 为子程序。主程序中，M0 是调用子程序的控制触点，每次接通 M0，调用子程序一次，本任务共调用 3 次。注意：在子程序中，使用了 T192、T193 定时器，这种定时器在执行线圈指令时或执行 END 指令时定时。如果定时达到设定值，则执行线圈指令或 END 指令，输出触点动作。因此当子程序执行到 SRET 返回到步 18 执行之后，Y0、Y1 仍为 ON，不停止。为此，设置了成批复位指令 ZRST 指令，使 Y0、Y1 失电之后再返回步 18 执行。

■【知识链接】

一、中断指令

1．中断指令说明

中断指令的助记符、指令代码、操作数、程序步如表 2-6-5 所示。

表 2-6-5　中断指令要素

指令名称	助记符	功能号	操作数	程序步
中断指令	IRET	FNC03	无	1 步
允许中断指令	EI	FNC04	无	1 步
禁止中断指令	DI	FNC05	无	1 步

中断是计算机所特有的一种工作方式。在主程序的执行过程中，中断主程序的执行转去执行中断子程序。中断子程序是为某些特定控制功能而设定的。和普通子程序的不同点是：这些特定的控制功能都有一个共同特点，即要求时间小于机器的扫描周期。因此，中断子程序一般不是由程序运行生成的条件引出。能引起中断的信号叫中断源，FX2N PLC 有三类中断源，即输入中断、定时器中断、计数器中断。输入中断是外部中断，是从输入端子送入的中断，定时器中断、计数器中断属于内部中断。

PLC 的中断指针 I 可分为 3 种类型，中断指针的格式表示如图 2-6-7 所示。

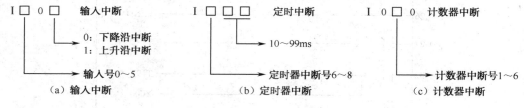

图 2-6-7　中断指针的格式表示

（1）输入中断指针用 I00□～I05□，共 6 点。如图 2-6-7（a）所示，6 个输入中断仅接收对应于输入口 X000～X005 的信号触发。这些输入口无论是硬件设置还是软件管理上都与一般的输入口不同，可以处理比扫描周期短的输入中断信号。上升沿或下降沿指对输入信号类别的选择。

例如，I001 为输入 X000 从"OFF"→"ON"变化时，执行由该指针作为标号后面的中断程序，并在执行 IRET 指令时返回。

（2）定时器中断用指针 I6□□～I8□□，共 3 点。定时器中断指针的格式表示如图 2-6-7（b）所示。定时器中断为机内信号中断。由指定编号为 6～8 的专用定时器控制，设定时间在 10～99ms 间选取。每隔设定时间中断一次，用于不受 PLC 运算周期影响的循环中断处理控制程序。

例如，I610 为每隔 10ms 就执行标号为 I610 的中断程序一次，在 IRET 指令执行时返回。

（3）计数器中断用指针 I010～I060，共 6 点。计数器中断指针的格式如图 2-6-7（c）所示。计数器中断可根据 PLC 内部的高速计数器比较结果执行中断程序。

2．中断优先级与中断选择

由于中断的控制是脱离于程序的扫描执行机制的，多个突发事件出现时也必须按先后次序进行处理，这就是中断优先权。FX$_{2N}$ 系列 PLC 有 15 个中断，其优先权依中断号的大小决定，号数小的中断优先权高。外部中断的中断号数整体上小于定时器中断号数，即外部中断的优先权较高。

中断子程序是为一些特定的随机事件而设计的，在主程序的执行过程中，可以用开中断 EI 和禁止中断 DI 来标示允许中断的程序段。如果机器的中断比较多，可以通过特殊辅助继电器 M8050～M8059 实现中断的选择。特殊辅助继电器与中断的对应关系如表 2-6-6 所示。当这些辅助继电器通过控制信号被置 1 时，其对应的中断被封锁。

中断程序在执行过程中，不响应其他的中断（其他中断为等待状态）。

表 2-6-6　特殊辅助继电器与中断的对应关系

地址号·标号	动作·功能
M8050(输入中断)I00□禁止	
M8051(输入中断)I10□禁止	
M8052(输入中断)I20□禁止	
M8053(输入中断)I30□禁止	FNC04(EI)指令执行后，即使允许中断，可使用特殊辅助继电器 M 禁止个别中断动作。例如，M8050 为"ON"时，输入中断 I00□中断禁止
M8054(输入中断)I40□禁止	
M8055(输入中断)I50□禁止	
M8056(定时中断)I6□□禁止	
M8057(定时中断)I7□□禁止	
M8058(定时中断)I8□□禁止	
M8059 计数器中断禁止	I010～I060 的中断禁止

3．中断指令的执行过程及应用实例

1）外部中断子程序

图 2-6-8 所示为一例带有外部输入中断的子程序。

在主程序执行中，特殊辅助继电器 M8050 为"OFF"时，标号为 I001 的中断子程序允许执行。该中断在输入端口 X000 送入上升沿信号时执行。上升沿信号出现一次该中断执行一次，执行完毕后返回主程序。中断子程序的内容为秒脉冲继电器 M8013 驱动输出继电器工作。作为执行结果的输出继电器 Y012 的状态，视上升沿出现时时钟脉冲 M8013 的状态而定。即 M8013 置 1 则 Y012 置 1，M8013 置 0 则 Y012 置 0。

2）时间中断子程序

图 2-6-9 所示为一例定时器中断子程序。中断标号 I610 的中断序号为 6，定时器中断的时间周期为 10ms。

从梯形图来看，每执行一次中断程序将向数据存储器 D0 中加 1，当加到 1000 时，M2 置 1 使 Y002 置 1。为了验证中断程序执行的正确性，在主程序段中设有时间继电器 T0，设定值为 100，并用此时间继电器控制输出口 Y001，这样当 X001 由"ON"至"OFF"，并经历 10s 后，Y001 及 Y002 应同时置 1。

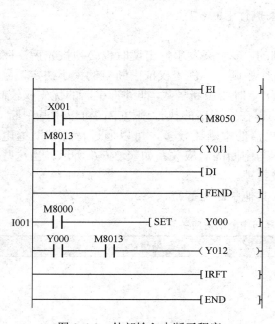

图 2-6-8 外部输入中断子程序

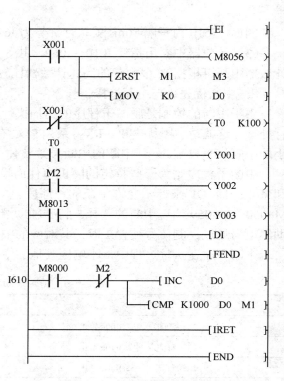

图 2-6-9 定时器中断的子程序

二、循环指令

1. 循环指令的要素及梯形图表示

循环指令的助记符、指令代码、操作数、程序步如表 2-6-7 所示。

表 2-6-7 循环指令的要素

指令名称	助记符	功能号	操作数 [S]	程序步
循环指令	FOR	FNC09	K、H、KnX、KnY、KnM、KnS、T、C、D、V、Z	3 步（嵌套 5 步）
循环结束指令	NEXT	FNC09	无	1 步

循环指令由 FOR 及 NEXT 两条指令构成，这两条指令总是成对出现，如图 2-6-10 所示。图 2-6-10 中，有三条 FOR 指令和三条 NEXT 指令相互对应，构成三层循环。在梯形图中相距最近的 FOR 指令和 NEXT 指令是一对。其次是距离稍远一些的，再是距离更远一点的。这样的嵌套可达五层。每一对 FOR 指令和 NEXT 指令间包括了一定的程序。这就是所谓程序执行过程中要依一定的次数进行循环的部分。循环的次数由 FOR 指令后的 K 值给出，K=1～32767，若给定值为-32767～0 时，做 K=1 处理。

该程序中内层循环①的程序内容为向数据存储器 D100 中加 1，循环值从输入口设定为 4，它的中层循环值为 3，最外层循环值也为 4。循环嵌套执行总是从最内层开始。当程序执行到循环程序段时，先将 D100 中的值加 4 次 1，然后执行外层循环，这个循环要求将内层的过程进行 3 次，执行完成后 D100 中的值为 12。最后执行最外层循环，即将内层及外层循环执行 4 次。从以上的分析可以看到，多层循环间的关系是循环次数相乘的关系。因此，图 2-6-10 中的加 1 指令在一个扫描周期中就要向数字单元 D100 中加入 48 个 1。

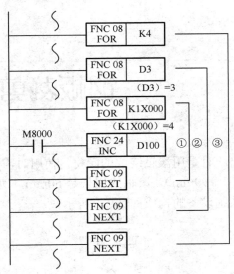

图 2-6-10　循环指令使用说明

2．循环指令说明
（1）循环指令用于某种要反复进行操作的场合。
（2）循环程序可以使程序简明扼要，增加了编程的方便，强化了程序的功能。

小结与习题

1．小结
（1）本任务介绍了 PLC 的程序流转控制类指令（CALL、SERT），（CJ），（IRET、EI、DI），（FOR、NEXT）。

（2）CALL 和 SERT 是子程序调用指令，可实现 5 级嵌套，将一些相对独立的功能设置成子程序，在主程序中设置一些入口条件实现对子程序的调用，可以使程序的结构简单明了。

（3）CJ 是条件跳转指令，条件跳转指令常用于控制系统中有手动、自动等工作方式需要转换的场合，也可用于有选择地执行一定的程序段。

（4）IRET、EI、DI 是中断控制指令，FX$_{2N}$ 系列 PLC 有 15 个中断源，分外部中断和内部中断，输入中断是外部中断，定时器、计数器中断是内部中断。通过控制特殊辅助继电器 M8050～M8059 可实现中断的选择，置 1 时，中断被封锁。

（5）FOR 和 NEXT 是循环指令，两条指令必须成对出现。循环嵌套最多可达 5 层，多层循环间的关系是循环次数相乘的关系。

2．习题
（1）试用调用子程序的方法编写 3 台电动机 Y0、Y1、Y2 每隔 10s 顺序启动的控制程序。

（2）按下 X1，M3 得电，定时器中断，每隔 50ms 使 D0 加 1，当 D0 的当前值等于 1000 时，M3 失电，试用 PLC 实现上述控制功能。

（3）应用跳转指令，设计一个既能点动控制，又能自锁控制的电动机控制程序。设 X0 为"ON"时实现点动控制，X0 为"OFF"时，实现自锁控制。

（4）CJ 指令和 CALL 指令有什么区别？

钢板裁剪控制系统设计

■【任务引入】

工程上使用的薄钢板在出厂时是用滚轴绕成的圈材，使用时需要按固定的长度裁开，裁剪的长度可以通过数字开关设置（0～99mm），滚轴的周长是50mm，切刀的时间是1s。试用PLC设计实现钢板裁剪控制系统。系统设备的构成如2-7-1所示。

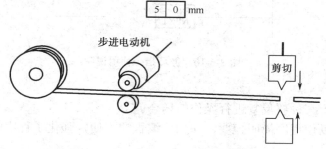

图 2-7-1　系统设备的构成

本任务裁剪钢板的长度是定长，可以用步进电动机进行驱动，步进电动机是将脉冲信号转变为角位移或线位移的开环控制元件。控制器必须输出脉冲来控制步进电动机，因此，需要用到PLC的脉冲输出指令。

■【关键知识】

一、脉冲输出指令 PLSY

脉冲输出指令的名称、指令代码、助记符、操作数、程序步如表2-7-1所示。

表 2-7-1　脉冲输出指令要素

指 令 名 称	指令代码位数	助 记 符	操 作 数 [S1]/[S2]	程 序 步
脉冲输出指令	FNC57(16/32)	PLSY（D）PLSY	K、H、KnX、KnY、KnM、KnS、T、C、D、V、Z	PLSY…7步 (D)PLSY…13步

脉冲输出指令可用于指定频率、产生定量脉冲输出的场合，其使用说明如图2-7-1所示。图2-7-1中，[S1]用于指定频率，范围为2～20kHz；[S2]用于指定产生脉冲的数量，16位指令指定范围为1～32767，32位指令指定范围为1～2147483647，如果指定产生脉冲数为0，则产生无穷多个脉冲。[D]用以指定输出脉冲的Y号（仅限于晶体管型机Y000、Y001），输入脉冲的高低电平各占50%。脉冲输出指令的执行条件：X010接通时，脉冲串开始输出，X010中途中断时，脉冲输出中止，再次接通时，从初始状态开始动作。设定脉冲量输出结束时，指令执行结束

标志 M8029 动作，脉冲输出停止。当设置输出脉冲数为 0 时为连续脉冲输出。[S1]中的内容在指令执行中可以变更，但[S2]的内容不能变更。输出口 Y000 输出脉冲的总数存于 D8140（下位）、D8141(上位)中，Y001 输出脉冲总数存于 D8142（下位）、D8143（上位）中，Y000 及 Y001 两输出口已输出脉冲的总数存于 D8136（下位）、D8137（上位）中。各数据寄存器的内容可以通过[DMOV K0 D81□□]加以清除。

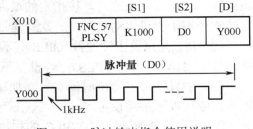

图 2-7-1　脉冲输出指令使用说明

二、可调速脉冲输出指令 PLSR

可调速脉冲指令的名称、指令代码、助记符、操作数、程序步如表 2-7-2 所示。

表 2-7-2　可调速脉冲输出指令要素

指令名称	指令代码位数	助记符	操作数		程序步
			[S1]/[S2]/[S3]	[D]	
可调速脉冲输出指令	FNC59(16/32)	PLSR（D）PLSR	K、H、KnX、KnY、KnM、KnS、T、C、D、V、Z	晶体管型 Y000、Y001	PLSR…9 步 (D)PLSR…13 步

可调速脉冲输出指令是带有加、减速功能的定尺寸传送脉冲输出指令。其功能是对所指定的最高频率进行指定加、减速的时间调节，并输出所指定的脉冲数。可调速脉冲输出指令的使用说明如图 2-7-2 所示。图 2-7-2（a）为指令梯形图，当 X010 接通时，从初始状态开始定加速，达到所指定的输出频率后再在合适的时刻定减速，并输出指定的脉冲数。加、减速原理如图 2-7-2（b）所示。

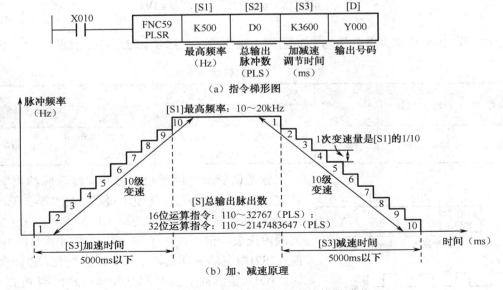

（a）指令梯形图

（b）加、减速原理

图 2-7-2　可调速脉冲输出指令的使用说明

指令梯形图中各操作数的设定内容如下。

（1）[S1]是最高频率，设定范围为 10～20kHz，并以 10 的倍数设定，若指定 1 位数时，则结束运行。在进行定减速时，按指定的最高频率的 1/10 作为减速时的一次变速量，即[S1]的 1/10。在该指令用于步进电动机时，一次变速量应设定在步进电动机不失调的范围。

（2）[S2]是总输出脉冲数（PLS）。设定范围为 16 位运算指令，110～32767（PLS）；32 位指令，110～2147483647（PLS）；若设定不满 110 值时，脉冲不能正常输出。

（3）[S3]是加、减速度时间（ms），加速时间与减速时间相等。加、减速时间设定范围为 5000ms 以下，应按以下条件设定。

① 加、减速时要设定在 PLC 的扫描时间最大值（D8012）的 10 倍以上，若设定不足 10 倍时，加、减速不一定定时。

② 加、减速时间最小值设定应满足：

$$[S3] < \frac{[S2]}{[S1]} \times 818$$

若小于上式的最小值，加、减速时间的误差增大，此外，设定不到 90000/[S1·]值时，在 90000/[S1]值时结束运行。

③ 加、减速时间最大值设定应满足：

$$[S3] > \frac{90000}{[S1]} \times 5$$

④ 加、减速的变速数为[S1]/10，次数固定在 10 次。

若不能按以上条件设定时，应降低[S1]设定的最高频率。

（4）[D]为指定脉冲输出的地址号，只能是 Y000 及 Y001，且不能与其他指令共用。其输出频率为 10～20kHz，当指令设定的最高频率和加、减速时间时的变速速度超过了此范围时，自动在该输出范围内调低或进位。FNC59（PLSR）指令的输出脉冲数存入特殊数据寄存器与 FNC57（PLSY）相同。

三、脉宽调制指令 PWM

脉宽调制指令的名称、指令代码、助记符、操作数、程序步如表 2-7-3 所示。

表 2-7-3　脉宽调制指令要素

指 令 名 称	指令代码位数	助 记 符	操 作 数		程 序 步
			[S1]/[S2]	[D]	
脉宽调制指令	FNC58(16)	PWM	K、H、KnX、KnY、KnM、KnS、T、C、D、V、Z	晶体管型 Y000、Y001	PWM…7 步

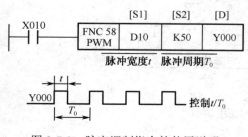

图 2-7-3　脉宽调制指令的使用说明

脉宽调制指令用于指定脉冲宽度、脉冲周期，产生脉宽可调脉冲并输出。其使用说明如图 2-7-3 所示，梯形图中[S1]指定存入脉冲宽度 t，t 理论上可在 0～32767ms 范围内选取，但不能大于周期，即本例中 D10 的内容只能在[S2]指定的脉冲周期 $T_0 = 50$ 以内变化，否则会出现错误；[D]指定脉冲输出 Y 号（晶体管输出型 PLC 中 Y000 或 Y001）为 Y000，其平均输出对应为 0%～100%。当 X010 接通时，Y000 输出为 "ON/OFF" 脉冲，脉冲宽度比为 t/T_0，可进行中断处理。

一、任务要求

工程上使用的薄钢板出厂时是用滚轴绕成的圈材，使用时需要按固定的长度裁开，裁剪的长度可以通过数字开关设置（0～99mm），滚轴的周长是 50mm，切刀的时间是 1s。试用 PLC 设计实现钢板裁剪控制系统。

在设计该任务的控制系统时，既要选择步进电动机，又要考虑选择 PLC 类型。

1．选择步进电动机主要考虑两个方面

（1）电动机的功率。要求能拖动负载，在本系统中，要把成圈的线材拖动，决定于电动机的工作电流，工作电流越大，功率就越大。

（2）电动机的步距角。如果选择带细分功能的电动机驱动器，则可以不考虑步距角。

根据任务要求，选择两相步进电动机，步距角为 1.8°，设置为 5 细分，由于液轴周长是 50mm，电动机旋转一周 1000 个脉冲，每个脉冲为 0.05mm。

2．选择 PLC

PLC 必须选择晶体管输出型。

二、硬件 I/O 分配及接线

1．I/O 分配

通过分析任务，具体的 I/O 分配表如表 2-7-4 所示。

表 2-7-4　I/O 分配表

输　入			输　出		
输入继电器	输入元件	作　用	输出继电器	输出元件	作　用
X000～X007	数字开关	置数	Y000	CP	输出脉冲
X010	按钮 SB1	启动按钮	Y001	DIR	控制方向
X011	按钮 SB2	停止按钮	Y002	FREE	脱机信号
X012	按钮 SB3	脱机按钮	Y004	YV	切刀负载

2．PLC 硬件接线

PLC 系统硬件接线图如图 2-7-4 所示。

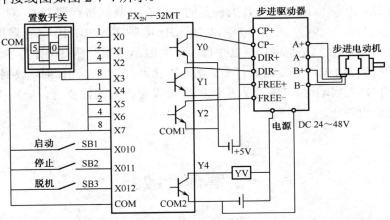

图 2-7-4　PLC 系统硬件接线图

3. 软件程序

钢板裁剪控制系统程序流程示意图如图 2-7-5 所示。

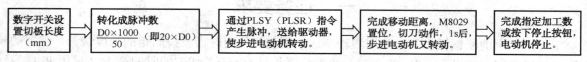

图 2-7-5　钢板裁剪控制系统程序流程示意图

钢板裁剪控制系统梯形图如图 2-7-6 所示。

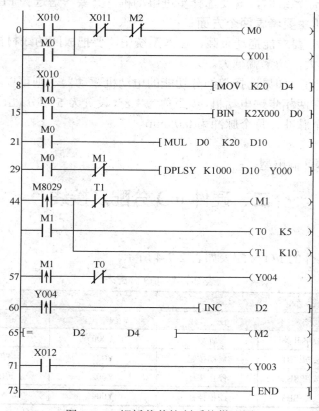

图 2-7-6　钢板裁剪控制系统梯形图

　　按下启动按钮 X010，辅助继电器 M0 得电并自锁，控制步进电动机驱动器方向信号 Y001 得电，从 PLC 的 K2X000 端口读入数码开关设置的数值存入数据寄存器 D0，对 D0 数值进行转换后存入数据寄存器 D10，此时，从 Y000 端以 1000Hz 的频率输出 D10 寄存器里指定的脉冲数，脉冲发送完成，M8029 置位，使 M1 得电并自锁，同时驱动定时器 T0 计时 5s，T1 定时器计时 10s，在 M1 得电时切刀动作，T0 定时时间到，切刀停止动作，切刀动作时，数据寄存器 D2 加 1，当 D2 的数据达到 D4（启动时，D4 存入需切板数量设置值）的数值时，电动机停止。铵下停止按钮 X011，电动机也停止。

■【知识链接】

一、高速计数器

高速计数器是对较高频率的信号计数的计数器，与普通计数器的差别主要有以下几点。

（1）对外部信号计数，工作在中断工作方式。由于待计量的高频信号都是来自机外，PLC 都设有专用的输入端子及控制端子，一般是在输入端中设置一些带有特殊功能的端子，它们既可完成普通端子的功能，又能接收高频信号。为了满足控制准确性的需要，计数器的计数、启动复位及数值控制功能都能采取中断方式工作。

（2）计数范围较大，计数频率较高。一般高速计数器均为 32 位加/减计数器。最高计数频率一般可达到数 10kHz。

（3）工作设置较灵活。从计数器的工作要素来说，高速计数器的工作设置比较灵活。高速计数器除了具有普通计数器通过编程指令完成启动、复位、使用特种辅助继电器改变计数方向等功能外，还可通过机外信号实现对其工作状态的控制，如启动、复位、改变计数方向等。

（4）使用专用的工作指令。普通计数器工作时，一般是达到设定值，其触点动作，再通过程序安排其触点实现对其他器件的控制。高速计数器除了普通计数器的这一工作方式外，还具有专门的控制指令，可不通过本身的触点，以中断工作方式直接完成对其他器件的控制。

1．高速计数器数量及类型

FX$_{2N}$ 系列 PLC 设有 C235～C255 共 21 点高速计数器。它们共享同一个机箱输入口上的 6 个高速计数器输入端（X000～X005）。由于使用某个高速计数器时可能要同时使用多个输入端，而这些输入又不可被多个高速计数器重复使用，所在在实际应用中，最多只能有 6 个高速计数器同时工作。这样设置是为了使高速计数器具有多种工作方式，方便在各种控制工程中选用。FX$_{2N}$ 系列 PLC 高速计数器的分类如下。

（1）1 相无启动/复位端子（单输入），C235～C240，6 点。

（2）1 相带启动/复位端子（单输入），C241～C245，5 点。

（3）1 相双计数输入型，C246～C250，5 点。

（4）2 相双计数输入型，C251～C255，5 点。

表 2-7-5 列出了以上高速计数器和各输入端子之间的对应关系。从表 2-7-5 中可以看到，X006 及 X007 也可以参与高速计数工作，但只能作为启动信号而不能作为计数脉冲信号的输入。

表 2-7-5　FX$_{2N}$ 系列 PLC 高速计数器一览表

中断输入	1相无启动/复位（单输入）						1相带启动/复位（单输入）					1相2计数输入					2相双计数输入				
	C235	C236	C237	C238	C239	C240	C241	C242	C243	C244	C245	C246	C247	C248	C249	C250	C251	C252	C253	C254	C255
X000	U/D						U/D			U/D		U	U		U		A	A		A	
X001		U/D					R			R		D	D		D		B	B		B	
X002			U/D					U/D			U/D		R		R			R		R	
X003				U/D				R						U		U			A		A
X004					U/D				U/D					D		D			B		B
X005						U/D			R					R		R			R		R
X006										S					S					S	
X007											S					S					S

注：U 表示增计数输入，D 表示减计数输入，A 表示 A 相输入，B 表示 B 相输入，R 表示复位输入，S 表示启动输入。

以上高速计数器都具有停电保持功能，也可以利用参数设定变为非停电保持型，不作为高速计数器使用的高速计数器也可以作为 32 位数据寄存器使用。

2. 使用方式

1）1 相无启动/复位高速计数器

由表 2-7-5 可知，1 相无启动/复位高速计数器的编号为 C235～C240，共 6 点。它们的计数方式及触点动作与普通 32 位计数器相同。做增计数时，计数值达到设定值则触点动作并保持；做减计数时，到达计数值则复位。其计数方向取决于计数方向标志继电器 M8235～M8240。M△△△的后三位为对应的计数器号。

图 2-7-7 为 1 相无启动/复位高速计数器工作的梯形图。这类计数器只有一个脉冲输入端。计数器为 C235，其输入端为 X000。X012 为 C235 的启动信号，这是由程序安排的启动信号。X010 为由程序安排的计数方向选择信号，M8235 接通（高电平）时为减计数，相反，X010 断开时为增计数。程序中无辅助继电器 M8235 相关程序时，机器默认为增计数。X011 为复位信号，当 X011 接通时，C235 复位。Y010 为计数器 C235 的控制对象。如果 C235 的当前值大于设定值，则 Y010 接通；反之，小于设定值，则 Y010 断开。

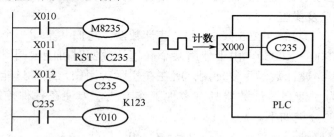

图 2-7-7　1 相无启动/复位高速计数器工作的梯形图

2）1 相带启动/复位端高速计数器

1 相带启动/复位端高速计数器的编号为 C241～C245，共 5 点，这些计数器较 1 相无启动/复位高速计数器增加了外部启动和外部复位控制端子。从图 2-7-8 中可以看出，1 相带启动/复位高速计数器的梯形图和图 2-7-7 中梯形图的结构是一样的。不同的是这类计数器可利用 PLC 输入端子 X003、X007 作为外启动及外复位信号。值得注意的是，X007 端子上送入的外启动信号只有在 X015 接通、计数器 C245 被选中时才有效。而 X003 及 X014 两个复位信号则并行有效。

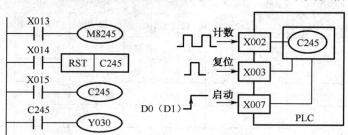

图 2-7-8　1 相带启动/复位端高速计数器工作的梯形图

3）1 相 2 计数输入型高速计数器

1 相 2 计数输入型高速计数器的编号为 C246～C250，共 5 点。1 相 2 计数输入高速计数器有两个外部计数输入端子。在一个端子上送入计数脉冲进行增计数，在另一个端子上送入计数脉冲进行减计数。图 2-7-9（a）为高速计数器 C246 的信号连接情况及梯形图。X000 及 X001 分别为 C246 的增计数输入端及减计数输入端。C246 是通过程序安排启动及复位条件的，如 X011 及 X010。也有的 1 相 2 计数输入型高速计数器还带有外复位及外启动端。图 2.7-9（b）为高速计数器 C250

的信号连接情况及梯形图。X005 及 X007 分别为外启动及外复位端。它们的工作情况和 1 相带启动/复位计数器相应端子的使用相同。

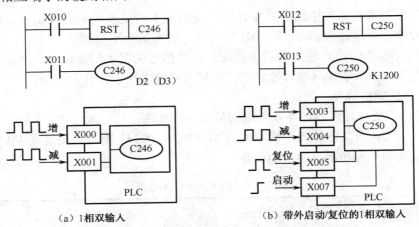

（a）1相双输入　　　　　　　（b）带外启动/复位的1相双输入

图 2-7-9　1 相 2 计数输入型高速计数器

4）2 相双计数输入型高速计数器

2 相双计数输入型高速计数器的编号为 C251～C255，共 5 点。2 相双计数输入型高速计数器的两个脉冲输入端子是同时工作的，外计数方向控制方式由 2 相脉冲间的相位决定。如图 2-7-10 所示，当 A 相信号为"1"且 B 相信号为上升沿时为增计数；B 相信号为下降沿时为减计数。其余功能与 1 相 2 计数输入型相同。需要说明的是，带有外计数方向控制端的高速计数器也配有编号相对应的特殊辅助继电器，只是它们没有控制功能，只有指示功能。当采取外部计数方向控制方式工作时，相应的特殊辅助继电器的状态会随着计数方向的变化而变化。例如，图 2-7-10（a）中，当外部计数方向由 2 相脉冲的相位决定为增计数时，M8251 闭合，Y003 接通，表示高速计数器 C251 在增计数。

高速计数器设定值的设定方法和普通计数器相同，也有直接设定和间接设定两种方式。也可以使用传送指令修改高速计数器的设定值及现时值。

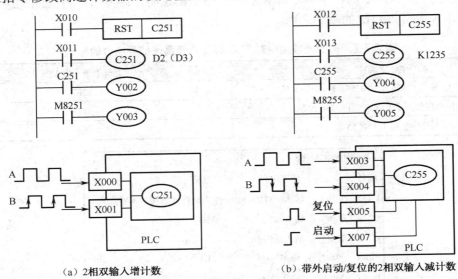

（a）2相双输入增计数　　　　　　　（b）带外启动/复位的2相双输入减计数

图 2-7-10　2 相双计数输入型高速计数器

二、高速计数器的频率总和

由于高速计数器都是采取中断方式工作的，受机器中断处理能力的限制。使用高速计数器，特别是一次使用多个高速计数器时，应该注意高速计数器的频率总和。

频率总和是指同时在 PLC 输入端口上出现的所有信号的最大频率总和。FX_{2N} 系列 PLC 的频率总和参考值为 20kHz。安排高速计数器的工作频率时要考虑以下几个问题。

1. 各输入端的响应速度

表 2-7-6 给出了受硬件限制，各输入端的最高响应频率。结合表 2-7-5 所列，FX_{2N} 系列 PLC 除了允许 C235、C236、C246 输入 1 相最高 60kHz 脉冲，C251 输入 2 相最高 30kHz 外，其他高速计数器输入最大频率总和不得超过 20kHz。

表 2-7-6　输入点的频率性能

高速计数器类型	1 相输入		2 相输入	
	特殊输入点	其余输入点	特殊输入点	其余输入点
输入点	X000、X001	X002～X005	X000、X001	X002～X005
最高频率	60kHz	10kHz	30kHz	5kHz

2. 被选用的计数器及其工作方式

1 相型高速计数器无论是增计数还是减计数，都只需一个输入端送入脉冲信号。1 相 2 计数输入高速计数器在工作时，如已确定为增计数或为减计数，情况和 1 相型类似。如增计数脉冲和减计数脉冲同时存在时，同一计数器所占用的工作频率应为 2 相信号频率之和。2 相双计数输入型高速计数器工作时不但要接收二路脉冲信号，还需同时完成对二路脉冲的解码工作，有关技术手册规定，在计算的频率和时，要将它们的工作频率乘以 4 倍。

3. 以上所述为硬件频率。当使用高速计数器指令，以软件方式完成高速计数控制时，软件的使用要影响高速计数器的最高使用总频率。高速处理指令对 PLC 接受外部高速信号能力的影响如表 2-7-7 所示。图 2-7-11 给出了一个计算示例，该示例说明，硬件工作方式的高速计数器的处理频率可不计入最高 20kHz 的限制之内。

表 2-7-7　高速处理指令对 PLC 接受外部高速信号能力的影响

使 用 条 件	总计数频率数/kHz
程序中未使用 FNC53、FNC54、FNC55 指令	20
程序中仅使用了 FNC53、FNC54 指令	11
程序中使用了 FNC55 指令	5.5

```
（不使用FNC53~55）

编号            使用内容            计算值

C235（单相）：输入60kHz     作为硬件计数用（不要加入）

C237（单相）：输入3kHz       3kHz

C253（双相）：输入2kHz       4kHz

PLSY（Y000）：输出7kHz       7kHz

PLSY（Y001）：输出4kHz       4kHz

     总计频率数    合计      18kHz≤20kHz
```

图 2-7-11　频率数计算实例

三、FX₂ₙ系列 PLC 高速计数器指令

FX₂ₙ系列 PLC 高速处理指令中有三条直接与高速计数器使用相关的指令,现分别介绍如下。

1. 高速计数器比较置位及比较复位指令

高速计数器比较置位及比较复位指令的助记符、指令代码、操作数、程序步如表 2-7-8 所示。

表 2-7-8　高速计数器比较置位及比较复位指令要素

指 令 名 称	指令代码位数	助 记 符	操 作 数			程 序 步
			[S1]	[S2]	[D]	
高速计数器比较置位	FNC53(32)	(D) HSCS	K、H、KnX、KnY、KnM、KnS、T、C、D、V、Z	C（C=235～255）	Y、M、S I010～I060 主中断指针	(D) HSCS… 13 步
高速计数器比较复位	FNC54(32)	(D) HSCR	K、H、KnX、KnY、KnM、KnS、T、C、D、V、Z	C（C=235～255）	Y、M、S [可同（S2·）]	(D) HSCR… 13 步

以上两指令用于需要立即向外部输出高速计数器的当前值与设定值比较结果的场合。图 2-7-12 (a) 为高速计数器比较置位指令的梯形图。程序中当 C255 的当前值由 99 变为 100 或由 101 变为 100 时,Y010 立即置 1。图 2-7-12 (b) 为高速计数器比较复位指令梯形图。C255 的当前值从 199 变为 200 或从 201 变为 200 时 Y010 立即复位。

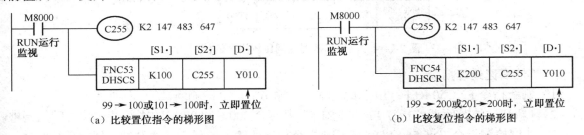

图 2-7-12　高速计数器比较置位及比较复位指令的使用说明

需要说明的是以下几点。

(1) 高速计数器比较置位指令中[D]可以指定计数中断指针,如图 2-7-13 (a) 所示,如果计数中断禁止继电器 M8059 为"OFF",[S2·]指定的高速计数器 C255 的当前值等于[S1]指定值时,执行[D]指定的 I010 中断程序。如果 M8059 为"ON",则 I010～I060 均被禁止。

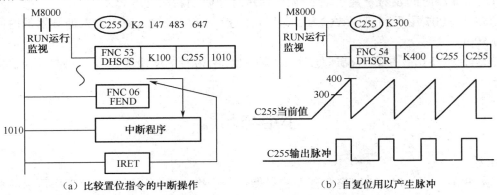

图 2-7-13　高速计数器比较置位及自复位指令的应用

（2）高速计数器比较复位指令也可以用于高速计数器本身的复位。图 2-7-13（b）是用高速计数器产生脉冲并能自行复位的梯形图，计数器 C255 当前值为 300 时接通，当前值变为 400 时，C255 立即复位，这样采用一般控制方式和指令控制方式相结合的方法，便使高速计数器的触点依一定的时间要求接通或复位，从而形成脉冲波形。

2．高速计数器区间比较指令

高速计数器区间比较指令的助记符、指令代码、操作数、程序步如表 2-7-9 所示。

表 2-7-9　高速计数器区间比较指令要素

指 令 名 称	指令代码位数	助 记 符	操 作 数			程 序 步
			[S1]/ [S2] [S1]≤ [S2]	[S]	[D]	
高速计数器 区间比较指令	FNC55(32)	（D）HSZ	K、H、KnX、KnY、KnM、KnS、T、C、D、V、Z	C（C=235～255）	Y、M、S（3 连号元件）	（D）HSZ…13 步

图 2-7-14 为高速计数器区间比较指令的使用说明。该例中高速计数器 C251 的当前值小于 1000 时，Y000 置 1；大于或等于 1000 且小于或等于 2000 时，Y001 置 1；大于 2000 时，Y002 置 1。

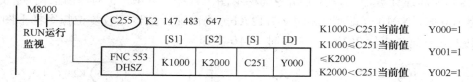

图 2-7-14　高速计数器区间比较指令的使用说明

3．其他高速处理指令

（1）刷新指令 FNC50 REF：用于指定输入及输出口的立即刷新。

（2）刷新和滤波时间调整指令 FNC51 REFF：用于 X000～X007 口的刷新及滤波时间的调整。

（3）速度检测指令 FNC56 SPD：用于从指令指定的输入口送入计数脉冲，规定计数时间，统计速度脉冲数。

（4）矩阵输入指令 FNC52 MTR：用于从输入口快速、批量地输入数据。

PLC 在响应时间短于扫描周期的信号时，除了计数系统须采取高速计数器外，机器的输入/输出刷新及滤波也都会影响到机器的响应速度，因而配有高速计数器的 PLC 一般具有利用软件调节部分输入口滤波时间及对一定的输入/输出口进行即时刷新的功能。

当 X000～X007 用于高速计数输入、速度检测指令或中断输入时，输入滤波器的时间常数自动设置为 50μs。

（3）、（4）两条指令是具有高速处理功能的 PLC 所带有的应用类指令，它们成为机器的一种实用功能。

小结与习题

1．小结

（1）脉冲输出指令 PLSY 在整个程序中只能使用一次，在使用过程中，频率可以改变，但如果要改变输出脉冲数量值，必须是指令的执行条件信号断开后再重新有效。

（2）可调速脉冲输出指令 PLSR 与 PLSY 不同的是对所指定的最高频率进行指定加、减速时间，并输出所指定的脉冲数。

（3）高速计数器置位指令 HSCS 采用中断的方式使置位和输出立即执行，而与扫描周期无关。

（4）比较置位、比较复位、区间比较三条指令是高速计数器的 32 位专用控制指令。使用这些控制指令时，梯形图应含有计数器设置内容，明确被选用的计数器。当不涉及计数器触点控制时，计数器的设定值可设为计数器计数最大值或任意高于控制数值的数据。

（5）在同一程序中如多处使用高速计数器控制指令，其控制对象输出继电器编号的高两位应相同，以便在同一中断处理过程中完成控制。例如，使用 Y000 时应为 Y000～Y007，使用 Y010 时应为 Y010～Y017 等。

（6）特殊辅助继电器 M8025 是高速计数指令的外部复位标志。PLC 运行，M8025 就置 1，高速计数器的外部复位端 X001 若送来复位脉冲，高速计数比较指令指定的高速计数器立即复位。因此，高速计数器的外部复位输入点 X001 在 M8025 置 1，且使用高速计数器比较指令时，可作为计数器的计数起始控制。

（7）高速计数器比较指令是在外来计数脉冲作用下以比较当前值与设定值的方式工作的。当不存在外来计数脉冲时，可使用传送类指令修改现时值或设定值，指令所控制的触点状态不会变化。在存在外来脉冲时，使用传送类指令修改现时值或设定值，在修改后的下一个扫描周期脉冲到来后执行比较操作。

2．习题

（1）高速计数器与普通计数器在使用方面有哪些异同点？

（2）高速计数器和输入口有什么关系？使用高速计数器的控制系统在安排输入口时要注意什么？

（3）如何控制高速计数器的计数方向？

（4）什么是高速计数器的外启动、外复位功能？该功能在工程上有什么意义？外启动、外复位和在程序中安排的启动复位条件间是什么关系？

（5）使用高速计数器触点来控制被控对象的置位/复位，和使用高速计数器置位/复位指令使控制对象置位/复位有什么不同？

（6）高速计数器的自复位指令有什么用途？举例说明。

（7）某化工设备需要每分钟记录一次温度值，温度经传感器变换后以脉冲列给出，试设计安排相关设备及编绘梯形图程序。

模块三 特殊功能模块和数据通信

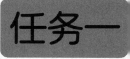

电热水炉温度控制系统设计

■【任务引入】

温度控制是 PLC 的重要应用之一，电热水炉温度控制示意图如图 3-1-1 所示，要求当水位低于低位液位开关时，打开进水电磁阀进水，高于高位液位开关时，关闭进水电磁阀，停止进水；当水温低于 80℃时，打开电源控制开关开始加热，当水温高于 95℃时，停止加热并保温。测温传感器采用热电偶，用 PLC 实现控制功能。

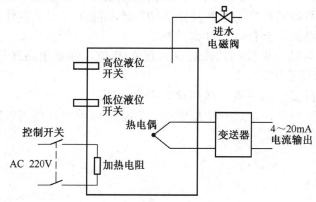

图 3-1-1 电热水炉温控制示意图

在应用 PLC 控制电炉温度过程中，除考虑进水液位（开关量）控制外，还要考虑温度控制，这时需要用到 PLC 模拟量输入模块，从图 3-1-1 中可以看到，温度信号通过热电偶及温度变送器以 4～20mA 电流输出，以 FX$_{2N}$ 系列 PLC 为例，这里选用 FX$_{2N}$-4AD 型模拟量输入模块予以采集，就能很好实现上述控制要求。

一、特殊功能模块的分类

PLC 的应用领域越来越广泛，控制对象也越来越多样化，为了处理一些特殊的控制，PLC 需要扩展一些特殊功能模块，FX 系列 PLC 的功能模块大致可分为模拟量处理模块、数据通信模块、高速计数/定位控制模块及人机界面等。

FX 系列 PLC 常用的模拟量处理模块有 A/D 模块、D/A 模块。

1. A/D 模块、D/A 模块

A/D 模块：将现场仪表输出的（标准）模拟量信号 4～20mA、0～5V、0～10V 等转化为 PLC 可以处理的一定位数的数字信号。

D/A 模块：将 PLC 处理后的数字信号转化为现场仪表可以接收的标准信号 4～20mA、0～5V、0～10V 等。例如，12 位数字量（0～4000）通过 D/A 模块转换为 4～20mA 模拟信号，2000 对应的转换结果为 12mA。

常用的模拟量输入/输出模块如图 3-1-2 所示。

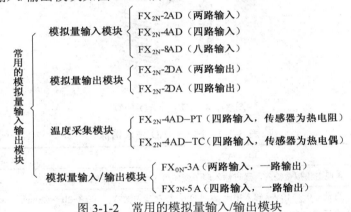

图 3-1-2　常用的模拟量输入/输出模块

2. 接线方式

常用的传感器与 A/D 模块的接线如图 3-1-3 所示。

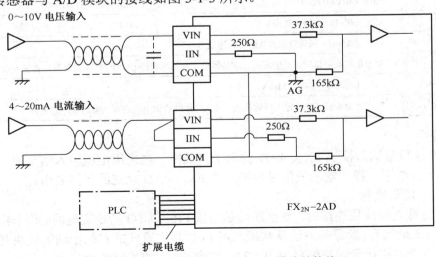

图 3-1-3　常用的传感器与 A/D 模块的接线

3．说明

（1）FX$_{2N}$-2AD 通过双绞屏蔽电缆来连接。电缆应远离电源线或其他可能产生电气干扰的电线。

（2）如果输入有电压波动或电气干扰，可以接一个平滑电容器（0.1～0.47μF/25V）。

二、特殊功能模块 FX$_{2N}$-4AD

1．技术指标

FX$_{2N}$-4AD 模块的外观如图 3-1-4 所示。FX$_{2N}$-4AD 为 12 位高精度模拟量输入模块，具有 4 输入 A/D 转换通道，输入信号类型可以是电压（-10～+10V）、电流（-20～+20mA）和电流（+4～+20mA），每个通道都可以独立地指定为电压输入或电流输入。FX$_{2N}$ 系列 PLC 最多可连接 8 台 FX$_{2N}$-4AD。FX$_{2N}$-4AD 的技术指标如表 3-1-1 所示。

图 3-1-4　FX$_{2N}$-4AD 外观

表 3-1-1　FX$_{2N}$-4AD 技术指标

项　　目	电压输入	电流输入
	4 通道模拟量输入，通过输入端子变换可选电压或电流输入	
模拟量输入范围	直流-10～+10V（输入电阻 200kΩ），绝对最大输入电压为±15V	直流-20～+20mA（输入电阻 250Ω），绝对最大输入电流为±32mA
数字量输出范围	带符号位的 16 位二进制（有效数值 11 位），数值范围-2048～+2047	
分辨率	5mV（10V×1/2000）	20μA（20mA×1/1000）
综合精确度	±1%（在-10～+10V 范围）	±1%（在-20～+20mA 范围）
转换速度	每通道 15ms（高速转换方式时为每通道 6ms）	
隔离方式	模拟量与数字量间用光电隔离，从基本单元来的电源经 DC/DC 转换器隔离，各输入端子间不隔离	
模拟量用电源	DC（1±10%）×24V，55mA	
I/O 占有点数	程序上为 8 点（作为输入或输出点计算），由 PLC 供电的消耗功率为 5V×30mA	

2．端子连接

图 3-1-5 是模拟量输入模块 FX$_{2N}$-4AD 的端子接线图。当采用电流输入信号或电压输入信号时，端子的连接方法不一样。输入的信号范围应在 FX$_{2N}$-4AD 规定的范围之内。

3．模块的连接与编号

当 PLC 与特殊功能模块连接时，数据通信是通过 FROM/TO 指令实现的。每个特殊功能模块都有一个确定的地址编号，编号的方法是从最靠近 PLC 基本单元的那一个功能模块开始顺次编号，最多可连接 8 台功能模块（对应编号为 0～7），注意 PLC 的扩展单元不记录在内。FX$_{2N}$-48MR

与特殊功能模块之间的排布如图 3-1-6 所示为特殊功能模块连接示意图。

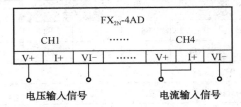

图 3-1-5 模拟量输入模块 FX$_{2N}$-4AD 的端子接线图

图 3-1-6 FX$_{2N}$-48MR 与特殊功能模块之间的排布

4.FX$_{2N}$-4AD 缓冲寄存器及设置

模拟量输入模块 FX$_{2N}$-4AD 的缓冲寄存器 BFM,是特殊功能模块工作设定及与主机通信用的数据中介单元,是 FORM/TO 指令读和写操作目标。FX$_{2N}$-4AD 的缓冲寄存器区由 32 个 16 位的寄存器组成,编号为 BFM#0~31。

1)缓冲寄存器(BFM)编号

FX$_{2N}$-4AD 模块 BFM 分配表如表 3-1-2 所示。

表 3-1-2 FX$_{2N}$-4AD 模块 BFM 分配表

BFM	内　　容	
*#0	通道初始化　　默认设定值=H0000	
*#1	CH1	平均值取样次数(取值范围 1~4096)默认值=8
*#2	CH2	
*#3	CH3	
*#4	CH4	
#5	CH1	分别存放 4 个通道的平均值
#6	CH2	
#7	CH3	
#8	CH4	
#9	CH1	分别存放 4 个通道的当前值
#10	CH2	
#11	CH3	
#12	CH4	
#13~#14 #16~#19	保留	
#15	A/D 转换速度 的设置	当设置为 0 时,A/D 转换速度为 15ms/ch,为默认值
		当设置为 1 时,A/D 转换速度为 6ms/ch,为高速值
#20	恢复到默认值或调整值　　默认值=0	
#21	禁止零点和增益调整　　默认设定值=0,1(允许)	

BFM	内　容								
#22	零点（Offset）、增益（Gain）调整	b7	b6	b5	b4	b3	b2	b1	b0
		G4	O4	G3	O3	G2	O2	G1	O1
#23	零点值　默认设定值=0								
#24	增益值　默认设定值=5000								
#25～#28	保留								
#29	出错信息								
#30	识别码　K2010								
#31	不能使用								

表 3-1-2 中内容说明如下。

（1）带*号的缓冲寄存器中的数据可由 PLC 通过 TO 指令改写。改写带*号的 BFM 的设定值就可以改变 FX$_{2N}$-4AD 模块的运行参数，调整其输入方式、输入增益和零点等。

（2）从指定的模拟量输入模块读入数据前应先将设定值写入，否则按默认设定值执行。

（3）PLC 用 FROM 指令可将不*号的 BFM 内的数据读入。

2）缓冲寄存器（BFM）的设置

（1）在 BFM#0 中写入十六进制 4 位数字 H0000，使各通道初始化，最低位数字控制通道 CH1，最高位控制通道 CH4。H0000 中每位数值表示的含义如下：

位（bit）=0：设定输入范围-10～+10V；

位（bit）=1：设定输入范围+4～+20mA；

位（bit）=2：设定输入范围-20～+20mA；

位（bit）=3：关闭该通道。

例如，BFM#0=H3310，则 CH1：设定输入范围-10～+10V；CH2：设定输入范围+4～+20mA；CH3、CH4：关闭该通道。

（2）输入当前值送到 BFM#9～#12，输入平均值送到 BFM#5～#8。

（3）各通道平均值取样次数由 BFM#1～#4 来指定。取样次数范围 1～4096，若设定值超过该数值范围，按默认设定值 8 处理。

（4）当 BFM#20 被置 1 时，整个 FX$_{2N}$-4AD 的设定值均恢复到默认设定值。这是快速地擦除零点和增益的非默认设定值的方法。

（5）若 BFM#21 的 b1、b0 分别置为 1、0，则增益和零点的设定值禁止改动。要改动零点和增益的设定值时必须令 b1、b0 的值分别为 0、1。默认设定值为 0、1。

（6）在 BFM#23 和 BFM#24 内的增益和零点设定值会被送到指定的输入通道的增益和零点寄存器中。需要调整的输入通道由 BFM#22 的 G、O（增益—零点）位的状态来指定。

例如，若 BFM#22 的 G1、O1 的位置 1，则 BFM#23 和#24 的设定值即可送入通道 1 的增益和零点寄存器。各通道的增益和零点即可统一调整，也可独立调整。

（7）BFM#23 和#24 中设定值以 mV 或μA 为单位，但受 FX$_{2N}$-4AD 的分辨率影响，其实际影响应以 5mV/20μA 为步距。

（8）BFM#30 中存的是特殊功能模块的识别码，PLC 可用 FROM 指令读入。FX$_{2N}$-4AD 的识别码为 K2010。用户在程序中可以方便地利用这一识别码在传送数据前先确认该特殊功能模块。

（9）BFM#29 中各位的状态是 FX$_{2N}$-4AD 运行正常与否的信息。BFM#29 中各位表示的含义如表 3-1-3 所示。

表 3-1-3　BFM#29 中各位的状态信息

BFM#29 的位	1	0
b0	当 b1~b3 任意为 "ON" 时	无错误
b1	表示零点和增益发生错误	零点和增益正常
b2	DC 24V 电源故障	电源正常
b3	A/D 模块或其他硬件故障	硬件正常
b4~b9	未定义	
b10	数值超出范围-2048~+2047	数值在规定范围
b11	平均值采用次数超出范围 1~4096	平均值采用次数正常
b12	零点和增益调整禁止	零点和增益调整允许
b13~b15	未定义	

三、FX_{2N} 系列 PLC 与特殊功能模块之间的读/写操作

在使用三菱 PLC 特殊功能模块时，CPU 在模块内存中为模块分配了一块数据缓冲区（BFM）作为和 CPU 通信之用。三菱系列 PLC 有专门两条指令实现对模块缓冲区 BFM 的读写，即 FROM 指令和 TO 指令。

1. 特殊功能模块读指令

特殊功能模块读指令要素如表 3-1-4 所示。

表 3-1-4　特殊功能模块读指令要素

指令名称	助记符	指令代码	操作数				程序步
			m1	m2	[D]	n	
读指令	FROM	FNC78	K、H m1=0~7	K、H m2=0~31	KnY、KnM、KnS、 T、C、D、V、Z	K、H n=1~32	FROM 9 步 （D）FROM 17 步

FROM 指令格式如图 3-1-6 所示。

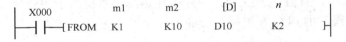

图 3-1-6　FROM 指令格式

图 3-1-6 中，指令将编号为 m1 的特殊功能模块中缓冲寄存器（BFM）编号从 m2 开始的 n 个数据读入到 PLC 中，并存储于 PLC 中以 D 开始的 n 个数据寄存器内。指令说明如下：

m1：特殊功能模块号（m1=0~7）；

m2：特殊功能模块的缓冲存储器（BFM）首元件编号（m2=0~31）；

[D]：指定存放在 PLC 中的数据寄存器首元件号；

n：指定特殊功能模块与 PLC 之间传送的字数，16 位操作时 n 为 1~32，32 位操作时 n 为 1~16。

2. 特殊功能模块写指令

特殊功能模块写指令要素如表 3-1-5 所示。

表 3-1-5　特殊功能模块写指令要素

指令名称	助记符	指令代码	操作数				程序步
			m1	m2	[S]	n	
写指令	TO	FNC79	K、H m1=0～7	K、H m2=0～31	VKnY、KnM、KnS、 T、C、D、V、Z	K、H n=1～32	FROM 9 步 (D) FROM 17 步

TO 指令是将 PLC 中指定的以 S 元件为首地址的 n 个数据，写到编号为 m1 的特殊功能模块，并存入该特殊功能模块中以 m2 为首地址的缓冲寄存器（BFM）内。TO 指令格式如图 3-1-7 所示。

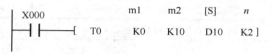

图 3-1-7　TO 指令格式

当 X000=1 时，将 PLC 中以 D10 开始的两个数据写入 0 号特殊功能模块内以 10 号缓冲存储器（BFM#10）开始的两个缓冲存储器中。

m1：特殊功能模块号（m1=0～7）；

m2：特殊功能模块缓冲寄存器（BFM）首元件编号（m2=0～31）；

[S]：PLC 中指定读取数据的元件首地址；

n：指定特殊功能模块与 PLC 之间传送的字数，16 位操作时 n 为 1～32，32 位操作时 n 为 1～16。

■【任务实施】

一、任务要求

温度控制是 PLC 的重要应用之一，电热水炉温度控制示意图如图 3-1-1 所示，要求当水位低于低位液位开关时，打开进水电磁阀进水，高于高位液位开关时，关闭进水电磁阀，停止进水；

当水温低于 80℃时，打开电源控制开关开始加热，当水温高于 95℃时，停止加热并保温。测温传感器采用热电耦，用 PLC 实现控制功能。

二、硬件 I/O 分配及接线

1. I/O 分配

通过任务分析，该控制系统占 2 个输入点，低液位检测开关 S1 接输入点 X0，高液位检测开关 S2 接输入点 X1，2 个输出点，分别为进水电磁阀接 Y0 输出点、加热电阻接 Y1 输出点。I/O 分配表如表 3-1-6 所示。

表 3-1-6　I/O 分配表

输　　入			输　　出		
输入继电器	输入元件	作用	输出继电器	输出元件	作用
X000	S0	低液位开关	Y000	YV1	进水电磁阀
X001	S1	高液位开关	Y001	R	加热电阻

2．PLC硬件接线

PLC控制系统硬件接线图如图3-1-8所示。

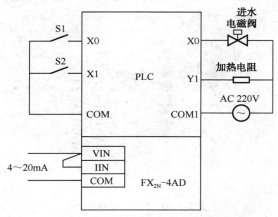

图3-1-8　PLC控制系统硬件接线图

3．软件程序

电热水炉温度控制系统软件程序如图3-1-9所示。

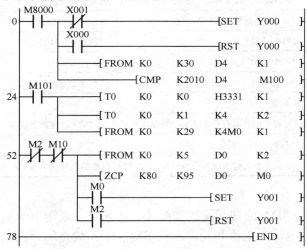

图3-1-9　电热水炉温度控制系统软件程序

当PLC运行时，水位如果低于低液位检测开关X001时，则Y000得电，打开进水阀开始进水，当水位高过高液位检测开关X000时，进水阀关闭。

PLC运行时，检测A/D转换特殊模块的识别码送入D4，比较识别码是否正确；当M101触点接通，识别码正确，设置通道1的输入范围为+4～20mA；设置通道1平均取样次数为4，并将缓冲寄存器#29的数据读入K4M0中，检查出错信息，当电源正常，读入的数值没有超限（M2、M10触点均未接通），则将缓冲寄存器#5的数据读入并存于D0开始的存储单元中，并与温度值的上、下限进行比较，根据比较结果，控制加热电阻工作。

■【知识链接】——FX₂ₙ-4DA模块

1．技术指标

FX₂ₙ-4DA模块的外观如图3-1-10所示。FX₂ₙ-4DA为12位高精度模拟量输出模块，具有4输出D/A转换通道，输入信号类型可以是电压（-10～+10V）、电流（0～+20mA）和电流（+4～

+20mA)，每个通道都可以独立地指定为电压输出或电流输出。FX_{2N} 系列 PLC 最多可连接 8 台 FX_{2N}-4DA。FX_{2N}-4DA 的技术指标如表 3-1-7 所示。

图 3-1-10　FX_{2N}-4DA 外观

表 3-1-7　FX_{2N}-4DA 的技术指标

项　　目	电　压　输　入	电　流　输　入
	4 通道模拟量输出，根据电流输出还是电压输出，对端子进行设置	
模拟量输出范围	直流-10～+10V（外部负载电阻 1kΩ～1MΩ）	直流+4～+20mA（外部负载电阻 500Ω 以下）
数字输入范围	电压为-2048～+2047	电流为 0～+1024
分辨率	5mV（10V×1/2000）	20μA（20mA×1/1000）
综合精确度	满量程 10V 的±1%	满量程 20mA 的±1%
转换速度	2.1ms（4 通道）	
隔离方式	模拟电路与数字电路间有光电隔离，与基本单元间是 DC/DC 转换器隔离，通道间没有隔离	
模拟量用电源	DC（1±10%）×24V，130mA	
I/O 占有点数	程序上为 8 点（作为输入或输出点计算），由 PLC 供电的消耗功率为 5V×30mA	

2．端子连接

模拟量输出模块 FX_{2N}-4DA 的端子接线如图 3-1-11 所示。采用电流输出或电压输出接线端子不同，输出负载的类型、电压、电流和功率应在 FX_{2N}-4DA 规定的范围之内。

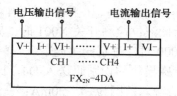

图 3-1-11　模拟量输出模块 FX_{2N}-4DA 的端子接线

3．缓冲寄存器及设置

模拟量功能模块 FX_{2N}-4DA 的缓冲寄存器 BFM 由 32 个 16 位的寄存器组成，编号为 BFM#0～#31。

1）缓中寄存器（BFM）编号

FX_{2N}-4DABFM 分配表如表 3-1-8 所示。

表 3-1-8   FX~2N~-4DA 模块 BFM 分配表

表 3-1-8   FX_{2N}-4DA 模块 BFM 分配表

BFM	内　　容	
*#0（E）	模拟量输出模式选择，默认设定值=H0000	
*#1	CH1 输出数据	
*#2	CH2 输出数据	
*#3	CH3 输出数据	
*#4	CH4 输出数据	
#5（E）	输出保持或回零　　默认值=H0000	
#6、#7	保留	
#8（E）	CH1、CH2 的零点和增益设置命令，初值为 H0000	
#9（E）	CH3、CH4 的零点和增益设置命令，初值为 H0000	
#10	CH1 的零点值	
#11	CH1 的增益值	
#12	CH2 的零点值	单位：mV 或 mA
#13	CH2 的增益值	例，采用输出模式 3 时各通道的初值：
#14	CH3 的零点值	零点值=0
#15	CH3 的增益值	增益值=5000
#16	CH4 的零点值	
#17	CH4 的增益值	
#18、#19	保留	
#20（E）	初始化，初值=0	
#21（E）	I/O 特性调整禁止，初值=1	
#22~#28	保留	
#29	出错信息	
#30	识别码 K3010	
#31	保留	

注：1. 带*号的 BFM 缓冲寄存器可用 TO 指令将数据写入。

　　2. 带 E 表示数据写入到 EEPROM 中，具有断电记忆。

2）缓冲寄存器（BFM）的设置

（1）BFM#0 中的 4 位十六进制数 H0000 分别用来控制 4 个通道的输出模式，由低位到最高位分别控制 CH1、CH2、CH3 和 CH4。在 H0000 中：

位（bit）=0 时，电压输出（-10~+10V）；

位（bit）=1 时，电流输出（+4~+20mA）；

位（bit）=2 时，电流输出（0~+20mA）。

例如，H2110 表示 CH1 为电压输出（-10~+10V），CH2 和 CH3 为电流输出（+4~+20mA），CH4 为电流输出（0~+20mA）。

（2）输出数据写在 BFM#1 到 BFM#4。其中：

BFM#1 为 CH1 输出数据（默认值=0）；

BFM# 2 为 CH2 输出数据（默认值=0）；

BFM# 3 为 CH3 输出数据（默认值=0）；

BFM# 4 为 CH4 输出数据（默认值=0）。

（3）PLC 由 RUN 转为 STOP 状态后，FX_{2N}-4DA 的输出是保持最后的输出值还是回零点，则取决于 BFM#5 中的 4 位十六进制数值，其中 0 表示保持输出值，1 表示恢复到 0。例如，H1100——CH4=回零，CH3=回零，CH2=保持，CH1=保持；H0101——CH4=保持，CH3=回零，CH2=保持，CH1=回零。

（4）BFM#8 和#9 为零点和增益调整的设置命令，通过#8 和#9 中的 4 位十六进制数指定是否允许改变零点和增益值。其中：

● BFM#8 中 4 位十六进制数（b3　b2　b1　b0）对应 CH1 和 CH2 的零点和增益调整的设置命令，如图 3-1-11（a）所示（b=0 表示不允许调整，b=1 表示允许调整）；

● BFM#9 中 4 位十六进制数（b3　b2　b1　b0）对应 CH3 和 CH4 的零点和增益调整的设置命令，如图 3-1-11（b）所示（b=0 表示不允许调整，b=1 表示允许调整）；

（5）BFM#10～#17 为零点和增益数据。当 BFM 的#8 和#9 中允许零点和增益调整时，可通过写入命令 TO 将要调整的数据写在 BFM#10～#17 中（单位为 mA 或 mV）。

（6）BFM#20 为复位命令。当将数据 1 写入到 BFM#10 时，缓冲寄存器 BFM 中的所有数据恢复到出厂时的"初始"设置。其优先权大于 BFM#21。

（7）BFM#21 为 I/O 状态禁止调整的控制。当 BFM#21 不为 1 时，BFM#21 到 BFM#1 的 I/O 状态禁止调整，以防止由于疏忽造成的 I/O 状态改变。当 BFM#21=1（初始值）时允许调整。

（8）BFM#29 中各位的状态是 FX$_{2N}$-4DA 运行正常与否的信息。

（9）FX$_{2N}$-4DA 的识别码为 K3010，存于 BFM#30 中。PLC 可用 FROM 指令读入，用户在程序中可以方便地利用这一识别码在传送数据前先确认该特殊功能模块。

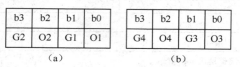

图 3-1-12　BFM#8 和 BFM#9 为零点和增益调整的设置对应值

小结与习题

1．小结

（1）本任务对 PLC 的特殊功能模块 FX$_{2N}$-4AD 及 FX$_{2N}$-4DA 进行了介绍，在使用特殊功能模块时，必须要掌握特殊功能模块的缓冲存储器各个单元配置含义，要能够正确设置 BFM。

（2）对特殊功能模块进行读、写需要用到 FROM 及 TO 指令，FROM 指令功能是实现对特殊模块缓冲区 BFM 指定位的读取操作。TO 指令的功能是由 PLC 向特殊缓冲存储器 BFM 写入数据的指令。

（3）A/D、D/A 特殊功能模块还有 FX$_{2N}$-2AD 和 FX$_{2N}$-2DA，使用时要注意，FX$_{2N}$-2AD、FX$_{2N}$-2DA 模块与 FX$_{2N}$-4AD、FX$_{2N}$-4DA 模块的 BFM 分配不同，使用时要查找资料，正确进行参数设置。

（4）注意电流型传感器与电压型的接线方式不同。

2．习题

（1）FX$_{2N}$-4AD 模拟量输入模块连接在最靠近基本单元 FX$_{2N}$-48MR 的地方。现要求仅开通 CH1 和 CH2 两个通道作为电压量输入通道，计算 4 次取样的平均值，结果存入 FX$_{2N}$-48MR 的数据寄存器 D0 和 D1 中。

（2）FX$_{2N}$-4DA 模拟量输出模块的编号为 1 号，现要将 FX$_{2N}$-48MR 中数据寄存器 D10、D11、D12、D13 中的数据通过 FX$_{2N}$-4DA 的四个通道输出，并要求 CH1、CH2 设定为电压输出（-10～+10V），CH3、CH4 通道设定为电流输出（0～+20mA），并且 FX$_{2N}$-48MR 从 RUN 转为 STOP 状态后，CH1、CH2 的输出值保持不变，CH3、CH4 的输出值回零。试编写程序。

PLC 数据通信

■【任务导入】

图 3-2-1 所示为连接 3 台 PLC 的通信系统,该系统有 3 台 PLC (即 3 个站点),其中一台 PLC 为主站,另外两台 PLC 为从站,每个站点的 PLC 构成一个 FX_{2N}-485-BD 通信板,通信板之间用单根双绞线连接。刷新范围选择模式 1 (可以访问每台 PLC 的 32 个位元件和 4 个字元件),重试次数为 3,通信超时选 50ms,系统要求如下。

(1) 通过 M1000~M1003,用主站的输入 X0~X3 来控制 1 号从站的输出 Y10~Y13。

(2) 通过 M1064~M1067,用 1 号从站的输入 X0~X3 来控制 2 号从站的输出 Y14~Y17。

(3) 通过 M1128~M1131,用 2 号从站的输入 X0~X3 来控制主站的输出 Y20~Y23。

(4) 主站的数据寄存器 D1 为 1 号从站的计数器 C1 提供设定值。C1 的触点状态由 M1070 映射到主站的输出 Y005 上。

(5) 1 号从站 D10 的值和 2 号从站 D20 的值在主站相加,运算结果存放到主站的 D3 中。

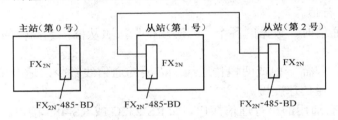

图 3-2-1 连接 3 台 PLC 的通信系统

■【关键知识】

如果把 PLC 与 PLC、PLC 与计算机或 PLC 与其他智能装置通过传输介质连接起来,就可以实现通信或组建网络,从而构成功能更强、性能更好的控制系统,这样可以提高 PLC 的控制能力及控制范围,实现综合及协调控制。同时,还便于计算机管理及对控制数据的处理,提供人机界面友好的操控平台;可使自动控制从设备级发展到生产线级,甚至工厂级,从而实现智能化工厂 (Smart Factory) 的目标。

一、通信基础

1. 通信系统的组成

当任意两台设备之间有信息交换时,它们之间就产生了通信。PLC 通信是指 PLC 与 PLC、PLC 与计算机、PLC 与现场设备或远程 I/O 之间的信息交换。当然,并不是所有的 PLC 都有上述全部功能,有些小型 PLC 只有上述的部分功能。通信系统的组成如图 3-2-2 所示。

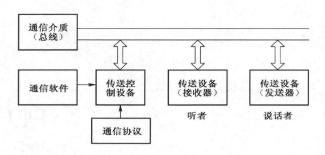

图 3-2-2　通信系统的组成

（1）传送设备（包括发送、接收设备）。

主设备：起控制、发送和处理信息的主导作用。

从设备：被动地接收、监视和执行主设备的信息。

主从设备在实际通信时由数据传送的结构来确定。

（2）传送控制设备。传送控制设备主要用于控制发送与接收之间的同步协调。

（3）通信介质。通信介质是信息传送的基本通道，是发送与接收设备之间的桥梁。

（4）通信协议。通信协议是通信过程中必须严格遵守的各种数据传送规则。

（5）通信软件。通信软件用于对通信的软件和硬件进行统一调度、控制与管理。

2．通信方式

在数据信息通信时，按同时传送的位数来可以为并行通信和串行通信。

1）串行通信与并行通信

（1）串行通信：通信时，数据的各个"二进制位"按照从低位到高位的顺序，逐位进行发送或接收。

串行通信的优点：仅需一根或两根传送线，需要的通信线数少，适合多位数、长距离通信。

串行通信的缺点：通信速度慢。

计算机和 PLC 都有通用的串行通信接口，如 RS-232C 或 RS-485 接口。在工业控制计算机之间的通信方式一般采用串行通信方式。

（2）并行通信：通信时，数据"以字节或字为单位"同时进行发送或接收。并行通信除了有 8 根或 16 根数据线、1 根公共线外，还需要有通信双方联络用的控制线。

并行通信的优点：通信速度快。

并行通信的缺点：需要的数据线多，成本高，抗干扰能力较差，用于近距离数据传输，如 PLC 的基本单元、扩展单元和特殊模块之间的数据传送。

2）同步通信和异步通信

目前，串行通信主要有两种类型：同步通信和异步通信。

（1）同步通信：是一种以字节为单位（1 个字节由 8 位二进制数组成）传送数据的通信方式，一次通信只传送一帧信息。信息帧与异步通信中的字符帧不同，通常含有 1～2 个数据字符。

信息帧均由同步字符、数据字符和校验字符（CRC）组成。其中，同步字符位于帧开头，用于确认数据字符的开始；数据字符在同步字符之后，个数没有限制，由所需传输的数据块长度来决定；校验字符有 1～2 个，用于接收端对接收到的字符序列进行正确性的校验。

同步通信的特点：要求发送时钟和接收时钟保持严格的同步。

（2）异步通信：在异步通信中，数据通常以字符或者字节为单位组成字符帧传送。字符帧由发送端逐帧发送，通过传输线被接收设备逐帧接收。发送端和接收端可以由各自的时钟来控制数据的发送和接收，这两个时钟源彼此独立，互不同步。异步通信的数据格式如图 3-2-3 所示。

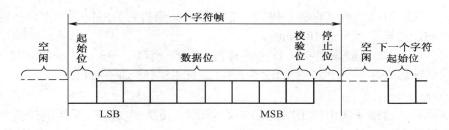

图 3-2-3　异步通信的数据格式

超始位：位于字符帧开头，占 1 位，始终为逻辑 0 电平，用于向接收设备表示发送端开始发送一帧信息。

数据位：紧跟在起始位之后，可以设置为 5 位、6 位、7 位、8 位，低位在前，高位在后。

奇偶校验位：位于数据位之后，仅占 1 位，用于表示串行通信中采用奇校验还是偶校验。接收端检测到传输线上发送过来的低电平逻辑 0（即字符帧起始位）时，确定发送端已开始发送数据，每当接收端收到字符帧中的停止位时，就知道一帧字符已经发送完毕。

异步通信的优点：不需要传送同步脉冲，字符帧长度也不受到限制。

异步通信的缺点：字符帧中因为包含了起始位和停止位，因此降低了有效数据的传输速率。

3）数据传送方向

在通信线路上按照数据传送方向可以划分为单工、半双工、全双工通信方式，如图 3-2-4 所示。

（1）单工方式：单工通信就是指信息的传送始终保持同一个方向，而不能进行反方向传送，如图 3-2-4（a）所示。其中，A 端只能作为发送端，B 端只能作为接收端。

（2）半双工通信方式：半双工通信就是指信息流可以在两个方向上传送，但同一时刻只限于一个方向传送，如图 3-2-4（b）所示。其中，A 端发送 B 端接收，或者 B 端发送 A 端接收。

（3）全双工通信方式：全双工通信能在两个方向上同时发送和接收，如图 3-2-4（c）所示。A 端和 B 端双方都可以一面发送数据，一面接收数据。

PLC 使用半双工或全双工通信方式。

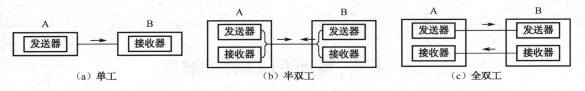

图 3-2-4　数据通信方式示意图

4）PLC 常用通信接口标准

PLC 通信主要采用串行异步通信，其常用的串行通信接口标准有 RS-232C、RS-422 和 RS-485 等。

RS-232C 接口是目前计算机和 PLC 中最常用的一种串行通信接口，其标准是美国电子工业协会（EIA）于 1969 年公布的通信协议，RS-232C 接口标准规定使用 25 针连接器或 9 针连接器，它采用单端驱动非差分接收电路，因而存在着传输距离不太远（最大传输距离 15m）和传输速率不太高（最高传输速率为 20kbit/s）的问题。

针对 RS-232C 接口标准存在的问题，EIA 制定了新的串行通信接口标准 RS-422A，它采用平衡驱动差分接收电路，抗干扰能力强，在传输速率为 100kbit/s 时，最大通信距离为 1200m。

RS-485 接口是 RS-422A 接口的变形。RS-422A 接口采用全双工，而 RS-485 接口则采用半双工。RS-485 接口标准是一种多主发送器标准，在通信线路上最多可以使用 32 对差分驱动器/接收器。传输线采用差动信道，所以它的干扰抑制性极好，又因为它的阻抗低无接地问题，所以传输距离可达 1200m，传输速率可达 10Mbit/s。

RS-422/RS-485 接口一般采用 9 针 D 形连接器。普通计算机一般不配备 RS-422 和 RS-485 接口，但工业控制计算机和小型 PLC 上都设有 RS-422 或 RS-485 通信接口。

5）通信介质

通信介质就是在通信系统中位于发送端与接收端之间的物理通路。采用的通信介质有双绞线、同轴电缆和光纤等。

二、PLC 的通信功能

FX 系列 PLC 的通信功能如表 3-2-1 所示。

表 3-2-1　FX 系列 PLC 的通信功能

CC-Link 通信	功能	对于以 MELSEC A、QnA、Q 系列 PLC 作为主站的 CC-Link 系统而言，FX 系列 PLC 可以作为远程设备站进行连接；可以构筑以 FX 系列 PLC 为主站的 CC-Link 系统
	用途	生产线的分散控制和集中管理，与上位机网络之间的信息交换等
N:N 网络通信	功能	可以在 FX 系列 PLC 之间进行简单的数据连接
	用途	生产线的分散控制和集中管理等
并联连接通信	功能	可以在 FX 系列 PLC 之间进行简单的数据连接
	用途	生产线的分散控制和集中管理等
计算机连接通信	功能	可以将计算机等作为主站，FX 系列 PLC 作为从站进行连接
	用途	数据的采集和集中管理等
无协议通信	功能	可以与具备 RS-232C 或者 RS-485 接口的各种设备，以无协议的方式进行数据交换
	用途	与计算机、条形码阅读器、打印机、各种测量仪表之间进行数据交换
变频器通信	功能	可以通过通信控制变频器
	用途	运行监视、控制值的写入、参数的参考与变更等

三、FX₂ₙ系列 PLC 通信器件

除了各厂商的专业工控网络（如三菱 CC-Link 网络）外，PLC 组网主要是通过 RS-232、RS-422、RS-485 等通用通信接口进行。若通信的两台设备都具有同样类型的接口，可直接通过适配器的电缆连接并实现通信。如果通信设备间的接口不同，则须采用一定的硬件设备进行接口类型的转换。FX₂ₙ 系列 PLC 基本单元本身带有编程通信用的 RS-422 接口。为了方便通信，厂商生产了为基本单元增加接口类型或转换接口类型用的各种器件。以外观及安装方式分类，三菱公司生产的这类设备有两种基本型式。一种是功能扩展板，这是一种没有外壳的电路板，可打开基本单元的外壳后装入机箱内；另一种则是有独立机箱的，属于扩展模块一类。FX₂ₙ 系列 PLC 简易通信常用设备一览表如表 3-2-2 所示。扩展板与适配器除外观及安装方式不同外，功能也有差异。一般采用扩展板所构成的通信距离最大为 50m，采用适配器构成的通信距离可达 500m。表 3-2-2 中连接台数栏指一台 PLC 所能连接的设备台数。

表 3-2-2　FX₂N 系列 PLC 简易通信常用设备一览表

类型	型号	主要用途	对应通信功能					连接台数（图号）
			简易 PC 间连接	并行连接	计算机连接	无协议通信	外围设备通信	
功能扩展板	FX₂N-232-BD	与计算机及其他配备 RS-232 接口的设备连接	×	×	○	○	○	1 台
	FX₂N-485-BD	PLC 间 N∶N 接口；并联连接 1∶1 接口；以计算机为主机的专用协议通信用接口	○	○	○	○		1 台
	FX₂N-422-BD	用于与外围设备连接扩展	×	×	×	×	○	1 台
	FX₂N-CNV-BD	与适配器配合实现端口转换	—	—	—	—	—	
特殊适配器	FX₂N-232ADP	与计算机及其他配备 RS-232 接口的设备连接	○	○	○	○	×	1 台
	FX₂N-485ADP	PLC 间 N∶N 接口；并联连接的 1∶1 接口；以计算机为主机的专用协议通信接口	×	×	×	○	×	1 台
通信模块	FX₂N-232-IF	作为特殊功能模块扩展的 RS-232 通信接口	×	×	×	○	×	最多 8 台
	FX-485PC-IF	将 RS-485 接口信号转换为计算机所需的 RS-232 接口信号	×	×	○	×	×	

注：×为不可，○为可。

　　FX₂N-485-BD 外观如图 3-2-5 所示。FX₂N-CNV-BD 外观如图 3-2-6 所示。FX₀N-485ADP 外观如图 3-2-7 所示。FX₂N-232IF 外观如图 3-2-8 所示。

图 3-2-5　FX₂N-485-BD 外观

图 3-2-6　FX₂N-CNV-BD 外观

图 3-2-7　FX₀N-485ADP 外观

图 3-2-8　FX₂N-232IF 外观

四、FX₂ₙ 系列 PLC 的通信形式

FX₂ₙ 系列 PLC 常用通信形式如下。

1. 并行通信

FX₂ₙ 系列 PLC 可通过以下两种连接方式实现两台 PLC 间的并行通信。

（1）通过 FX₂ₙ-485-BD 内置通信板和专用的通信电缆。

（2）通过 FX₂ₙ-CNV-BD 内置通信板、FX₀ₙ-485ADP 特殊适配器和专用通信电缆。

两台 PLC 间的最大有效距离为 50m。

2. 计算机与多台 PLC 之间的通信

计算机与多台 PLC 之间的通信多见于计算机为上位机的系统中。

通信系统连接方式可采用以下两种接口。

（1）采用 RS-485 接口的通信系统，一台计算机最多可连接 16 台 PLC。与多台 PLC 之间的通信连接可采用以下方法。

① FX₂ₙ 系列 PLC 用 FX₂ₙ-485-BD 内置通信板进行连接（最大有效距离为 50m）或采用 FX₂ₙ-CNV-BD 和 FX₀ₙ-485ADP 特殊功能模块进行连接（最大有效距离为 50m）。

② 计算机与 PLC 之间采用 FX-485PC-IF 和专用的通信电缆，实现计算机与多台 PLC 的连接，如图 3-2-9 所示，采用了 FX₂ₙ-485-BD 内置通信板和 FX-485PC-IF，将 1 台通用计算机与 3 台 FX₂ₙ 系列 PLC 连接进行通信。

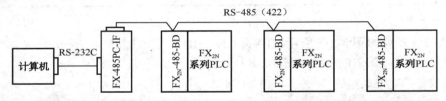

图 3-2-9　计算机与 3 台 PLC 连接示意图

（2）采用 RS-232C 接口的通信系统有以下两种连接方式。

① FX₂ₙ 系列 PLC 之间采用 FX₂ₙ-232-BD 内置通信板进行连接（或 FX₂ₙ-CNV-BD 和 FX₀ₙ-232ADP 功能模块），最大有效距离为 15m。

② 计算机与 PLC 的 FX₂ₙ-232-BD 内置通信板外部接口通过专用的通信电缆直接连接。（FX₂ₙ PLC 有通信格式 1 及通信格式 4 供选），通信要经过连接的建立（握手）、数据的传送和连接的释放这三个过程。这其中 PLC 的通信参数是通过通信接口寄存器及通信参数寄存器（特殊辅助继电器如表 3-2-3、表 3-2-4 所示）设置的。通信程序可使用通用计算机语言的一些控件编写（如 BASIC 语言的控件），或者在计算机中运行工业控制组态程序实现通信。

表 3-2-3　通信接口寄存器

元 件 号	功 能 说 明
M8126	该标志为 "ON" 时，表示全体
M8127	该标志为 "ON" 时，表示握手
M8128	该标志为 "ON" 时，表示通信出错
M8129	该标志为 "ON" 时，表示字/字节转换
M8129	暂停值标志

表 3-2-4　通信参数寄存器

元　件　号	功　能　说　明
D8120	通信格式（如表 3-2-9 所示）
D8121	设置的站号
D8127	数据头部内容
D8128	数据长度
D8129	数据网通信暂停值

3．无协议通信

FX_{2N} 系列 PLC 与计算机（读码机、打印机）之间，可通过 RS 指令实现串行通信。该指令用于串行数据的发送和接收，其指令要素如表 3-2-5 所示，其指令格式如图 3-2-10 所示。

表 3-2-5　串行通信指令要素

指令名称	助记符	指令代码	操作数				程序步
			[S]	m	[D]	n	
串行通信指令	RS	FNC80	D	K、H、D	D	K、H	RS：9 步

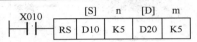

图 3-2-10　RS 指令格式

指令说明如下：

[S]：指定传送缓冲区的首地址；

m：指定传送信息长度；

[D]：指定接收缓冲区的首地址；

n：指定接收数据长度，即接收信息的最大长度。

串行通信指令 RS 实现通信的连接方式有如下两种。

（1）对于采用 RS-232C 接口的通信系统，将一台 FX_{2N} 系列 PLC 通过 FX_{2N}-232-BD 内置通信板（最大有效距离为 50m）或 FX_{2N}-CNV-BD 和 FX_{0N}-485ADP 特殊功能模块（最大有效距离为 500m）和专用的通信电缆、与计算机（或读码机、打印机）相连。

使用 RS 指令实现无协议通信时，也要先设置通信格式，设置发送及接收缓冲区，并在 PLC 中编制有关程序。

（2）特殊功能模块 FX_{2N}-232IF 实现的通信，FX_{2N} 系列 PLC 与计算机（读码机、打印机）之间采用特殊功能模块 FX_{2N}-232IF 连接，通过 PLC 的通用指令 FROM/TO 指令也可以实现串行通信。FX_{2N}-232IF 具有十六进制数与 ASCⅡ码的自动转换功能，能够将要发送的十六进制数转换成 ASCⅡ码并保存在发送缓冲寄存器中，同时将接收的 ASCⅡ码转换成十六进制数，并保存在接收缓冲寄存器中。

4．简易 PLC 间连接

简易 PLC 间连接也称为 N∶N 网络。最多可有 8 台 PLC 连接构成 N∶N 网络，实现 PLC 之间的数据通信。在采用 RS-485 接口的 N∶N 网络中，FX_{2N} 系列 PLC 可以通过以下两种方法连接到网络中。

（1）FX_{2N} 系列 PLC 之间采用 FX_{2N}-485-BD 内置通信板和专用的通信电缆进行连接（最大有效距离为 50m）。

（2）FX$_{2N}$ 系列 PLC 之间采用 FX$_{2N}$-CNV-BD 和 FX$_{0N}$-485ADP 特殊功能模块和专用的通信电缆进行连接（最大有效距离为 500m）。

五、并联连接通信

并联连接通信用来实现两台同一组的 FX 系列 PLC 之间的数据自动传送。其系统构成如图 3-2-11 所示。与并联连接有关的标志寄存器和特殊数据寄存器如表 3-2-6 所示。FX$_{1N}$、FX$_{2N}$、FX$_{2NC}$ 系列的 PLC 数据传输是采用 100 个辅助继电器和 10 个数据寄存器来完成的；FX$_{0N}$、FX$_{1S}$ 系列的 PLC 数据传输是采用 50 个辅助继电器和 10 个数据寄存器进行的，与通信有关的辅助继电器和数据寄存器如表 3-2-7 所示。

（1）FX$_{2N}$-485-BD 通信板的接线如图 3-2-12 所示。

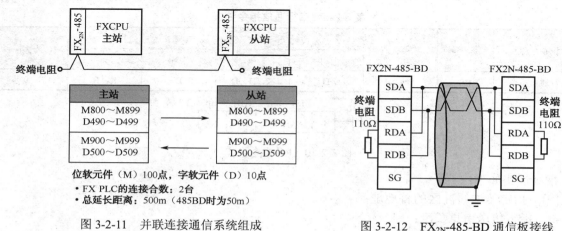

图 3-2-11　并联连接通信系统组成　　　图 3-2-12　FX$_{2N}$-485-BD 通信板接线

（2）与并联连接相关的标志寄存器和特殊数据寄存器如表 3-2-7 所示。

表 3-2-7　标志寄存器和特殊数据寄存器

软 元 件	操　作
M8070	为 "ON" 时，PLC 作为并联链接的主站
M8071	为 "ON" 时，PLC 作为并联链接的从站
M8072	PLC 运行在并联链接时为 "ON"
M8073	在并联链接时，M8070 和 M8071 中任何一个设置出错时为 "ON"
M8162	为 "OFF" 时为标准模式；为 "ON" 时为快速模式
D8070	并联链接的监视时间，默认值为 500ms

并联链接有标准模式和快速模式两种工作模式，通过特殊辅助继电器 M8162 设置，如表 3-2-7 所示。主、从站之间通过周期性的自动通信由表 3-2-8 中的辅助继电器和数据寄存器来实现数据共享。

表 3-2-8　并联连接两种模式的比较

模　式	通 信 设 备	FX$_{1N}$、FX$_{2N}$、FX$_{2NC}$	FX$_{0N}$、FX$_{1S}$	通信时间（ms）
标准模式 （M8162 为 "ON"）	主站→从站	M800～M899（100 点） D490～D499（10 点）	M400～M449（50 点） D230～D239（10 点）	70（ms）+主站扫描时间+从站扫描时间
	从站→主站	M900～M999（100 点） D500～D509（10 点）	M450～M499（50 点） D240～D249（10 点）	

模式	通信设备	FX$_{1N}$、FX$_{2N}$、FX$_{2NC}$	FX$_{0N}$、FX$_{1S}$	通信时间（ms）
快速模式 （M8162 为 "ON"）	主站→从站	D490、D491（2 点）	D230、D231（2 点）	20（ms）+主站扫描时间+从站扫描时间
	从站→主站	D500、D501（2 点）	D240、D241（2 点）	

3．应用案例

如图 3-2-13 所示，两个 FX$_{2N}$ 系列的 PLC 通过 FX$_{2N}$-485-BD 并联，要求通过 PLC1 的按钮 X0 控制 PLC2 上的指示灯 Y1，PLC2 的按钮 X1 控制 PLC1 上的指示灯 Y0，写出控制程序。

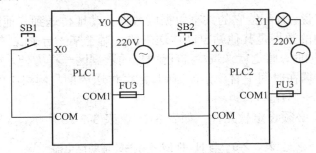

图 3-2-13　两个 PLC 并联示意图

把 PLC1 设为主站，把 PLC2 设为从站。选择普通模式的主站程序如图 3-2-14 所示，其从站程序如图 3-2-15 所示。

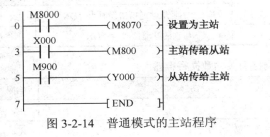

图 3-2-14　普通模式的主站程序

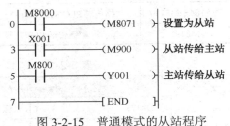

图 3-2-15　普通模式的从站程序

六、N∶N 网络通信

1．N∶N 网络的构成

N∶N 网络通信是把最多 8 台 FX 系列 PLC 按照一定的连接方法连接在一起，组成一个小型的通信系统，如图 3-2-16 所示，其中一台 PLC 为主站，其余的 PLC 为从站，每台 PLC 都必须配置 FX$_{2N}$-485 通信板，系统中的各个 PLC 能够通过相互连接的软元件进行数据共享，达到协同运作的要求。系统中的 PLC 可以是不同的型号，各种型号的 PLC 可以组合成 3 种模式，即模式 0、模式 1 和模式 2。PLC 中的一些特殊寄存器可以帮助完成系统的通信参数设定，如站点号的设定、从站数目的设定、模式选择及通信超时的设定。设定完成之后，用户可以根据自己的需要在主从站的 PLC 中编制要进行数据共享的程序

与 N∶N 网络通信有关的辅助继电器和数据寄存器中分别有一片系统指定的共享数据区，网络中的每一台 PLC 都分配自己的共享辅助继电器和数据寄存器。N∶N 网络所使用的从站数量不同、工作模式不同，共享的软元件的点数和范围也不同，这可以通过刷新范围来决定。共享软元件在各 PLC 之间执行数据通信，并且可以在所有的 PLC 中监视这些软元件。

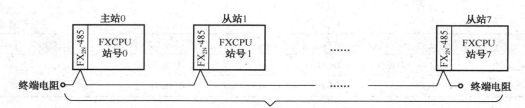

· FX PLC的连接台数：最多8台（站点号0～7）
· 总延长距离：500m（485BD混合存在时为50m）

图 3-2-16   PLC 连接成 N：N 网络

对于某一台 PLC 来说，分配给它的共享数据区数据自动地传送到其他站的相同区域，分配给其他 PLC 共享数据区中的数据是其他站自动传送来的。对于某一台 PLC 的用户程序来说，在使用其他站自动传来的数据时，感觉就像读/写自己内部的数据区一样方便。共享数据区中的数据与其他 PLC 里面的对应数据在时间上有一定的延迟，数据传送周期与网络中的站数和传送数据的数量有关（延迟时间为 18～131ms）。

使用 N：N 网络时，必须设定软元件，如表 3-2-9、表 3-2-10 所示。

表 3-2-9   与 N：N 网络有关的辅助继电器

属性	软元件	名称	功能	响应类型
只读	M8038	参数设定	用于 N：N 网络参数设置	主、从站
只读	M8183	数据传送 PLC 主站出错	有主站通信错误时为"ON"	主站
只读	M8184～M8190	数据传送 PLC 从站（1～7号站）出错	有 1～7 号从站通信错误时为"ON"	主、从站
只读	M8191	数据传送 PLC 执行中	与别的站通信时为"ON"	主、从站

表 3-2-10   与 N：N 网络有关的数据寄存器

属 性	软元件	名 称	功 能	响应类型
只读	D8173	站号	保存自己的站号	主、从站
只读	D8174	从站总数	保存从站的个数	主、从站
只读	D8175	刷新范围	保存刷新范围	主、从站
只写	D8176	主从站号设定	N：N 网络设定使用时的站号。主站设定为 0，从站设定为 0～7，初始值为 0	主、从站
只写	D8177	从站总数设定	用来确定网络系统中从站的数量，范围在 1～7 内取值，从站无须设定	主站
只写	D8178	刷新范围设定	选择要相互进行通信的软元件点数的模式。N：N 网络连接中有 3 种可选模式：0、1、2，从站无须设定	主站
读/写	D8179	重试次数	设置重试次数，从站无须设定	主站
读/写	D8180	监视时间	设置通信超时时间（50～2550ms）。以 10ms 为单位进行设定，设定范围 5～255。从站无须设定	主站

2．N：N 网络的设置

N：N 网络的设置只有在程序运行或 PLC 启动时才有效。

（1）设置工作站号（D8176）。D8176 的取值范围为 0～7，主站应设置为 0，从站设置为 1～7。

（2）设置从站个数（D8177）。该设置只适用于主站，D8177 的设定范围为 1～7 之间的值，默认值为 7。

（3）设置刷新范围（D8178）。刷新范围是指主站与从站共享的辅助继电器和数据寄存器的范围。刷新范围由主站的 D8178 来设置，可以设定为 0、1、2（默认值为 0），对应的刷新范围如表 3-2-11 所示。

表 3-2-11　N∶N 网络的刷新模式

通信元件	刷新范围		
	模式 0	模式 1	模式 2
	（FX0N、FX1S、FX1N、FX2N、FX2NC）	（FX1N、FX2N、FX2NC）	（FX1N、FX2N、FX2NC）
位元件	0 点	32 点	64 点
字元件	4 点	4 点	8 点

刷新范围只能在主站中设置，但是设置的刷新模式适用于 N∶N 网络中所有的工作站。FX0N、FX1S 系列 PLC 应设置为模式 0，否则在通信时会产生通信错误。

表 3-2-12 中辅助继电器和数据寄存器是供各站 PLC 共享的。根据在相应站号设定中设定的站号，以及在刷新范围设定中的模式不同，使用的软元件编号及点数也有所不同。编程时，请勿擅自更改其他站点中使用的软元件的信息，否则不能正常运行。

表 3-2-12　N∶N 网络共享的辅助继电器和数据寄存器

站号	模式 0		模式 1		模式 2		
	位元件	4 点字元件	32 点位元件	4 点字元件	64 点位元件		8 点字元件
0	—	D0～D3	M1000～M1031	D0～D3	M1000～M1063		D0～D7
1	—	D10～D13	M1064～M1095	D1～D13	M1064～M1127		D10～D17
2	—	D20～D23	M1128～M1159	D2～D23	M1128～M1191		D20～D27
3	—	D30～D33	M1192～M1223	D30～D33	M1192～M1255		D30～D37
4	—	D40～D43	M1256～M1287	D40～D43	M1256～M1319		D40～D47
5	—	D50～D53	M1320～M1351	D50～D53	M1320～M1383		D50～D57
6	—	D60～D63	M1384～M1415	D60～D63	M1384～M1447		D60～D67
7	—	D70～D73	M1448～M1479	D70～D73	M1448～M1511		D70～D77

以模式 1 为例，如果主站的 X0 要控制 2 号站的 Y0，可以用主站的 X0 来控制它的 M1000。通过通信，各从站中的 M1000 状态与主站的 M1000 相同。用 2 号站的 M1000 来控制它的 Y0，相当于用主站的 X0 来控制 2 号站的 Y0。

（4）设置重试次数（D8179）。D8179 的取值范围为 0～10（默认值为 3），该设置仅用于主站。当通信出错时，主站就会根据设置的次数自动重试通信。

（5）设置通信超时时间（D8180）。D8180 的取值范围为 5～255（默认值为 5），该值乘以 10ms 就是通信超时时间。该设置仅用于主站。

■【任务实施】

一、任务要求

图 3-2-1 所示为连接 3 台 PLC 的通信系统，该系统有 3 台 PLC（即 3 个站点），其中一台 PLC 为主站，另外两台 PLC 为从站，每个站点的 PLC 构成一个 FX2N-485-BD 通信板，通信板之间用单要双绞线连接。刷新范围选择模式 1（可以访问每台 PLC 的 32 个位元件和 4 个字元件），重试

次数为 3，通信超时选 50ms，系统要求如下。

（1）通过 M1000～M1003，用主站的输入 X0～X3 来控制 1 号从站的输出 Y10～Y13。

（2）通过 M1064～M1067，用 1 号从站的输入 X0～X3 来控制 2 号从站的输出 Y14～Y17。

（3）通过 M1128～M1131，用 2 号从站的输入 X0～X3 来控制主站的输出 Y20～Y23。

（4）主站的数据寄存器 D1 为 1 号从站的计数器 C1 提供设定值。C1 的触点状态由 M1070 映射到主站的输出 Y005 上。

（5）1 号从站 D10 的值和 2 号从站 D20 的值在主站相加，运算结果存放到主站的 D3 中。

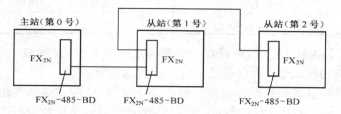

图 3-2-1　链接 3 台 PLC 的通信系统

二、N:N 网络的设置

按照前面所讲的 N:N 网络设置方法，设置该任务的相关参数如下：

D8176=0（主站设置为 0，从站设置为 1 或 2）；

D8177=2（从站个数为 2）；

D8178=1（刷新模式为 1，可以访问每台 PLC 的 32 个位元件和 4 个字元件）；

D8179=3（重试次数为 3）；

D8180=5（通信超时时间为 50ms）。

三、通信用软元件

任务中的动作内容与对应程序中软元件的编号如表 3-2-13 所示。

表 3-2-13　动作内容与对应程序中的软元件编号

动作编号		数据源		数据变更对象及内容	
①	位元件的链接	主站	输入 X0～X3（M1000～M1003）	从站 1	到输出 Y10～Y13
②		从站 1	输入 X0～X3（M1064～M1067）	从站 2	到输出 Y14～Y17
③		从站 2	输入 X0～X3（M1128～M1131）	主站	到输出 Y20～Y23
④	字元件的链接	主站	数据寄存器 D	从站 1	到计数器 C1 的设定值
		从站 1	计数器 C1 的触点（M1070）	主站	到输出 Y5
⑤		从站 1	数据寄存器 D10	主站	从站 1（D10）和从站 2（D20）相加后保存到 D3 中
		从站 2	数据寄存器 D20		

四、程序设计

根据任务要求，设计的主站程序、从站程序如图 3-2-17 所示。

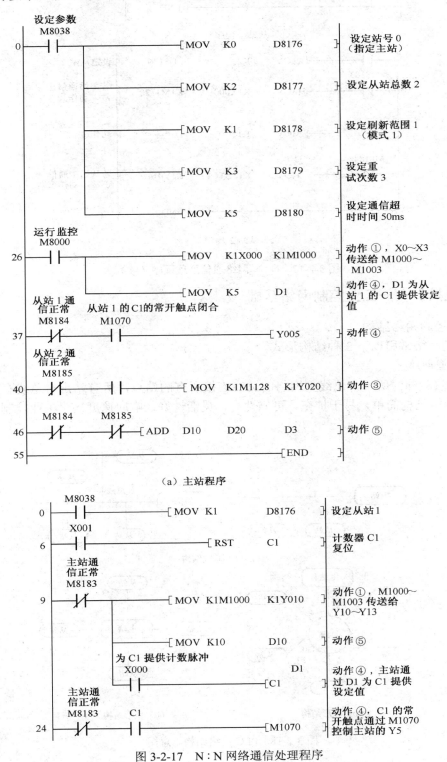

（a）主站程序

图 3-2-17 N∶N 网络通信处理程序

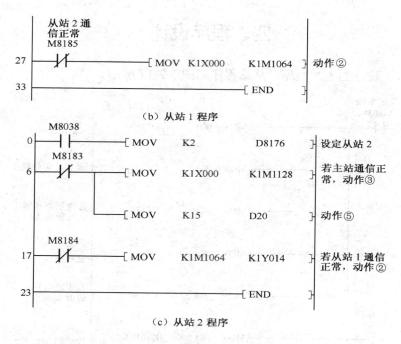

(c) 从站 2 程序

图 3-2-17　N：N 网络通信处理程序（续）

■【知识链接】——工业控制网络基础

1．工业控制网络结构

工业控制网络常用以下 3 种结构形式。

1）总线型网络

如图 3-2-18（a）所示，总线型网络的总线连接所有的站点，所有站点对总线有同等的访问权。总线型网络结构简单，易于扩充，可靠性高，灵活性好，响应速度快，工业控制网以总线型居多。

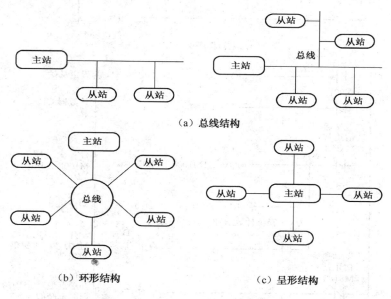

（a）总线结构

（b）环形结构

（c）星形结构

图 3-2-18　PLC 网络结构示意图

2）环形网

如图 3-2-18（b）所示，环形网络的结构特点是各个结点通过环路接口首尾相接，形成环形，各个结点均可以请求发送信息。环形网络结构简单，安装费用低，某个结点发生故障时可以自动旁路，保证其他部分的正常工作，系统的可靠性高。

3）星形网络

如图 3-2-18（c）所示，星形网络以中央结点为中心，网络中任何两个结点不能直接进行通信，数据传送必须经过中央结点的控制。上位机（主机）通过点对点的方式与多个现场处理机（从机）进行通信。星形网络建网容易，便于程序的集中开发和资源共享，但是上位机的负荷重，线路利用率较低，系统费用高。如果上位机发生故障，整个通信系统将瘫痪。

2. 通用协议

在进行网络能信时，通信双方必须遵守约定的规程，这些为进行可靠的信息交换而建立的规程称为协议。在 PLC 网络中配置的通信协议可分为两类：通用协议和公司专用协议。

1）通用协议

国际标准化组织于 1978 年提出了开放系统互联的参考模型 OSI（Open System Interconnection），它所用的通用协议一般分为 7 层，如图 3-2-19 所示。OSI 模型的最低层为物理层，实际通信就是在物理层通过互相连接的媒体进行通信的。RS-232、RS-485 和 RS-422 接口标准等均为物理层协议。物理层以上的各层都以物理层为基础，在对等层实现直接开放系统互联。常用的通协议有两种：MAP 协议和 Ethernet 协议。

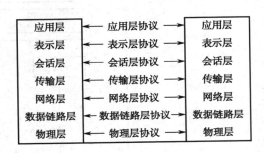

图 3-2-19　OSI 参考模型

2）公司专用协议

公司专用协议一般用于物理层、数据链路层和应用层。使用公司专用协议传送数据是过程数据和控制命令，信息短，实时性强，传送速度快。FX_{2N} 系列 PLC 与计算机的通信就采用公司专用协议。

3. 主站与从站

连接在网络中的通信站点根据功能可分为主站与从站。主站可以对网络中的其他设备发出初始化请求；从站只能响应主站的初始化请求，不能对网络中的其他设备发出初始化请求。网络中可以采用单主站（只有一个主站）连接方式或多主站（有多个主站）连接方式。

4. PLC 联网的主要形式

（1）以个人计算机为主站，多台同型号的 PLC 为从站，组成简易集散控制系统。在这种系统中，个人计算机充当操作站，实现显示、报警、监控、编程及操作等功能，而多台 PLC 负责控制任务。

把个人计算机连入 PLC 应用系统是为了向用户提供诸如工艺流程图显示、动态数据画面显示、报表编制、趋势图生成、窗口技术及生产管理等多种功能，为 PLC 应用系统提供良好、物美价廉的人机界面。但这对用户的要求较高，用户必须做较多的开发工作，才能实现计算机与 PLC 的通信。

（2）以一台 PLC 为主站，其他多台同型号的 PLC 为从站，构成主从式 PLC 网络。在主站 PLC 上配置触摸屏及打印机，以便完成操作站的各项功能。

这种全部由 PLC 组成的主从式 PLC 网络与以计算机为主站组成的 PLC 网络的最大差别在于，全部由 PLC 组成的网络，在用户编制通信程序时，不必知道其通信协议，只要按照用户说明书规定的格式书写就可以了；而在以个人计算机为主站的 PLC 网络中，用户必须知道通信协议，才能在上位机中编写通信程序。

（3）一些公司为自己生产的 PLC 设计专用网络。例如，三菱公司的 MELSECNET/Ⅱ、MELSECNET/B 与 MELSECNET/10 网络等，西门子公司的 SINEC-L1、SINEC-H1 网络等。

（4）把 PLC 网络通过特定的网络接口连入大型集散控制系统中去，成为它的子网。

5．三菱公司的 PLC 网络

三菱公司的 PLC 网络继承了传统使用的 MELSEC 网络，并使其在性能、功能、使用简便等方面更胜一筹。Q 系列 PLC 提供层次清晰的三层网络，针对各种用途提供最合适的网络产品，如图 3-2-20 所示。

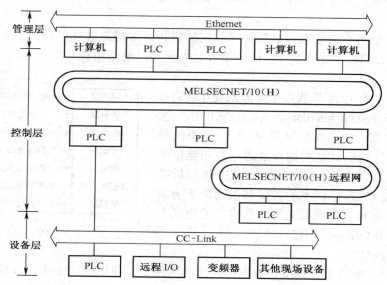

图 3-2-20　三菱公司的 PLC 网络

1）信息层/Ethernet（以太网）

信息层为网络系统中最高层，主要是在 PLC、设备控制器及用于生产管理的 PC 之间传输生产管理信息、质量管理信息及设备的运转情况等数据，信息层使用最普遍的是 Ethernet。它不仅能够连接 Windows 系统的 PC、UNIX 系统的工作站等，而且还能连接各种工厂自动化设备。Q 系列 PLC 的 Ethernet 模块具有了因特网电子邮件收发功能，使用户无论在世界的任何地方都可以方便地收发生产信息邮件，构筑远程监视管理系统。同时，利用因特网的 FTP 服务器功能及 MELSEC 专用协议，可以很容易地实现程序的上传/下载和信息的传输。

2）控制层/MELSECNET/10（H）

控制层是整个网络系统的中间层，它是 PLC、CNC 等控制设备之间方便且高速地进行处理数据互传的控制网络。作为 MELSEC 控制网络的 MELSECNET/10，以它良好的实时性、简单的网络设定、无程序的网络数据共享概念，以及冗余回路等特点获得了很高的市场评价，被采用的设备台数在日本达到最高，在世界上也是屈指可数的。而 MELSECNET/H 不仅继承了 MELSECNET/10 优秀的特点，还使网络的实时性更好，数据容量更大，进一步适应市场的需要。但目前 MELSECNET/H 只有 Q 系列 PLC 才可使用。

3）设备层/现场总线 CC-Link

设备层是把 PLC 等控制设备、传感器及驱动设备连接起来的现场网络，是整个网络系统的最低层的网络。采用 CC-Link 现场总线连接，布线数量大大减少，提高了系统可维护性。而且，不只是 ON/OFF 等开关量的数据，还可连接 ID 系统、条形码阅读器、变频器、人机界面等智能化设备，从完成各种数据的通信，到终端生产信息的管理均可实现，加上对机器工作状态的集中管理，使维修保养的工作效率也大为提高。在 Q 系列 PLC 中，CC-Link 的功能更好，而且使用更简便。

在三菱的 PLC 网络中进行通信时，不会感觉到有网络种类的差别和间断，可进行跨网络间的数据通信和程序的远程监控、修改、调试等工作，而无须考虑网络的层次和类型。

MELSECNET/H 和 CC-Link 使用循环通信的方式，周期性自动地收发信息，不需要专门的数据通信程序，只需简单的参数设定即可。MELSECNET/H 和 CC-Link 是使用广播方式进行循环通信发送和接收的，这样就可做到网络上的数据共享。

对于 Q 系列 PLC 使用的 Ethernet、MELSECNET/H 和 CC-Link 网络，可以在 GX Developer 软件画面上设定网络参数及各种功能，简单方便。

另外，Q 系列 PLC 除了拥有上面所提到的网络之外，还可支持 PROFIBUS、Modbus、DeviceNet、ASi 等其他厂商的网络，还可进行 RS-232/RS-485 等接口的串行通信，还具有通过数据专线、电话线进行数据传送等多种通信方式。

6. 三菱 PLC 及网络在汽车总装线上的应用

1）汽车总装线系统构成与要求

汽车总装线由车身储存工段，底盘装配工段，车门分装输送工段，最终装配工段，动力总成分装、合装工段，前梁分装工段，后桥分装工段，仪表板总装工段，发动机总装工段等构成。车身储存工段是汽车总装的第一个工序，它采用 ID 系统进行车身型号和颜色的识别。在上件处，由 ID 读写器将车型和颜色代码写入安装在吊具上的存储载体内，当吊具运行到各道岔处由 ID 读写器读出存储载体内的数据，以决定吊具进入不同的储存段，出库时，ID 读写器读出存储载体内的数据，以决定车身送到下件处或重新返回储存段。在下件处，清除存储载体的数据。在上下线间，应在必要的地方增加 ID 读写器，以确定车身信息，防止误操作。采用人机界面以分页显示该工段各工位的运行状况，车身存储情况、饱和程度、故障点等信息。

总装线的所有工段都分为自动操作和手动操作两种形式。自动时，全线由 PLC 程序控制；手动时，操作人员在现场进行操作。整条线在必要的的工位应有急停及报警装置。整个系统以三菱 PLC 及现场总线 CC-Link 为核心控制设备，采用接近或光电开关检测执行结构的位置，调速部分采用三菱 FR-E500 系列变频器进行控制，现场的各种控制信号及执行元件均通过 CC-Link 由 PLC 进行控制。

2）系统配置

汽车总装线的系统配置如图 3-2-21 所示。

3）系统功能

本总装线电控制系统总体上采用"集中监管，分散控制"的模式，整个系统分 3 层，即信息层、控制层和设备层。

信息层由安装在中央控制室的操作员站和工程师站构成。操作员站的主要作用是向现场的设备及执行机构发送控制指令，并对现场的生产数据、运行状况和故障信息等进行收集监控；工程师站的主要作用是制订生产计划、管理生产信息。它们的连接采用通用的 Ethernet，并通过安装在 MELSECNET/10 网主站 PLC 上的模块实现与设备控制层各 PLC 间的数据交换。在必要的时候，可以通过工程师站与管理层计算机网络进行连接，使得管理者可以在办公室对所需的信息进行查阅。

控制层采用三菱的 MELSECNET/10 网，将总装线各工段上的 8 套 Q2AS PLC 相连实现数据共享，这样具有传输速度高、编程简单、可靠性高、维护方便、信息容量大等特点。车身储存工段采用一台三菱 A975GOT 人机界面实现对该工段现场信息的高速响应。

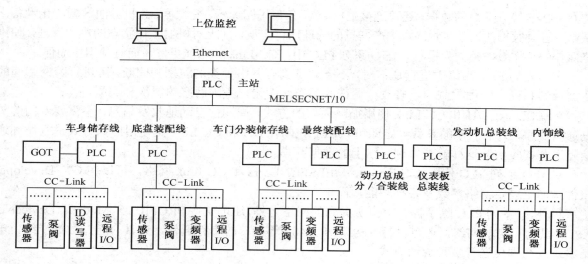

图 3-2-21　汽车总装线的系统配置

设备层采用 4 套 CC-Link，分别挂在车身储存工段、底盘装配工段、车门分装储存工段和内饰工段的 PLC 上。CC-Link 现场总线具有传输速度高、传输距离长、设定简单、可靠性高、维护方便、成本低等特点。它通过双绞线将现场的传感器、泵阀、ID 读写器、变频器及远程 I/O 等设备连接起来，实现了分散控制集中管理。这样变频器的参数、报警信息等数据不但可以方便地由PLC 进行读写，而且可由上位机和 GOT 通过 PLC 方便地进行监控和参数调整。使用 ID 读写器容易进行车体跟踪，减少了信息交流量，使生产线结构实现高度柔性化，并且有效地提高了自动化程度，节省了人力资源。

4）系统优点

（1）保持稳定的自动化生产。本系统内的任何设备发生故障，都不会影响其他操作过程设备的运行。即使此系统中的任何一个设备发生故障，甚至掉线，仅仅故障发生处的设备不能进行自动操作，其他所有设备都将连续工作。当故障排除后，设备能够自动恢复运行而不需将整条生产线重新上电。

（2）确保产品质量。生产数据被实时收集并监控，并根据这些生产数据可进行必要的修补操作。这些（包括产品质量信息）都被保存在上位机中，并由上位机进行管理。

（3）维护方便。MELSECNET/10 网和 CC-Link 具有方便直观的维护功能，便于查清故障发生点及其原因，可迅速恢复系统的正常运行。上位机实时收集故障发生的原因、时间等历史数据，为以后的维护提供参考。

（4）提高系统的柔性。对操作内容及设备的增加或改变能够灵活响应是这个系统的显著特点。MELSECNET/10 网和 CC-Link 预留站的功能及 Q2ASPLC 独特的结构化编程的理念，均可以方便地实现对系统生产内容改变的灵活响应。

（5）节省人力资源。系统较高的自动化程度有效地节省了人力资源，并极大地改善了操作者的工作环境。

小结与习题

1．小结

（1）本项目任务主要介绍了数据通信系统的组成、通信方式，以及通信线路上单工、半双工、全双工的数据传送方式。

（2）PLC 常用的通信接口标准是 RS-232C、RS-422 及 RS-485，常用的通信介质是双绞线、同轴电缆和光纤等。

（3）PLC 常用的 N∶N 网络通信是将最多 8 台 PLC 按照一定的连接方法连接在一起组成一个小型的通信系统，在这个通信系统中，其中一台 PLC 为主站，其余的 PLC 为从站，每台 PLC 都必须配置 RS-485 通信板，系统中的各个 PLC 能够通过相互链接的软元件进行数据共享，达到协同运作的要求。进行 N∶N 网络通信时，必须对相关辅助继电器及数据寄存器进行设置。

（4）并联链接通信可以实现两台同一组的 FX 系列 PLC 之间的数据自动传送。通过特殊辅助继电器 M8162 设置并联链接的标准模式和快速模式两种工作方式，主、从站之间通过周期性的自动通信，借助规定的辅助继电器和数据寄存器实现数据共享。

（5）使用组态软件、PLC 开发商提供的系统协议和网络适配器等可以实现计算机与 PLC 互联通信称为计算机链接通信；大多数 PLC 都有串行口无协议通信指令，主要用于 PLC 与上位机或其他 RS-232C 接口设备的通信。

2. 习题

（1）如图 3-2-22 所示，两台 FX$_{2N}$ 系列 PLC 采用标准并行通信方式通信，试将 FX$_{2N}$-48MT 设为主站，FX$_{2N}$-32MR 设为从站，要求两台 PLC 之间能够完成如下的控制要求。

① 主站的 X0～X7 通过 M800～M807 控制从站的 Y0～Y7；当主站的计算值（D0+D2）≤100 时，从站中的 Y10 为 "ON"。

② 从站的 M0～M7 通过 M900～M907 控制主站的 Y0～Y7；从站中的数据寄存器 D10 的值用来作为主站的 T0 的设定值。

（2）如图 3-2-23 所示，当两台 PLC 采用高速并行通信方式，要求两台 PLC 之间能够完成如下的控制要求。

① 当主站的计算值（D10+D12）≤100 时，从站的 Y000 输出为 ON。

② 将从站数据寄存器 D100 的值传送到主站，作为主站计数器 T10 的设定值。

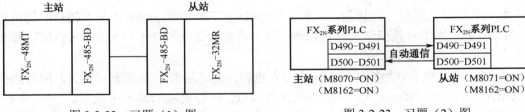

图 3-2-22 习题（1）图　　　　　　　　　　图 3-2-23 习题（2）图

（3）如图 3-2-24 所示，3 台 FX$_{2N}$ 系列 PLC 采用 FX$_{2N}$-485-BD 内置通信板连接，构成 N∶N 网络。要求将 FX$_{2N}$-80MT 设置为主站，从站数为 2，数据更新采用模式 1，重试次数为 3，公共暂停时间为 50ms。试设计满足下列要求的主站和从站程序。

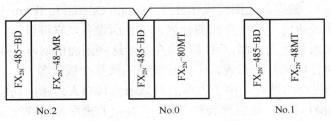

图 3-2-24 习题（3）图

模块四　综合应用

模块要点

1. 了解触摸屏的相关知识，掌握触摸屏的应用。
2. 掌握三菱公司 GT-Designer 图形编程软件的使用。
3. 能根据任务要求，熟练地使用 GT-Designer 组态软件编制触摸屏画面，并与 PLC 联机实现控制系统设计。
4. 了解变频器的相关知识，掌握变频器的应用。
5. 掌握 FR-A700 变频器的使用。
6. 能根据任务要求，用变频器与 PLC 联机实现控制系统设计。
7. 掌握触摸屏、变频器、PLC 综合应用实现工程项目。

任务一

用 PLC 和触摸屏实现抢答器控制系统设计

■【任务引入】

设计一个知识竞赛抢答控制系统，要求用 PLC 和触摸屏进行控制和显示，控制要求如下。

（1）儿童 2 人、学生 1 人、教授 2 人共 3 组进行抢答，竞赛者若要回答主持人所提出的问题时，须抢先按下桌上的按钮。

（2）为了给参赛儿童组一些优待，儿童 2 人（SB1 和 SB2）中任一个人按下按钮时均可抢答，同时灯 HL1 点亮。为了对教授组做一定限制，只有在教授 2 人（SB4 和 SB5）按钮同时都按下时才可抢答，同时灯 HL3 点亮。

（3）若在主持人按下开始按钮后 10s 内有人抢答，则幸运彩灯点亮表示庆贺，同时触摸屏显示"抢答成功"，否则，10s 后显示"无人抢答"，再过 3s 后返回原显示主界面。

（4）用触摸屏完成开始、介绍题目、返回、清零和加分等功能，并可显示各组的总得分。

■【关键知识】

在工业控制中，三菱常用的人机界面有触摸屏、显示模块（FXIN-5DM、FX-10DM-E）和小型显示器（FX-10DU-E）。触摸屏是图式操作终端（Graph Operation Terminal，GOT）在工业控制中的通俗叫法，是目前最新的一种交互式图视化人机界面设备。它可以设计及存储数十至数百幅与控制操作相关的黑白或彩色的画面，可以直接在显示这些画面的屏幕上用手指单击换页或输入操作命令，还可以连接打印机打印报表，是一种理想的操作面板设备。

图 4-1-1 所示是触摸屏的外观，由于这种液晶显示器具有人体感应功能，当用手指触摸屏幕上的图形时，可以发出操作指令，所以称为触摸屏。当触摸的画面不同或触摸画面的部位不同时，发出的指令也不一样。

图 4-1-1　触摸屏的外观

三菱公司生产的触摸屏有 F900 系列、A900 系列、GT11 和 GT15 系列，种类达数十种，现以目前应用较为广泛的 GT1155 为例来说明触摸屏的使用。

一、三菱 GT1155 GOT 概述及特点

1．概述

三菱公司的触摸屏 GT1155 型号可以同时显示 256 种不同的色彩，灯管寿命较高。如今，人机界面已经成为高级设备控制终端的流行装置，它可以方便地将 CPU 的内部寄存器和继电器展示出来，并可以进行编辑及控制。它使工控设备的操作和控制更加容易，更能体现出现代高科技的便利。

人机界面触摸屏（以下简称触摸屏）可以通过外设对 CPU 内部的参数进行监控。使编制的程序更加直观和方便。

打开触摸屏电源，如果没有安装工程画面则就会出现"未安装引导对象工程数据。请从绘图软件进行安装。未找到工程数据。按下确认按钮，请打开工程数据。"单击"OK"进入相关设置，如图 4-1-2 所示。

如果在电源开启后，没有显示任何中文，则需要安装 OS，详细安装情况见"7.OS 安装与工程下载"。

（1）主菜单。显示应用程序中可以设置的菜单项。触摸各菜单项目后，就会显示出该设置画面或者下一个选择项目画面。

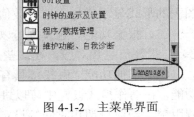

图 4-1-2　主菜单界面

（2）系统信息切换按钮。是用来切换应用程序上的语言和系统报警的语言按钮。在上述画面的情况下，触摸按钮后，在弹出的画面中选择"中文"，GOT 将重新启动，应用程序上的语言将被切换为中文。

2．特点

（1）采用 64 位 RISC 处理器，同时内置 3MB 的内存容量，这使得监控及画面操作速度更为快捷，响应速度约为以前的 4 倍。

（2）在通信方面，其内置的 RS-232 接口和 RS-422 接口可以实现高速通信。其内置的 USB 高速通信接口可以实现最高 115.2kbit/s 的高速通信，无论是连接三菱 PLC，还是其他品牌的 PLC 都可以实现高速通信。其内置的 USB 高速通信接口可以实现高速的画面数据传送。

（3）可以连接种类繁多的对象，包括三菱变频器、三菱伺服放大器、温度控制器、三菱 CNC 及其他品牌的 PLC 等。

（4）A/FX 列表编辑功能，方便在现场对程序做出修改。

（5）最高的亮度可达 350cd/m2，在任何环境下都可以清晰显示。

除上述特点之外，还可以使用 Windows 字体，可以对文字进行装饰，因此可以实现绚丽的文字显示，同时由于支持 Unicode 2.1，可以显示多国语言，使其可以方便地在全世界范围内使用。

二、三菱 GT1155 GOT 的功能

三菱 GT1155 GOT 的显示画面为 5.7 寸，分辨率为 320×240，显示色为 256 色，能与三菱的 FX 系列、A 系列 PLC 进行连接使用，也可以与三菱变频器进行连接，同时还可与其他厂商的 PLC 进行连接，如 OMRON、SIEMENS、A-B 等 PLC。

GOT 安装在控制面板或操作面板的表面上并连接到 PLC。通过 GOT 画面可以监视各种设备并改变 PLC 数据。GOT 内置了系统画面，可以提供各种功能，而且还可以创建用户定义画面。

1．用户画面功能（用户制作的画面）

（1）画面显示功能。可存储并显示用户制作画面最多 500 个（画面序号 1～500）及 30 个系统画面（画面序号 1001～1030）。

（2）画面操作功能。GOT 可以作为操作单元使用，通过 GOT 上设计的操作键来"ON/OFF" PLC 的位元件，可以通过设计的键盘输入或更改 PLC 字元件的数据。

（3）监视功能。GOT 可以通过用户画面显示 PLC 内位元件的状态及字元件的设定值和当前值，可以以数字或棒图的形式显示，供监视用。

2．系统画面功能

（1）监视功能。可监视程序清单（仅对 FX 系列 PLC），可在 GOT 处于 HPP（手持式编程）状态时，使用 GOT 作为编程器显示及修改 PLC 机内的程序。设有缓冲存储器（仅对 FX_{2N} 和 FX_{2NC} 系列 PLC），特殊模块的缓冲存储器（BFM）中的内容可以被读出、写入和监视。

（2）数据采样功能。GOT 可以设定采样周期，记录指定的数据寄存器的当前值，并以清单或图表的形式显示或打印这些数值。

（3）报警功能。触摸屏可以指定 PLC 的最多 256 点连续位元件（可以是 X、Y、M、S、T、C）与报警信息相对应，在这些元件置位时显示一定的画面，给出报警信息。

（4）其他功能。触摸屏具有设定时间开关、数据传送、打印输出、关键字、动作模式设定等功能，在动作模式设定中可以进行系统语言、连接 PLC 类型、串行通信参数、标题画面、主菜单调用键、当前日期和时间等设定功能。

3．显示·运算·通信的高速处理

实现了显示·运算·通信全方位的高速化。提高了监控及画面操作速度。

图 4-1-3　触摸屏显示通信示意图

（1）高速显示。可清晰绘图并显示出有重叠部件的复杂画面及照片。

（2）高速运算。搭载了 64 位 RISC CPU。高速处理器实现了高速运算，使操作更为快捷。

（3）高速通信。其内置的 RS-232、RS-422 接口实现了最高可达 115.2kbit/s 的高速通信。无论是连接三菱 PLC，还是其他品牌的 PLC 都可实现高速通信。同时还内置了 USB 接口。触摸屏显示通信示意图如图 4-1-3 所示。

4．多台串接功能

通过 PLC 的编程口,可以将两台 GT1155 GOT 串接起来,多台触摸屏示意图如图 4-1-4 所示。

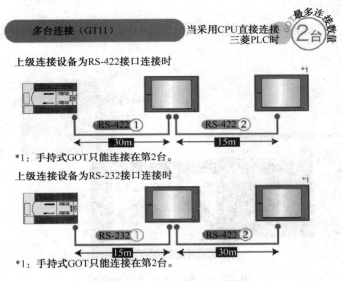

图 4-1-4　多台触摸屏串接

5．内置 USB 接口

（1）使用 USB 接口来进行 GOT 数据传送，从而提高工作效率。

（2）全部机型都内置了 USB 接口。

（3）与以往的 RS-232 接口相比，数据传送时间是以往的 1/20，从而大幅度缩短了启动与调试时间。

通信速率提升示意图如图 4-1-5 所示。

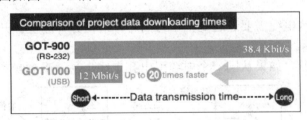

图 4-1-5　通信速率提升示意图

注意：GT11 的 USB 接口为后置，GT15 的 USB 接口为前置。

6．FA 透明功能

只需使用一根电缆即可轻松进行调试→可轻松修改三菱 FA 产品的参数和程序。

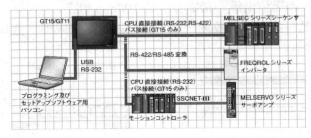

图 4-1-6　调试连接示意图

特点：可以通过 GOT 上的 USB 接口来使用编程和设置软件。

好处：用户无须将计算机直接连接到 PLC、运动控制 CPU、变频器、和伺服放大器。

7. 多国语言显示功能

对应 Unicode2.1 的标准字体、高质量字体、TrueType 字体可以绚丽显示各国文字，如图 4-1-7 所示。

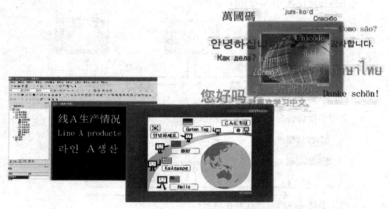

图 4-1-7　多国语言显示功能图

8. 丰富的维护功能

配备了适用于各种三菱 FA 产品的维护画面，用户无须自己创建监视画面，只要将其下载至 GOT 即可。

三、三菱 GT1155 GOT 的接线及与计算机、PLC 的连接

1. GOT 的接线

（1）动力线和和通信电缆需要连通到柜子外面时，请在分开的位置开两个引出电缆的孔，分别走线。如图 4-1-8 所示。

（2）根据接线的情况，如果从同一个电缆引出孔走线，易于受到噪声的影响。

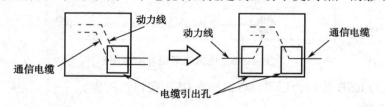

图 4-1-8　GOT 接线示意图

（3）线槽内的动力线和通信电缆，请离开屏幕 100mm 以上。

（4）根据接线的情况，如果靠得较近，应在线槽内使用分隔器（金属制），可以防止受到噪声的影响。如图 4-1-9 所示。

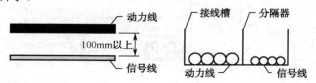

图 4-1-9　信号线与动力线走线示意图

2. 与计算机、PLC 的连接

作为 PLC 的图形操作终端，GOT 必须与 PLC 联机使用，通过操作人员手指与触摸屏上的图形元件的接触，发出 PLC 的操作指令或者显示 PLC 运行中的各种信息。

GOT 中存储与显示的画面是通过计算机运行专用的编程软件设计的，设计好后下载到 GOT 中。GT1155 有两个连接口，如图 4-1-10 所示，一个是与计算机连接的 RS-232 接口，用于传送用户画面，一个是与 PLC 等设备连接的 RS-422 接口，用于与 PLC 进行通信。这两种通信用的电缆都要采用专用电缆，GT1155 需要外部 DC-24V 电源供电。

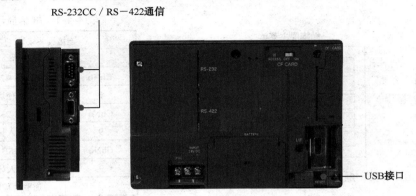

图 4-1-10　GT1155 的通信接口

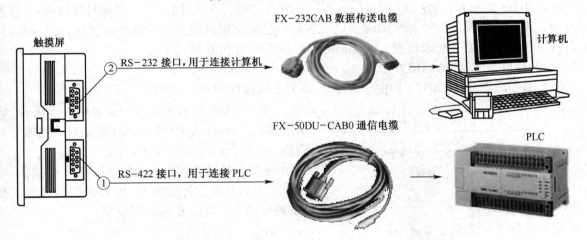

图 4-1-11　与计算机、PLC 通信连接示意图

四、三菱 GT1155 触摸屏的基本设置

1. 触摸屏安装基本 OS 并重新启动后，用手指触摸程序调用键（出厂时，设置为同时按触摸屏幕的左右上方两点），即在屏幕上出现 1000 系列触摸屏主菜单，如图 4-1-12 所示。

GT1155 系列主菜单的各项功能如下。

（1）连接设备设置：与外部设备通信设置用。

（2）GOT 设置：对显示画面进行设置，即可对标题显示时间、屏幕保护时间、屏幕保护背光灯、信息显示、屏幕亮度与对比度进行调节。对操作画面进行设置，即可对窗口移动时的蜂鸣音、安全等级和应用程序调用键进行设置。

（3）时钟的显示与设置：进行时钟的显示及设置。

（4）程序/数据管理：可以进行写入到 GOT 及 CF 卡中的 OS、工程数据、报警数据的显示及 GOT 与 CF 卡之间的数据传输（标准 CF 卡为外置存储卡，GT1150 不能使用 CF 卡）。

（5）维护功能、自我诊断：在维护功能中，可以监视、测试 PLC 的软元件，列表编辑 FXCPU 的顺控程序。在自我诊断中，可以对存储器、绘图、字体、触摸面板和 I/O 进行检查。

2. GT1155 系列触摸屏的通信设置

GT1155 系列触摸屏与 PLC 的通信需要通过 GOT 主菜单的[连接设备设置]的功能进行设置才能实现。触摸 GOT 主菜单的［连接设备设置］的屏幕显示如表 4-1-1 所示。

表 4-1-1　屏幕显示

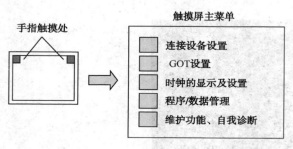

图 4-1-12　触摸屏主菜单

连接设备设置	
标准/F 的设置	
ChNo	RS-422
0	未使用
ChNo	RS-232
9	主机（个人计算机）
ChNo	USB
9	主机（个人计算机）
通道驱动程序分配	

从表 4-1-1 中可知，RS-232 接口的设备已设置为主机（个人计算机），通道号（ChNo）已设置为 9，因此，触摸屏与计算机的通信已设置好，已能实现触摸屏与计算机的通信。但 RS-422 接口的设备及其通道号尚未设置，因此，触摸屏还不能与 PLC 通信。

3. 触摸屏与 PLC 的通信方法

（1）触摸通道号（ChNo）[0]的位置，屏幕显示键盘如图 4-1-13 所示。

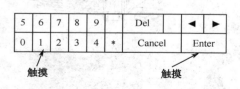

图 4-1-13　屏幕显示键盘

键盘上，0～9 为数字输入键，Enter 为输入确认键（确认后关闭键盘）；Cancel 为中止输入键（中止后关闭键盘）。Del 为删除一个输入的字符时使用。

（2）在键盘上触摸"1"，再触摸"Enter"键确认。

表 4-1-1 中的 0 通道号变为 1（PLC 的通道号为 1 是 GOT 内部确认的，不能改变为其他数字）。

键盘操作改变通道号如图 4-1-14 所示。

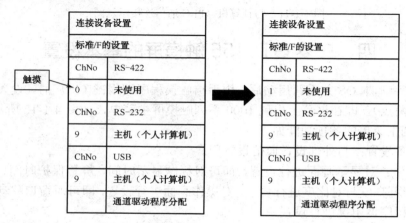

图 4-1-14　键盘操作改变通道号

（3）触摸表 4-1-1 的"通道驱动程序分配"，屏幕显示"通道驱动程序分配"画面，如图 4-1-15 所示。

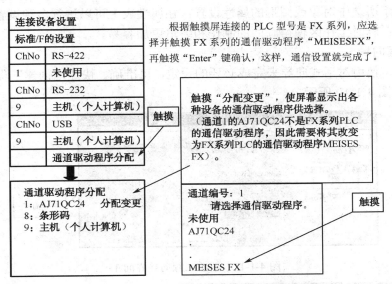

图 4-1-15 "通道驱动程序分配"画面

（4）通过 GT Designer2 的通信功能将通信驱动程序 MEISESFX 下载到 GOT 中，就能实现 GOT 与 PLC 的通信。

五、GT Designer2 Version2 软件介绍

GT Designer2 Version2 软件主界面如图 4-1-16 所示。

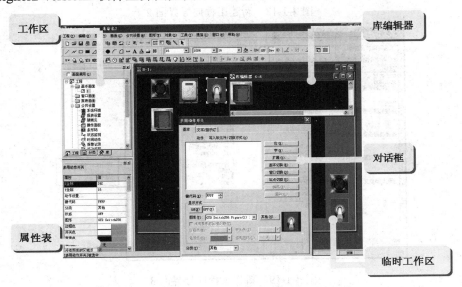

图 4-1-16 GT Designer2 Version2 软件主界面

工作区：以树状图的方式显示整个画面的构成，可以很方便地进行画面的追加、删除和复制等操作；可通过选项卡来进行工程、分类和库之间的切换。

库编辑器：专用的库编辑器画面；可方便对已登录的库进行再编辑。

对话框：显示对象或图形的设置；双击对象或图形后显示；可自定义各设置项。

属性表：显示所选中对象或图形的属性设置；在属性表上可以进行多种设置。

临时工作区：临时工作区使得画面的制作和编辑更加容易。

1. 新建工程向导

新建工程时，使用对话式向导来完成必要的设定，可准确、快速地创建工程。工程创建的过程如图 4-1-17 至图 4-1-19 所示。

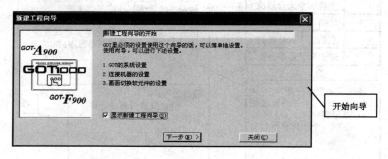

图 4-1-17 新建工程向导界面 1

图 4-1-18 新建工程向导界面 2

图 4-1-19 新建工程向导界面 3

2. 高质量部件库标准配置

（1）4 个主题的部件库展示了 4 种不同的设计风格（AV 调、水晶调、柔和调、复古调）。每一个主题库里都配置了种类丰富的部件，可以快速而方便地统一画面设计风格，制作具有统一感的画面。

（2）部件库的分层结构化可以方便选择部件。

3. 高效率的画面设计

1）画面预览

即使 GOT 本体不在手中，通过画面设计软件上的显示，也可确认语言切换、安全等级的变化，还可确认对象的 ON/OFF 画面。

画面预览功能如图 4-1-20 所示。

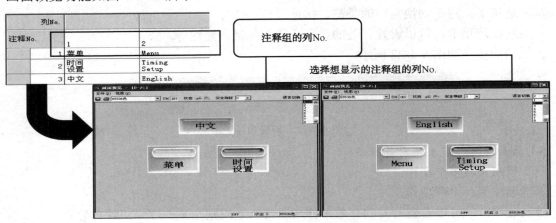

图 4-1-20　画面预览功能

2）画面设计——位开关

位开关设置画面如图 4-1-21 所示。

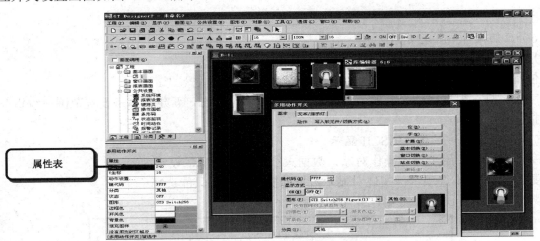

图 4-1-21　位开关设置画面

开关包括位开关、数据设定开关、特殊功能开关、画面切换开关、功能键开关、多用动作开关。

位开关的基本选项卡：用于设置操作对象、动作类型。

指示灯选项卡：用于设置亮灯的条件、点亮和熄灭时的状态。

文本选项卡：用于设置文本的类型、显示状态、内容。

注意：

● 设置完成，可通过菜单上的 ON/OFF 切换来检查设置是否达到要求；

● 指示灯选择键，只有按下时才亮；选择位或字时，可以按照电气柜上的带灯按钮来判断。

3）画面设计——数据设定开关

数据设定开关用于对字软元件进行赋值。

基本选项卡：用于设置操作对象、数据大小、数据类型、设定内容。

注意：

● 对所有的对象，除了双击后在设定窗口中进行设定外，还可以在属性表中编辑，更方便。

4）画面设计——画面切换开关

基本选项卡：用于切换窗口的类型、切换目标。

扩展功能选项卡：可以设置开关的显示、操作等级、延迟等。

扩展功能选项如图 4-1-22 所示。

图 4-1-22　扩展功能选项

5）画面设计——多用动作开关

一个按钮实现多个动作。

基本选项卡：设置动作。

触发选项卡：可以设置开关的有效条件（通常有效或则在某一位 ON 时有效）。

扩展功能动作条件选项如图 4-1-23 所示。

图 4-1-23　扩展功能动作条件选项

6）画面设计——指示灯

指示灯包括位指示灯和字指示灯。

位指示灯：设置简单。

字指示灯：根据字软元件的值，指示灯可以有多个状态，新建状态→设置范围→编辑公式→设置指示灯状态。

7）画面设计——数值/ASCII 显示

基本选项卡：用于设置操作对象、数据大小、数据类型、设定内容。

数据操作/脚本选项卡：实现对显示数据的操作，两者只能选择一个。

数值显示选择画面如图 4-1-24 所示。

图 4-1-24　数值显示选择画面

数值输入：使用默认键盘或自制键盘。

ASCII 输入：没有默认键盘，只能使用自制键盘，系统环境→按键窗口中设置整个工程的按键窗口的属性。

画面上右键选择：画面属性→按键窗口中设置当前窗口中出现的按键窗口的属性。

ASCII 输入键盘的制作：

● Step1：新建窗口画面。

● Step2：在库中双击 Soft ASCII Key 文件夹。

● Step3：拖放一个键盘到窗口中。

● Step4：在画面属性→按键窗口→画面设置优于工程设置→选择按键窗口目录，指定 ASCII 输入键盘的窗口。

8）画面设计——语言切换

基础知识：基本注释、注释组（最多可有 255 个）。

Alt+Enter 组合键：复数行输入。

导出到 Excel，从 Excel 导入。

1 组 1 文件，多人分担编辑，同时作业，缩短注释制作时间。

数据导出画面如图 4-1-25 所示。

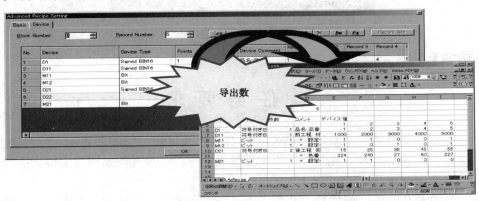

图 4-1-25　数据导出画面

多国语言切换只需 ONE TOUCH，制作方法非常简单，步骤如下：

● Step1：新建注释组，注释组中不同列上用不同语言（如列 1 中文、列 2 英文）。

● Step2：按钮的文本选项中类型选择注释组、指定组号、注释号。

● Step3：系统环境中设定语言切换软元件（如 D100）。

● Step4：制作两个数据设定开关（开关 1：固定值=1，文本=中文；开关 2：固定值=2，文本=English）。

语言切换设置画面如图 4-1-26 所示。

 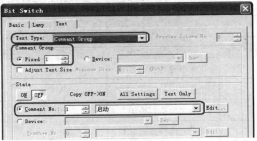

图 4-1-26　语言切换设置画面

9）画面设计——报警画面综合处理

基本选项卡：设置显示行数，显示格式显示顺序（第一行显示的是最新还是最旧的报警）触摸报警显示详细内容。

软元件选项卡：监视点数、监视周期、显示详细的类型、监视数据的类型。

操作选项卡：发生次数报警保存。

设置报警画面如图 4-1-27 所示。

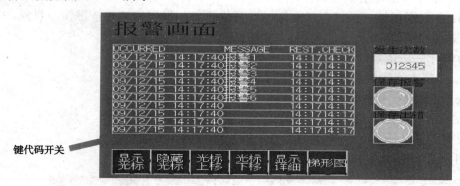

键代码开关

图 4-1-27　设置报警画面

■【任务实施】

一、任 务 要 求

设计一个知识竞赛抢答控制系统，要求用 PLC 和触摸屏进行控制和显示，控制要求如下。

（1）儿童 2 人、学生 1 人、教授 2 人共 3 组进行抢答，竞赛者若要回答主持人所提出的问题时，须抢先按下桌上的按钮。

（2）为了给参赛儿童组一些优待，儿童 2 人（SB1 和 SB2）中任意 1 个人按下按钮时均可抢答，同时灯 HL1 点亮。为了对教授组做一定限制，只有在教授 2 人（SB4 和 SB5）按钮同时都按下时才可抢答，同时灯 HL3 点亮。

（3）若在主持人按下开始按钮后 10s 内有人抢答，则幸运彩灯点亮表示庆贺，同时触摸屏显示"抢答成功"，否则，10s 后显示"无人抢答"，再过 3s 后返回原显示主界面。

（4）用触摸屏完成开始、介绍题目、返回、清零和加分等功能，并可显示各组的总得分。

二、PLC 和触摸屏软元件分配

表 4-1-2　PLC 和触摸屏软件元件分配表

输　　入		输　　出		其他软元件	
输入继电器	作　　用	输出继电器	控 制 对 象	名　　称	作　　用
X1	儿童组抢答按钮 SB1	Y0	儿童组抢答指示	M21	开始抢答
X2	儿童组抢答按钮 SB2	Y1	学生组抢答指示	M22	介绍题目
X3	学生组抢答按钮	Y2	教授组抢答指示	M23	加分
X4	教授组抢答按钮 SB4			M24	扣分
X5	教授组抢答按钮 SB5				

输　　入		输　　出		其他软元件	
输入继电器	作　　用	输出继电器	控 制 对 象	名　　称	作　　用
				D10	儿童总分
				D11	学生总分
				D12	教授总分

三、控制系统接线

PLC 控制系统接线如图 4-1-28 所示。

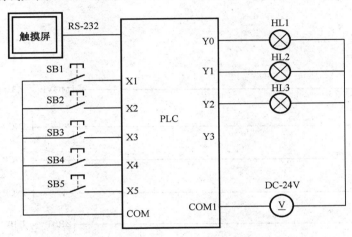

图 4-1-28　PLC 控制系统接线图

四、PLC 程序设计

PLC 梯形图如图 4-1-29 所示。

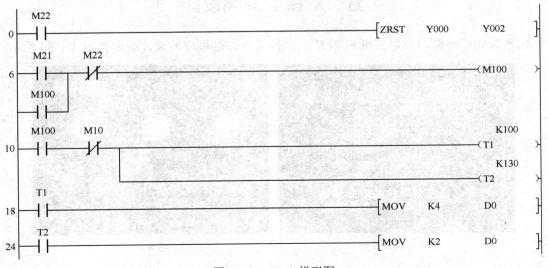

图 4-1-29　PLC 梯形图

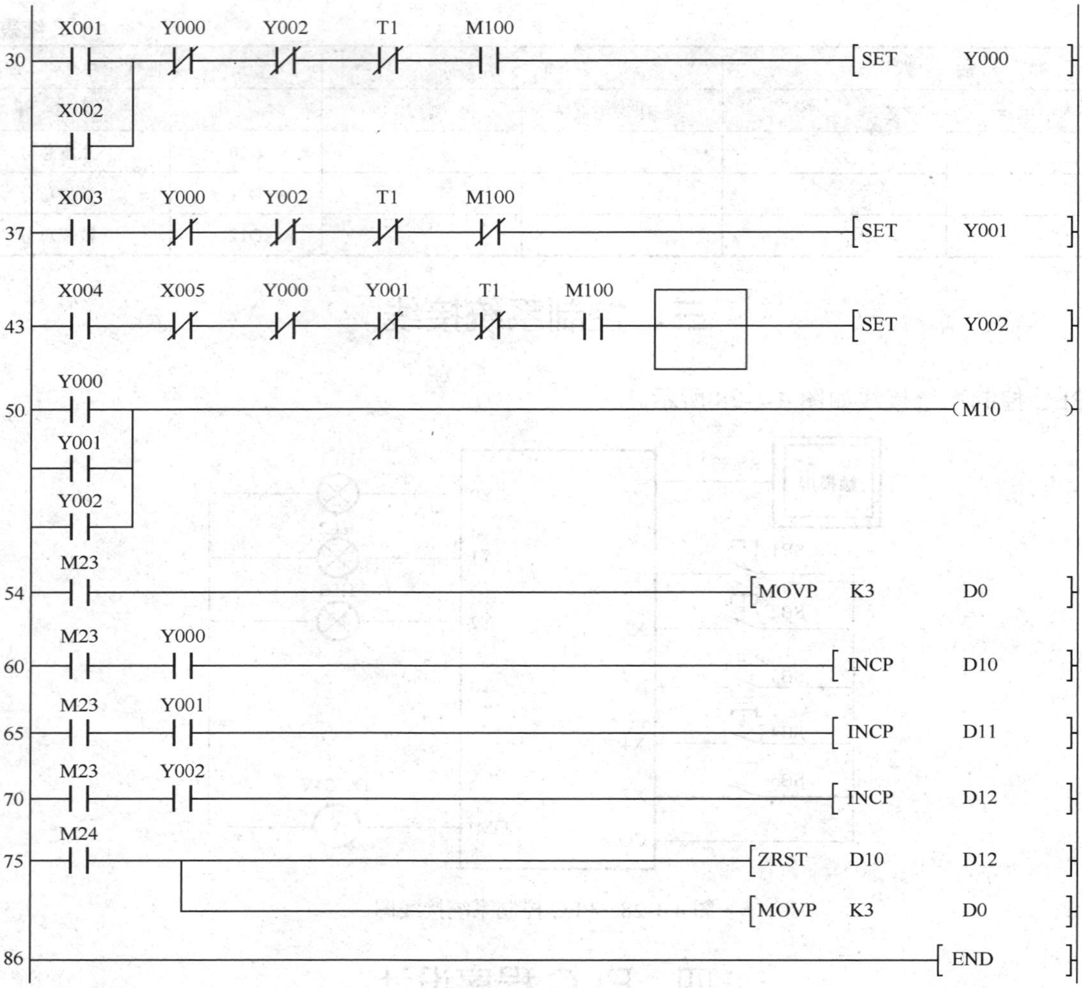

X001
Y000
Y002
T1
M100
SET Y000
X002
X003
Y000
Y002
T1
M100
SET Y001
X004
X005
Y000
Y001
T1
M100
SET Y002
Y000
M10
Y001
Y002
M23
MOVP K3 D0
M23
Y000
INCP D10
M23
Y001
INCP D11
M23
Y002
INCP D12
M24
ZRST D10 D12
MOVP K3 D0
END
30
37
43
50
54
60
65
70
75
86

图 4-1-29 PLC 梯形图（续）

五、触摸屏画面设计

根据系统的控制要求及触摸屏和 PLC 软元件分配，触摸屏的设计画面如图 4-1-30 所示。

欢迎进入抢答控制系统
抢答画面
得分画面
作者：广东科学技术职业学院
机械与电子工程学院

（a）欢迎画面

知识竞赛抢答控制系统
Y0000
Y0001
Y0002
儿童组
学生组
教授组
M21
开始抢答
M22
介绍题目
M23
加分
M24
扣分
得分画面
返回

（b）抢答画面

图 4-1-30 触摸屏的设计画面

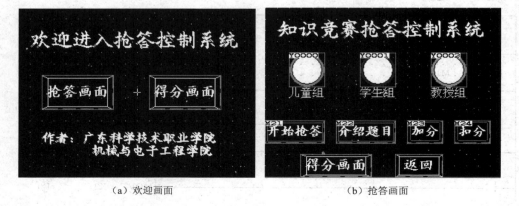

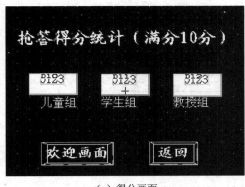
（c）得分画面

（d）抢答成功画面

（e）抢答失败画面

图 4-1-30　触摸屏的设计画面（续）

1．新建工程

（1）打开 GT Designer2 软件，出现如图 4-1-31 所示的对话框，要新设计工程就单击"新建"按钮，如果有已经编辑好的工程，可选择"打开"按钮。

（2）单击"新建"按钮，出现"新建工程向导"对话框，如图 4-1-32 所示。该对话框将对触摸屏的系统、连接和界面进行向导设置。如果将"显示新建工程向导"的选项勾选去掉，每次单击"新建"按钮，则不会出现图 4-1-32 所示对话框。

图 4-1-31　"工程选择"对话框

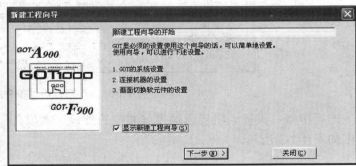

图 4-1-32　"新建工程向导"对话框

（3）单击"下一步"按钮，进入系统设置，如图 4-1-33 所示。

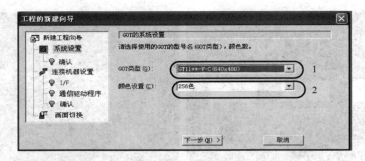

图 4-1-33　系统设置

在此可以设置触摸屏的型号，通过下拉列表可以选择支持的触摸屏型号。

选择设备配置是 GT1155-QSBD-C 型号，所以只需选择"GT11**-Q-C(320×240)"，如图 4-1-34 所示。

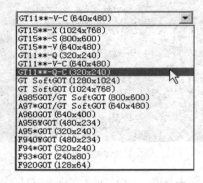

图 4-1-34　GOT 系统选择设置

（4）单击"下一步"按钮，对 GOT 型号和颜色进行确认，如果不用更改，就单击"下一步"按钮，进入"连接机器设置"界面，如图 4-1-35 所示。

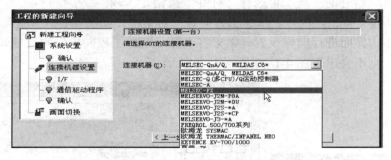

图 4-1-35　连接机器设备界面

连接机器：设置人机界面触摸屏监控的外设。本项目任务设置为 MELSEC－FX。常用设备明细如表 4-1-3 所示。

表 4-1-3　常用设备明细表

设 备 名 称	说　明
MELSEC-FX	三菱 FX 系列 PLC
MELSEC-QnA，Q	三菱 QnA 及 Q 系列 PLC
MELSEC-A	三菱 A 系列 PLC

设 备 名 称	说 明
姆龙-C	欧姆龙 C 系列 PLC
松下-FP	松下 FP0、FP1 系列 PLC
SIEMENS-S7 300	西门子 S7-300 系列 PLC
SIEMENS-S7 200	西门子 S7-200 系列 PLC
FREQROL	三菱变频器

（5）"IF 设置"和"通信驱动程序"。

通过该项设置，确定外部设备的连接口。如果 GOT 是通过 RS-422 接口对 PLC 等外设进行通信的，就将此项设置成"标准 RS-422"。单击"下一步"按钮，进入"通信驱动程序"设置窗口，如果选择 PLC 设备，则此项只有一种驱动程序设置，即"Melsec-FX"。单击"下一步"按钮进行确认。

（6）画面切换设置。

定义了基本画面的软元件之后，就可以确认并结束向导的设置（默认不用改变，定义 GD100 即可）。

（7）设置画面基本属性。

新建了基本画面后，需要设置画面的属性，如图 4-1-36 所示。

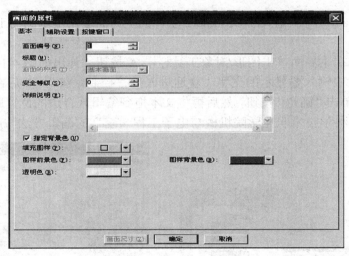

图 4-1-36 "画面的属性"界面

① 画面编号：在整个工程中，画面编号是唯一的，可以通过画面编号对画面进行索引。

② 标题：此项画面的名称，帮助编程人员理解和归类。例如，此项画面的功能主要是主控画面，编辑"主界面"便于记忆和管理。

③ 指定颜色：利用此功能设置画面的背景颜色。其中"图样前景色"和"图样背景色"为互相补充。如果"填充图样"选择为□，则背景主要显示"图样前景色"，如果"填充图样"选择为■，则背景主要显示"图样背景色"。

画面设置完成界面如图 4-1-37 所示。

2. 创建画面窗口

如图 4-1-38 所示，建立一个名称"欢迎画面"的窗口，再新建四个窗口，在"标题"中分别输入"抢答画面"、"得分画面"、"抢答成功画面"和"抢答失败画面"。在菜单栏的"画面"中选择"新建"→"基本画面",根据上述要求设置画面名称、颜色等属性。

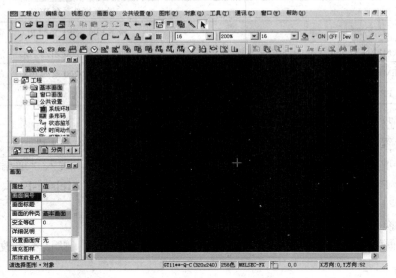

图 4-1-37　画面设置完成界面

3. 欢迎画面

根据图 4-1-30(a)所示,在 GT Designer2 软件的主界面编辑基本画面 1(欢迎画面),具体步骤如下。

(1)文本创建。在主界面单击图形/对象工具栏中 A 按钮,弹出如图 4-1-39 所示的文本设置窗口。首先在文本栏中输入要显示的文字"欢迎进入抢答控制系统",然后在下面选择文本颜色和大小,设置完毕,单击"确定"按钮,然后再将文本拖到编辑区合适的位置即可。图 4-1-30(a)所示的"作者:广东科学技术职业学院机械与电子工程学院"的编辑方法与此相同。

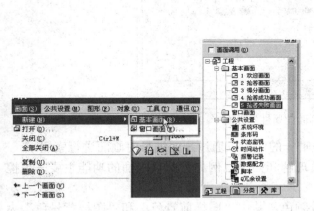

图 4-1-38　创建画面窗口

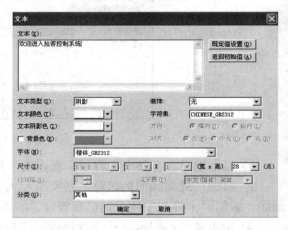

图 4-1-39　文本创建对话框

(2)画面切换。在"欢迎画面"中放置"抢答画面"、"得分画面"切换按钮(切换到第 2、3 页)。在主界面的菜单栏中选择"对象"→"开关"→"画面切换开关",而后鼠标的图案变成十字状,在需要放置按键的位置单击左键(以后以类似方式放置按键)。可以连续放置,直至单击鼠标右键取消放置。放置完毕后,调整好按键的大小和位置,然后双击按键,弹出按键属性设置对话框，如图 4-1-40 所示。由于是画面切换方面的设置，所以在属性对话框中只出现了画面切换方面的属性设置。

在"基本"选项卡，设置如下属性：
- "切换画面种类"选择"基本画面"；
- "切换到"中"固定画面"选择画面编号"2"，或者在下拉菜单中选择窗口标题"窗口 1"；
- "显示方式"中可以设置按键的背景色和前景色，通过选择"OFF"或"ON"来决定按钮开与关的颜色；
- "图形"中可以根据按键功能需要或客户需要来选择按键的风格，单击"其他"可以选择更多风格外形的按键，有圆形、方形、立体等。

如图 4-1-41 所示，选择"文本/指示灯"选项卡，可以设置按键上的文字，并可分别在按键"ON"或"OFF"两种状态时设置颜色和字体。在"文本"框中输入按键的名称，如"抢答画面"、"得分画面"。

注意：文本的颜色要与按键底色区分开。例如，按键"OFF"状态时按键底色为深色，则文本颜色为浅色，按键"ON"状态时按键底色为浅色，则文本颜色为深色，这样的设计会使按键有更好的效果。

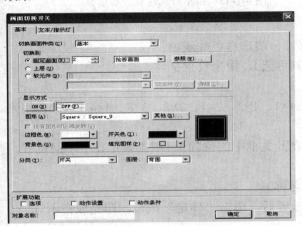

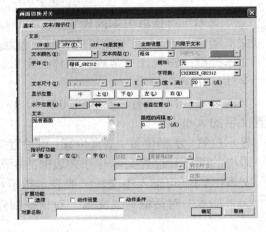

图 4-1-40 "画面切换开关"→"基本"对话框 　　　　图 4-1-41 "画面切换开关"→"文本/指示灯"对话框

4．抢答画面

（1）文本创建。在主界面单击图形/对象工具栏中 A 按钮，弹出如图 4-1-42 所示的文本设置窗口。首先在文本栏中输入要显示的文字"知识竞赛抢答控制系统"，然后在下面选择文本颜色和大小，设置完毕，单击"确定"按钮，然后再将文本拖到编辑区合适的位置即可，具体编辑方法前面已介绍。

"基本"对话框内容的设置如下。

软元件：Y0。

显示方式：OFF。

图形：Cjrele-8（单击"其他"按钮，可调出 12 个图形供选择）。

边框色、背景色、开关色：有 16 级灰度可选。

填充图样：有 16 个图样可选，可选项一个带花纹的。

图层：背面。

（2）指示灯制作。在主界面的菜单栏中的"对象"→"指示灯"→"位指示灯"或单击图形/对象工具栏中 按钮，而后鼠标的图案变成十字状，在需要放置按键的位置单击左键（以后以类似方式放置按键）。可以连续放置，直至单击鼠标右键取消放置。放置完毕后，调整好按键的大小和位置，然后双击指示灯图形（以位指示灯"Y0"为例），弹出指示灯属性设置对话框，如图 4-1-43 所示。

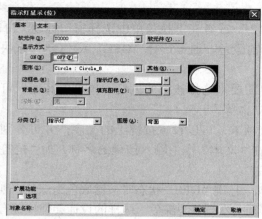
图 4-1-42　指示灯基本对话框设置

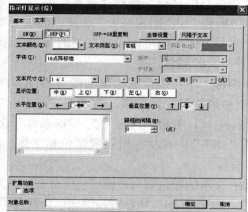
图 4-1-43　指示灯属性设置对话框

① "文本"对话框内容的设置。

文本颜色：有 16 级灰度可选。对单色触摸屏，一般选白色或浅色。

文本类型：常规（有常规、粗体、阴影、雕刻可选），用来设置字体。

字体：16 点阵标准。

文本尺寸：1×1（有 0.5×0.5、0.5×1、1×0.5、1×1、1×2、2×1、2×2、3×3、4×4 可选），用来设置文字的大小。

显示位置、水平位置、垂直位置：可设置文本在开关框中的位置。一般都设定在框中间位置。

跟框的间隔：设置文本与开关边框的距离。

文本：Y1（可输入中文，一般表示指示灯的名称）。

② "基本"对话框与"文本"对话框都完成设置后，单击"确定"按钮，即完成指示灯 Y0 的设计。

③ 第二个、第三个指示灯的设计与第一个基本相同。但各指示灯的软元件要修改。第二个指示灯软元件：Y1；第三个指示灯软元件：Y2。

④ 指示灯注释。

在主界面单击图形/对象工具栏中 A 按钮，弹出如图 4-1-42 所示的文本设置窗口。首先在文本栏中输入要显示的文字"儿童组"，然后在下面选择文本颜色和大小，设置完毕，单击"确定"按钮，然后再将文本拖到编辑区合适的位置即可，另外两个指示灯注释与此相同，具体编辑方法前面已介绍。

（3）开关（按钮）制作。在主界面的菜单栏中选择"对象"→"开关"→"位开关"，而后鼠标的图案变成十字状，在需要放置按键的位置单击左键（以后以类似方式放置按键）。可以连续放置，直至单击鼠标右键取消放置。放置完毕后，调整好按键的大小和位置，然后双击按键，弹出位开关按键属性设置对话框，如图 4-1-44 所示。

① "基本"对话框内容的设置。

软元件：M21（开关的软元件要与 PLC 程序中的相应控制开关元件相同）。

动作：置位（有置位、点动、交替、复位可选），注意其动作的特点。

- 置位，如同硬元件的开关，动作后会一直保持闭合；
- 点动，如同硬元件的按钮，按下后才会闭合；
- 交替，如同硬元件带自锁的按钮，按一次闭合并保持，再按一次断开并保持，如此交替；
- 复位，即专门对已置位的元件起复位作用。

显示方式：OFF。

图形：Rect-7（有 6 种图形可选）。

边框色、背景色、开关色：有 16 级灰度可选，但注意颜色不要接近和相同，特别不要与文本颜色接近与相同，否则屏幕会显示不出。对于单色触摸屏，背景色一般选白色，开关色一般选深色。

填充图样：有 16 个图样可选，可选一个带花纹的。

图层：背面（图层有前面、背面可选）。GT1000 系统一个画面有前、后两个图层，在这两个图层上均可设计画面。

需要注意的是，每个画面都有三种显示方法：前面、背面、前面+背面。若画面是显示"前面+背面"，那么，无论是在前面或背面所设计的画面，都可以合成地显示出来。

② "文本/指示灯"对话框内容的设置（如图 4-1-45 所示）。

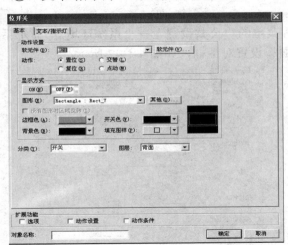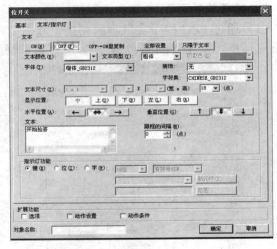

图 4-1-44 位开关按键属性设置对话框　　　图 4-1-45 "文本/指示灯"对话框内容的设置

文本色：有 16 级灰度可选。对于单色触摸屏，一般选白色或浅色。

文本类型：常规（有常规、粗体、阴影、雕刻可选，用来设置字体）。

字体：楷体_GB2312。

文本尺寸：1×1（有 0.5×0.5、0.5×1、1×0.5、1×1、1×2、2×1、2×2、3×3、4×4 可选），用来设置文字的大小。

显示位置、水平位置、垂直位置：可设置文本在开关框中的位置。一般都设定在框中间位置。

跟框的间隔：0（设置文本与开关边框的距离）。

文本：开始抢答（可输入中文，一般表示开关的控制功能或开关名称）。

③ "基本"对话框与"文本"对话框都完成设置后，单击"确定"按钮，即完成开始抢答 M21 的设计。

④ 第二个（M22）、第三个（M23）、第四个（M24）开关（按钮）的设计与第一个基本相同。

⑤ 画面切换制作前面已介绍，方法相同。

4．得分画面

（1）文本创建。在主界面单击图形/对象工具栏中 A 按钮，弹出如图 4-1-42 所示的文本设置窗口。首先在文本栏中输入要显示的文字"抢答得分统计（满分 10 分）"，然后在下面选择文本颜色和大小，设置完毕，单击"确定"按钮，然后再将文本拖到编辑区合适的位置即可，具体编辑方法前面已介绍。

（2）数值显示。在主界面的菜单栏中选择"对象"→"数值显示"，而后鼠标的图案变成十字状，在需要放置该对象的位置单击左键。放置完毕后，调整好按键的大小和位置，然后双击"数值显示"对象，弹出"数值显示"对象基本属性设置对话框，如图 4-1-46 所示。

① 对话框都设置完成后，单击"确定"按钮，即完成儿童组分值显示 D10 的设计。

② 第二个（学生组 D11）、第三个（教授组 D12）分值显示的设计与第一个基本相同。

③ 分值显示注释。在主界面单击图形/对象工具栏中 A 按钮，弹出如图 4-1-42 所示的文本设置窗口。首先在文本栏中输入要显示的文字"儿童组"，然后在下面选择文本颜色和大小，设置完毕，单击"确定"按钮，然后再将文本拖到编辑区合适的位置即可，另外两个分值显示注释与此相同，具体编辑方法前面已介绍。

④ 画面切换制作前面已介绍，方法相同。

5．抢答成功画面/抢答失败画面

（1）通过 PLC 程序实现画面切换。双击工程菜单的"公共设置"→"系统环境"；显示系统环境对话框，双击"画面切换"，弹出"基本画面"设置对话框，如图 4-1-47 所示。

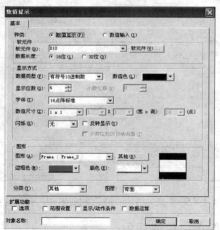

图 4-1-46 "数值显示"属性设置对话框

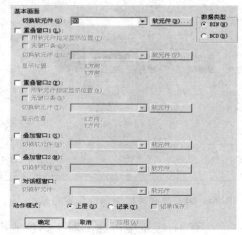

图 4-1-47 "基本画面"设置对话框

将基本画面的切换软元件设置为 D0，即数据寄存器 D0 中的数就是当前所显示画面的序号。

（2）文本创建。在主界面单击图形/对象工具栏中 A 按钮，弹出如图 4-1-42 所示的文本设置窗口。首先在文本栏中输入要显示的文字"恭喜你，抢答成功！"，然后在下面选择文本颜色和大小，设置完毕，单击"确定"按钮，然后再将文本拖到编辑区合适的位置即可，具体编辑方法前面已介绍。

（3）抢答失败画面制作方法与此相同。

六、触摸屏与 PLC 联机运行

1．触摸屏端及 PLC 端的通信设置

（1）运行 PLC 编程软件 GX Developer，选择菜单中的"在线"→"传输设置"，PC 端设置为 USB；把 PLC 程序写入 PLC，如图 4-1-48 所示。

（2）运行触摸屏设计软件 GT Designer2，选择菜单中的"通信"→"跟 GOT 的通信"，"通信设置"选择 USB，并单击"测试"按钮，测试通信是否成功，如图 4-1-49 所示。

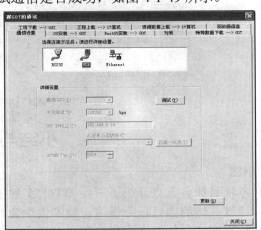

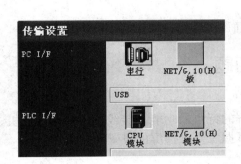

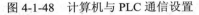

图 4-1-48　计算机与 PLC 通信设置　　　　　图 4-1-49　计算机与触摸屏通信设置

（3）将控制界面进行"工程下载"写入触摸屏中，如图 4-1-50 所示。

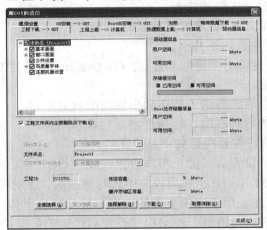

图 4-1-50　控制界面下载到触摸屏

2. 联机运行

在欢迎界面中，单击"抢答"界面按钮，可进入知识竞赛抢答控制系统界面，在知识竞赛抢答控制系统界面，单击"返回"按钮，可返回；进入知识竞赛抢答控制系统界面后，单击"开始抢答"、"介绍题目"、"加分"或"扣分"按钮进行系统控制。

■【知识链接】——利用 PLC 程序切换画面

若需要利用 PLC 程序切换画面，首先需要在 GT 软件中设置基本画面切换元件，在 GT 软件上单击菜单"公共"→"屏幕切换"，弹出如图 4-1-51 所示的窗口。将基本屏幕元件设置为 D0，即数据寄存器 D0 中的数就是当前所显示画面的序号。其次，在 PLC 中编写画面切换程序，如图 4-1-51 所示。当按下 X0 时，MOV 指令将 K1 传送给 D0，当（D0）=1 时，触摸屏显示画面 1；若按下 X2，则触摸屏显示画面 3；按下 X5，则触摸屏显示画面 5。

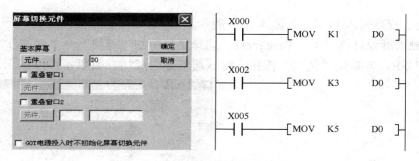

图 4-1-51　PLC 切换画面设置及程序

小结与习题

1．小结

（1）本项目任务重点介绍了三菱 GT1155 触摸屏的特点、功能、接线，以及与计算机、PLC 的连接，通过具体的项目任务学习，使学生学会并掌握三菱触摸屏的设置及使用。

（2）触摸屏软元件的设置要注意如下几点。

① 输入命令、元素符号、元素序号时，在按"GO"键之前，可用"CLR"键取消输入操作。另外，进行写入或插入时，确定命令（键入"GO"键后）可通过程序的写入操作来修整（大写）。

② 新程序的编写可通过写入操作进行。

③ 应用命令的写入可通过 FNC 序号进行。

（3）触摸屏画面设置要注意如下几点。

① 利用 GT Designer 2 软件时刻通知功能，在 GT Designer 2 软件制作相关数据输入按钮时，直接写 PLC 相关时钟寄存器。

② 窗口切换软元件赋值时，数值为指定弹出窗口的编号即可。

③ 触摸窗口画面上部的标题栏时，标题栏将高亮显示。

（4）触摸屏与 PLC 通信设置要注意如下几点。

① 在应用程序中进行了设置后，如果将本设置下载到 GOT 中，本设置将有效。

② 将本设置下载到 GOT 中后，在应用程序中进行更改时，应用程序的更改将有效，从 GOT 中将画面数据进行上传时，在应用程序中更改的内容将被反映后上传。

③ 使用通信模块时，应将通道号、驱动程序设置到对应的扩展接口中。

④ 在将通道号、驱动程序设置到不对应的扩展接口中时，GOT 不能与连接机器进行通信。

2．习题

（1）GT1000 系列触摸屏可以仿真吗？

（2）三菱触摸屏报警记录显示当中，是否可以使用不同的软元件报警？

（3）当位软元件为"ON"或"OFF"时，可分别切换不同的画面吗？

（4）如何安装三菱触摸屏 GT1000 系列的基本 OS，通信驱动 OS？

（5）如果出现下述情况，要重新对软元件进行设置，三菱触摸屏 GOT1000"硬复制"的图像如何读取？

（6）如何解决三菱触摸屏对象脚本制作完毕，上传到 GOT 后，功能无法实现的现象？

（7）什么是 GOT 数据寄存器（GD）？

（8）什么是三菱触摸屏 GOT 的特殊寄存器（GS）？

（9）设置了三菱触摸屏画面切换软元件，是不是每次开机都是 1 号画面？

（10）三菱触摸屏可以显示 PDF 文件吗？

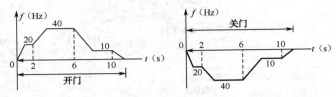

任务二

用 PLC、变频器实现电梯开关门控制系统设计

■【任务引入】

用 PLC 和变频器设计一个电梯开关门的控制系统，如图 4-2-1 所示，控制要求如下。

（1）按开门按钮 SB1，电梯门即启动（20Hz），2s 后即加速（40Hz），6s 后即减速（10Hz），10s 后停止。

（2）按关门按钮 SB2，电梯门即启动（20Hz），2s 后即加速（40Hz），6s 后即减速（10Hz），10s 后停止。

（3）电动机运行过程中，若热保护动作，则电动机无条件停止运行。

（4）电动机的加、减速时间自行设定。

图 4-2-1　电梯开门的速度曲线

■【关键知识】——FR-A700 变频器

一、FR-A700 变频器安装与接线

1. 变频器的安装

安装多个变频器时，要并列放置，安装后采取冷却措施。变频器安装示意图如图 4-2-2 所示。

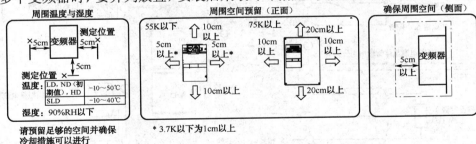

图 4-2-2　变频器安装示意图

2. 接线

主回路端子的端子排列与电源、电动机的接线如图 4-2-3 和图 4-2-4 所示。

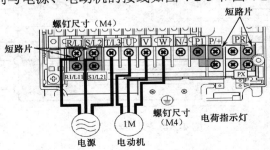

图 4-2-3　主回路端子接线图

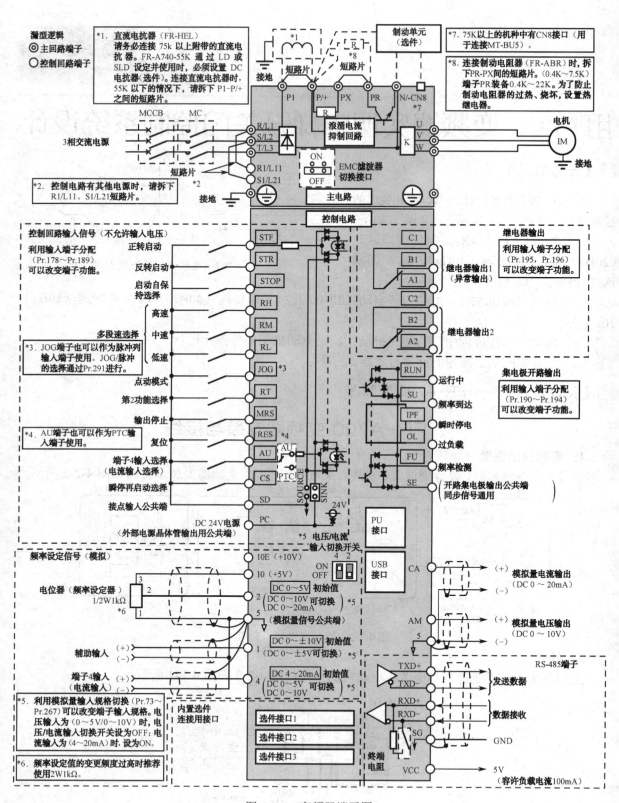

图 4-2-4 变频器端子图

注意：

● 干扰可能导致错误动作发生，所以信号线要离动力线 10cm 以上。

● 接线时不要在变频器内留下电线切屑，电线切屑可能会导致异常、故障、错误动作发生。请保持变频器的清洁。

● 在控制板上钻孔时请务必注意不要使切屑粉掉进变频器内。

● 请正确设定电压/电流输入切换开关。如使用错误的设定，将导致异常、故障、错误动作。

二、FR-A700 变频器操作面板的认识

操作面板如图 4-2-5 所示。

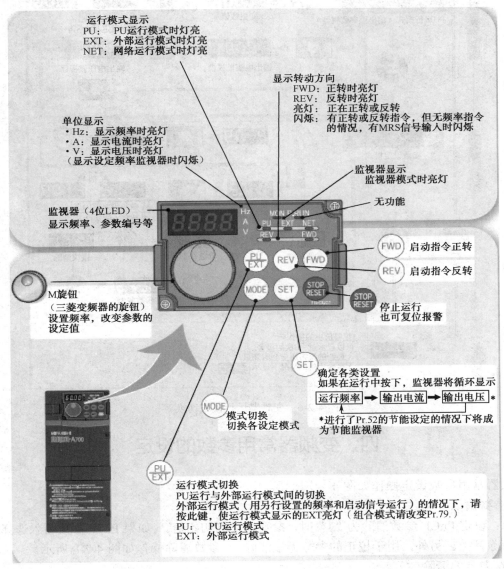

图 4-2-5　操作面板

三、变频器运行模式的切换

变频器运行模式切换如图 4-2-6 所示。

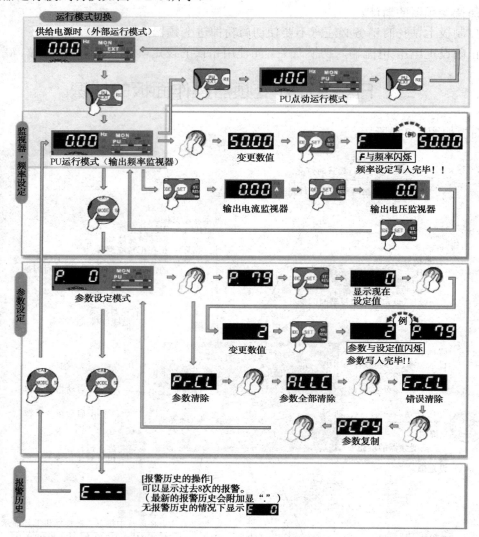

图 4-2-6　变频器运行模式切换

四、变频器常用参数的设定

变频器常用参数设定操作如图 4-2-7 所示。

1．参数清除

要点：设定 Pr.CL 参数清除为"1"时，参数恢复到初始值。（如果 Pr.77 参数写入选择 "1" 时无法清除参数。另外，用于校正的参数无法清除）。参数清除操作如图 4-2-8 所示。

2．参数全部清除

要点：设定 ALLC 参数全部清除为"1"时，参数恢复到初始值。（如果 Pr.77 参数写入选择 "1"时无法清除参数）。全部参数清除操作如图 4-2-9 所示。

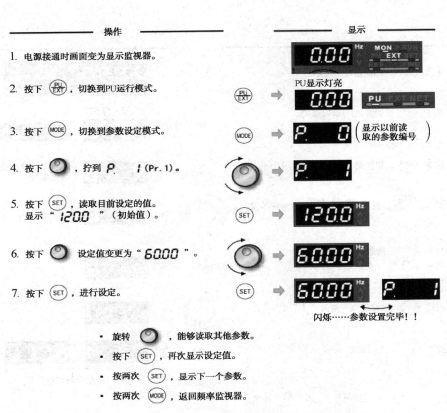

操作	显示

1. 电源接通时画面变为显示监视器。

2. 按下 (PU/EXT)，切换到PU运行模式。 PU显示灯亮

3. 按下 (MODE)，切换到参数设定模式。 (显示以前读取的参数编号)

4. 按下 ⊙，拧到 P. 1(Pr.1)。

5. 按下 (SET)，读取目前设定的值。显示"120.0"（初始值）。

6. 按下 ⊙ 设定值变更为"60.00"。

7. 按下 (SET)，进行设定。

闪烁……参数设置完毕！！

- 旋转 ⊙，能够读取其他参数。
- 按下 (SET)，再次显示设定值。
- 按两次 (SET)，显示下一个参数。
- 按两次 (MODE)，返回频率监视器。

图 4-2-7 变频器常用参数设定操作

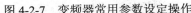

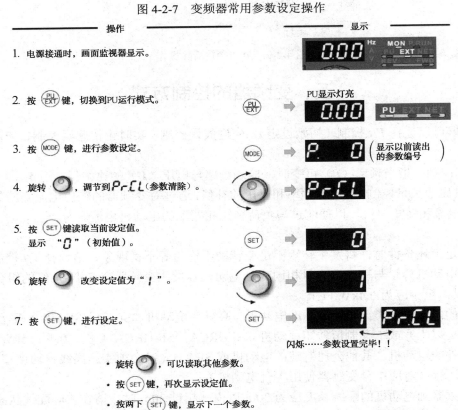

操作	显示

1. 电源接通时，画面监视器显示。

2. 按 (PU/EXT) 键，切换到PU运行模式。 PU显示灯亮

3. 按 (MODE) 键，进行参数设定。 (显示以前读出的参数编号)

4. 旋转 ⊙，调节到 Pr.CL（参数清除）。

5. 按 (SET) 键读取当前设定值。显示"0"（初始值）。

6. 旋转 ⊙ 改变设定值为"1"。

7. 按 (SET) 键，进行设定。

闪烁……参数设置完毕！！

- 旋转 ⊙，可以读取其他参数。
- 按 (SET) 键，再次显示设定值。
- 按两下 (SET) 键，显示下一个参数。

图 4-2-8 参数清除操作

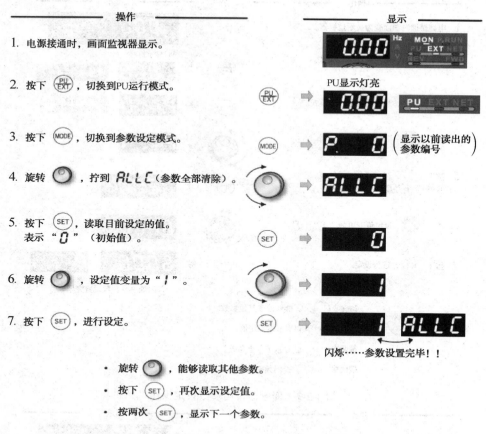

操作 / 显示

1. 电源接通时，画面监视器显示。

2. 按下 (PU/EXT)，切换到PU运行模式。

PU显示灯亮

3. 按下 (MODE)，切换到参数设定模式。

P. 0 （显示以前读出的参数编号）

4. 旋转 ○，拧到 ALLC（参数全部清除）。

ALLC

5. 按下 (SET)，读取目前设定的值。
   表示 "0"（初始值）。

0

6. 旋转 ○，设定值变量为 "1"。

1

7. 按下 (SET)，进行设定。

1 ALLC

闪烁……参数设置完毕！！

• 旋转 ○，能够读取其他参数。
• 按下 (SET)，再次显示设定值。
• 按两次 (SET)，显示下一个参数。

图 4-2-9 全部参数清除操作

五、变频器的控制方式

本变频器可以选择 V/f 控制（初始设定）、先进矢量控制、实时无传感器控制、矢量控制等控制模式。

（1）V/f 控制：指当频率（f）可变时，控制频率与电压（V）的比率保持恒定。

（2）先进磁通矢量控制：指进行频率和电压的补偿，通过对变频器的输出电流实施矢量演算，分割为励磁电流和转矩电流，以便流过与负荷转矩相匹配的电动机电流。

要点：

● 未满足上述条件时，将发生转矩不足或转动不均匀等不良现象，请选择 V/f 控制；

● 按照电动机容量与变频器容量相同或是电动机容量比变频器容量小 1 级的组合进行运行（不过，至少应为 0.4kW 以上）；

● 适用的电动机种类：三菱制标准电动机、高效率电动机（SF-JR，SF-HR 2 极，4 极，6 极 0.4kW 以上）或三菱制恒转矩电动机（SF-JRCA，SF-HRCA 4 极　0.4～55kW），使用除此以外的电动机（其他公司制造的电动机或 SF-TH）时必须实施离线自动调整；

● 单机运行（对应 1 台变频器使用 1 台电动机）；

● 从变频器到电动机的配线长度应为 30m 以内（超过 30m 时，请在实际配线状态下实施离线自动调整）。

3．实时无传感器矢量控制

通过推断电动机速度，实现具备高度电流控制功能的速度控制和转矩控制。有必要实施高精度、高响应的控制时请选择实时无传感器矢量控制，并实施离线自动调谐。

实时无传感器矢量控制适用于以下所述的用途：

- 负荷的变动较剧烈但希望将速度的变动控制在最小范围；
- 需要低速转矩时；
- 为防止转矩过大导致机械破损（转矩限制）；
- 想实施转矩控制。

要点：

- 未满足下述条件时，将发生转矩不足或转动不均匀等不良现象，请选择 V/F 控制；
- 按照电动机容量与变频器容量相同或是电动机容量比变频器容量小 1 级的组合进行运行（不过，至少应为 0.4kW 以上）；
- 必须实施离线自动调整。实时无传感器矢量控制时，即使使用三菱制电动机也需同时实施离线自动调整；
- 单机运行（对应 1 台变频器使用 1 台电动机）。

4．矢量控制

安装 FR-A7AP，并与带有 PLG 的电动机配合可实现真正意义上的矢量控制，可进行高响应、高精度的速度控制（零速控制、伺服锁定）、扭矩控制、位置控制。

矢量控制相对于 V/f 控制等其他控制方法，控制性能更加优越，可实现与直流电动机同等的控制性能。

矢量控制适用于下列用途：

- 负荷的变动较剧烈但希望将速度变动控制在最小范围；
- 需要低速转矩时；
- 为防止转矩过大导致机械损伤（转矩限制）；
- 想实施转矩控制和位置控制；
- 在电动机轴停止的状态下，对产生转矩的伺服锁定转矩进行控制。

要点：

- 未满足上述条件时，将发生转矩不足，转动不均等不良现象；
- 按照电动机容量与变频器容量相同或比变频器容量小 1 级的组合进行运行（但是，应为 0.4kW 以上）；
- 适用于带 PLG 的三菱制标准电动机，高效率电动机（SF-JR，SF-HR 2 极，4 极，6 极，0.4kW 以上），三菱制恒转矩电动机（SF-JRCA，SF-HRCA 4 极　0.4~55kW）和矢量控制专用电动机（SF-V5RU）等电动机种类。使用上述以外的电动机（其他公司制造的电动机等）时，请务必实施离线自动调谐；
- 单机运行（对应 1 台变频器使用 1 台电动机）；
- 从变频器到电动机的配线长度保持在 30m 以内（超过 30m 时，请在实际配线状态下进行离线自动调谐）。

一、任务要求

用 PLC 和变频器设计一个电梯开关门的控制系统，如图 4-2-1 所示，控制要求如下。

（1）按开门按钮 SB1，电梯门即启动（20Hz），2s 后即加速（40Hz），6s 后即减速（10Hz），10s 后停止。

（2）按关门按钮 SB2，电梯门即启动（20Hz），2s 后即加速（40Hz），6s 后即减速（10Hz），10s 后停止。

（3）电动机运行过程中，若热保护动作，则电动机无条件停止运行。

（4）电动机的加、减速时间自行设定。

二、变频器设置

根据控制要求，变频器的具体设定参数如下。

（1）PU 操作模式 Pr.79=1，清除所有参数。

（2）PU 操作模式 Pr.79=1。

（3）上限频率 Pr.1=50Hz。

（4）下限频率 Pr.2=0Hz。

（5）加速时间 Pr.7=1s。

（6）减速时间 Pr.8=1s。

（7）电子过电流保护 Pr.9=电动机的额定电流。

（8）基底频率 Pr.20=50Hz。

（9）组合操作模式 Pr.79=3，即频率由 PU 单元设定，启动、停止由外部信号控制。

（10）多段速度设定（1 速）Pr.4=20Hz。

（11）多段速度设定（2 速）Pr.5=40Hz。

（12）多段速度设定（3 速）Pr.6=10Hz。

三、PLC 的 I/O 分配

根据控制要求，PLC 的输入输出分配如表 4-2-1 所示

表 4-2-1　I/O 分配表

输 入 单 元		输 出 单 元	
开门按钮 SB1	X0	开门	Y0
关门按钮 SB2	X1	高速	Y1
热继电器 FR	X2	中速	Y2
		低速	Y3
		关门	Y4

四、控制系统接线图

PLC 与变频器电动机的接线图如图 4-2-10 所示。X0 为开门按钮，X1 为关门按钮，X2 为过载保护热继电器，Y0 为 STF，Y1 为 RH，Y2 为 RM，Y3 为 RL，Y4 为 STR。

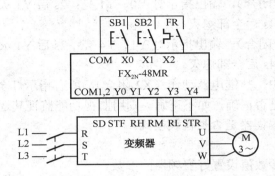

图 4-2-10　PLC 与变频器电动机的接线图

五、软件程序

根据控制要求编写 PLC 控制梯形图程序，如图 4-2-11 所示。

图 4-2-11　PLC 控制梯形图

六、调试运行

1. PLC程序调试

（1）按图 4-2-11 输入程序，并连接 PLC 输入电路，将 PLC 运行开关置 RUN。

（2）按 SB1 按钮（X0 闭合），输出指示灯 Y0、Y1 亮；2s 后 Y1 灭，Y0、Y2 亮；再过 4s 后 Y2 灭，Y0、Y3 亮；再过 4s 后全部熄灭。

（3）按 SB2 按钮（X1 闭合），输出指示灯 Y1、Y4 亮；2s 后 Y1 灭，Y2、Y4 亮；再过 4s 后 Y2 灭，Y3、Y4 亮；再过 4s 后全部熄灭。

（4）在上述运行过程中，热继电器动作（X2 闭合），所有指示灯全部熄灭。

（5）观察输出指示灯是否正确，如不正确，则用监视功能监视其运行情况。如果使用的是手持编程器，则要检查手持编程器是否是在线模式。

2. 空载调试

（1）按上述变频器的参数值设置好变频器的参数。

（2）连接好主电路（不接电动机）和控制电路。

（3）按 SB1 按钮，变频器以 20Hz 正转，2s 后切换到 40Hz 运行，再过 4s 后切换到 10Hz 运行，再过 4s 变频器停止运行。

（4）按 SB2 按钮，变频器以 20Hz 反转，2s 后切换到 40Hz 运行，再过 4s 后切换到 10Hz 运行，再过 4s 变频器停止运行。

（5）在任何时刻，热继电器动作，变频器均停止运行。

（6）若按下 SB1 按钮，变频器不运行，请检查 PLC 输出点 Y0 与变频器 STF 的连接线路及 PLC 输出点 Y0 是否有故障。若变频器的运行频率与设定频率不一致，请检查 PLC 端子 COM1、COM2、Y1、Y2、Y3 与变频器的连接线及 PLC 的输出点 Y1、Y2、Y3 是否有故障，再检查变频器的参数 Pr.4、Pr.5、Pr.6 的设定值是否正确。

3. 综合调试

（1）连接好所有主电路和控制电路。

（2）按 SB1 按钮，变频器以 20Hz 正转，2s 后切换到 40Hz 运行，再过 4s 后切换到 10Hz 运行，再过 4s 变频器停止运行。

（3）按 SB2 按钮，变频器以 20Hz 反转，2s 后切换到 40Hz 运行，再过 4s 后切换到 10Hz 运行，再过 4s 变频器停止运行。

（4）在任何时刻，热继电器动作，变频器均停止运行。

■【知识链接】——变频器专用协议及部分指令代码

1. 三菱变频器专用协议

可以通过变频器的 PU 接口，RS-485 接口端子使用三菱变频器协议（计算机链接通信），进行参数设定、监视等。

1）通信规格

表 4-2-2 通信规格表

项 目	内 容	相关参数
通信协议	三菱协议（计算机链接）	Pr.551
参照规格	EIA RS-485 规格	—

项　目		内　容	相关参数
连接台数		1：N（最多32台），设定0~31站	Pr.117 Pr.331
通信速度	PU接口	能够选择4800/9600/19200/38400bit/s	Pr.118
	RS-485接口端子	能够选择300/600/1200/2400/4800/9600/19200/38400bit/s	Pr.332
控制步骤		起止同步方式	—
通信方法		半双工方式	—
通信规格	字符方式	ASCII（能够选择7位/8位）	Pr.119 Pr.333
	起始位	16位	—
	停止位长	能够选择1位/2位	Pr.119 Pr.333
	奇偶校验	能够选择有（偶数，奇数）无	Pr.120 Pr.334
	错误校验	求和校验	—
	终端连接器	CR/LF（能够选择有无）	Pr.124 Pr.341
等待时间设定		能够选择有无	Pr.123 Pr.337

2）通信步骤

计算机与变频器的通信步骤如图4-2-12所示。

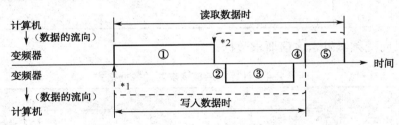

图4-2-12　计算机与变频器的通信步骤

计算机与变频器的通信按照以下的步骤进行。

① 从计算机向变频器发送要求数据（不会自发从变频器发送数据）。

② 经过通信等待时间。

③ 针对数据发送计算机的要求，从变频器向计算机发送返回数据。

④ 等待变频器处理。

⑤ 变频器的反馈数据③是从计算机发送的反馈信息。

注意：

● *1 发生数据错误，必须再试时，请根据用户程序进行再试。再试连续次数如果超出参数的设定值，变频器将停止报警。

● *2 如果接收发生错误的数据，变频器将再次向计算机发送数据③。数据错误连续次数如果超出参数的设定值，变频器将停止报警。

3）有无通信动作和数据格式种类

计算机和变频器的通信以 ASCII 码（十六进制）进行，有无通信动作和数据格式如表 4-2-3 所示。

表 4-2-3　有无通信动作和数据格式

记　号	动　作　内　容		运　行　指　令	运　行　频　率	参　数　写　入	变　频　器　复　位	监　视　器	参　数　读　取
①	根据计算机的用户程序向变频器发送通信要求		A A′	A	A	A	B	B
—	变频器数据处理时间		有	有	有	无	有	有
②	变频器的返回数据（①检查数据错误）	无错误 *（要求接受）	C	C	C	C*2	E E′	E
		有错误（要求拒绝）	D	D	D	D*2	D	D
—	计算机的处理延迟时间		无	无	无	无	无	无
③	计算机对返回数据②的回答(检查②数据错误)	无错误 *（变频器无处理）	无	无	无	无	无（C）	无（C）
		有错误（变频器再输出②）	无	无	无	无	F	F

① 从计算机向变频器发送通信要求数据。

表 4-2-4　计算机通信请求时的数据格式

格　式	字　符　数												
	1	2	3	4	5	6	7	8	9	10	11	12	13
A（数据写入）	ENQ*1	变频器站号 *2		命令代码		等待时间*3		数据				求和校验	*4
A′（数据写入）	ENQ*1	变频器站号 *2		命令代码		等待时间*3		数据		求和校验	*4		
B（数据读取）	ENQ*1	变频器站号 *2		命令代码		等待时间*3		求和校验	*4				

② 从变频器返回计算机的数据。

写入数据时变频器的应答数据格式如表 4-2-5 所示。

表 4.2-5　写入数据时变频器的应答数据格式

格　式	字　符　数				
	1	2	3	4	5
C （无数据错误）	ACK*1	变频器站号 *2		*4	
D （有数据错误）	NAK*1	变频器站号 *2		错误代码	*4

读取数据时变频器的应答数据格式如表 4-2-6 所示。

表 4-2-6　读取数据时变频器的应答数据格式

格　式	字　符　数										
	1	2	3	4	5	6	7	8	9	10	11
E（无数据错误）	STX*1	变频器站号 *2		读取数据				ETX*1	求和校验		*4
E（无数据错误）	STX*1	变频器站号 *2		读取数据		ETX*1	求和校验		*4		
D（有数据错误）	NAK*1	变频器站号 *2		错误代码		*4					

③ 读取数据时从计算机向变频器发送数据。

读取数据时计算机的发送数据格式如表 4-2-7 所示。

表 4-2-7　读取数据时计算机的发送数据格式

格　式	字　符　数			
	1	2	3	4
C（无数据错误）	ACK*1	变频器站号 *2		*4
F（有数据错误）	NAK*1	变频器站号 *2		*4

*1：显示控制代码。

*2：通过 16 进制代码在 H00～H1F（0～31 站）范围内指定变频器站号。

*3：设定 Pr.123、Pr.337（等待时间设定）≠9999 时，通过设定数据格式中无"等待时间"制作通信要求数据（字符数减少 1 个）。

*4：CR、LF 代码

从计算机向变频器发送数据时，在数据群的最后通过计算机自动设定 CR（回车）、LF（换行）。此时，变频器也必须根据计算机校准设定。另外 CR、LF 代码能够通过 Pr.124、Pr.341（CR·LF 有无选择）选择有无。

4）数据的说明

① 控制码。

控制代码如表 4-2-8 所示。

表 4-2-8　控制代码

信　号　名	ASCII 码	内　　容
STX	H02	Start Of Text（数据开始）
ETX	H03	End Of Text（数据结束）
ENQ	H05	Enquiry（通信要求）
ACK	H06	Acknowledge（无数据错误）
LF	H0A	Line Feed（换行）
CR	H0D	Carriage Return（回车）
NAK	H15	Negative Acknowledge（有数据错误）

② 变频器站号。

指定与计算机进行通信的变频器站号，可指定为 0～31。

③ 命令代码。

从计算机指定变频器的运行、监视等的处理要求内容。因此，通过任意设定命令代码能够进行各种运行、监视。

④ 数据。

显示对变频器的频率、参数等进行写入、读取的数据，对应命令代码，设定数据的意思，设定范围。

⑤ 等待时间。

如图 4-2-13 所示，规定变频器从计算机接收数据后，到发送返回数据的时间称为等待时间。等待时间对应计算机的可能应答时间，在 0～150ms 的范围内以 10ms 为单位进行设定，例如，1：10ms，2：20ms，它由 Pr.123 来设定；若 Pr.123 设定为 9999 时，才在此通信数据中进行设定；若 Pr.123 设定为 0～150 时，则通信数据不用设定等待时间，通信数据则少一个字符。

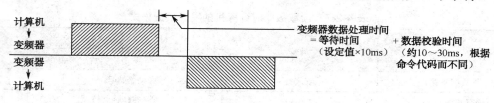

图 4-2-13　等待时间

⑥ 求和校验码。

对象数据的 ASCII 码变换后的代码，以二进制码叠加后，其结果（求和）的后 1 字节（8 位）变换为 ASCII 2 位（十六进制），称为求和校验码。求总和校验码的方法，如表 4-2-9 和表 4-2-10 所示。

表 4-2-9　总和校验 1

数据位	1	2	3	4	5	6	7	8	9	10	11	12
A 格式	ENQ	站号		指令代码		等待时间	数据				总和校验码	
原始数据	H05	0	1	E	1	1	0	7	A	D	F	4
ASCII 码	H05	H30	H31	H45	H31	H31	H30	H37	H41	H44	H46	H34
求校验总和	H30+H31+H45+H31+H31+H30+H37+H41+H44 - HIF4 所以，HF4 为总和校验原始数据											

表 4-2-10　总和校验 2

数据位	1	2	3	4	5	6	7	8	9	10
E 格式	STX	站号		读出数据				ETX	总和校验码	
原始数据	H02	0	1	1	7	7	0	H03	3	0
ASCII 码	H02	H30	H31	H31	H37	H37	H30	H03	H33	H30
求校验总和	H30+H30+H31+H37+H37+H30-H130 所以，H30 为校验总和原始数据									

⑦ 错误代码。

变频器接收的数据存在错误时，除 NAK 代码外，还向计算机返回错误内容。

2. 运行指令代码

变频器是通过执行计算机或 PLC 发送来的指令代码[HFA 和 HF9（扩展时）]和相关的数据来运行的，运行指令代码的数据位定义如表 4-2-11 所示。

表 4-2-11　运行指令代码的数据位定义

运行指令代码	位　长	数据位定义		运行指令代码	位　长	数据位定义	
HFA	8 位	b0:	AU（电流输入选择）	HF9 扩展时	16 位	b0～b7:	与 HFA 指令代码相同
		b1:	正转指令			b8:	JOG（点动运行）
		b2:	反转指令			b9:	CS（瞬时停电再起动）
		b3:	RL（低速指令）			b10:	STOP（起动自动保持）
		b4:	RM（中速指令）			b11:	RES（复位）
		b5:	RH（高速指令）			b12～b15:	未定义
		b6:	RT（第 2 功能选择）				
		b7:	MRS（输出停止）				

如设定正转启动，则可将 HFA 运行指令代码的数据位设定为 b1=1，即将数据设定为 H02，如要反转，则将 HFA 运行指令代码的数据位设定为 b2-1，即将数据设定为 H04。

3．运行状态监视指令代码

变频器运行状态监视是指通过读取该指令代码的数据位数据，来监视变频器的运行状态。运行状态监视指令代码如表 4-2-12 所示。

表 4-2-12　运行状态监视指令代码

指令代码	位　长	数据位定义		指令代码	位　长	数据位定义	
H7A	8 位	b0:	RUN（变频器运行中）	H79 扩展时	16 位		
		b1:	正转中				
		b2:	反转中			b0～b7:	与 HFA 指令代码相同
		b3:	SU（频率到达）			b8:	ABC2（异常）
		b4:	01（过负荷）			b9～b14:	未定义
		b5:	IPF（瞬时停电）			b15:	发生异常
		b6:	FU（频率检测）				
		b7:	ABC1（异常）				

4．其他指令代码

其他指令代码包括监视器、频率的写入、变频器复位、参数清除等指令功能，如表 4-2-13 所示。

表 4-2-13　其他指令代码

序　号	项目名称		读/写	指令代码	数据位定义	指令格式
1	运行模式		读	H7B	H0000：网络运行；HOO01：外部运行	B，E，D
			写	HFB	H0002：PU 运行	A，C，D
2	监视器	输出频率/转速	读	H6F	H0000～HFFFF：输出频率单位为 0.01Hz （转速单位为 lr/min，Pr. 37 =1～9998 或者 Pr.144=2～12，102～112 时）	B，E，D
		输出电流	读	H70	H0000～HFFFF：输出电流（十六进制） 单位 0.01A（55K 以下）/0.1A（75K 以上）	B，E，D
		输出电压	读	H71	H0000～HFFFF：输出电压（十六进制）单位 0.1V	B，E，D
		特殊监视器	读	H72	H0000～HFFFF：根据指令代码 HF3 选择的监视器数据	B，E，D
		特殊监视器	读	H73		B，E，D
		选择代码	写	HF3	H01～H36	A，C，D

序 号	项目名称		读/写	指令代码	数据位定义	指令格式
2	监视器	异常内容	读	H74~H77	H0000~HFFFF b15~b8 b7~b0 H74：2次前的异常，最新异常 H75：4次前的异常，3次前的异常 H76：6次前的异常，5次前的异常 H77：8次前的异常，7次前的异常	B，E，D
3	运行指令（扩展）		写	HF9		A'，C，D
	运行指令		写	HFA	略	A，C，D
4	变频器状态监视器（扩展）		读	H79		B，E，D
	变频器状态监视器		读	H7A	略	B，E，D
5	读取设定频率（RAM）		读	H6D	在 RAM 或 EEPROM 中读取设定频率/旋转数。范围 H0000~HFFFF；设定频率，单位为 0.01Hz，旋转数，单位为 r/min（Pr.37=1~9998 或 Pr.144=2~12，102~112 时）	B，E，D
	读取设定频率（EEPROM）		读	H6E		
	写入设定频率（RAM）		写	HED	在 RAM 或 EEPROM 中写入设定频率/旋转数。频率范围 H0000~H9C40（0~400.00Hz），频率单位为 0.01Hz（十六进制）；旋转数范围 H0000~H270E（0~9998），旋转数单位为 r/min（Pr. 37=1~9998，Pr.144=2~12，102~112 时）	A，C，D
	写入设定频率（RAM，EEPROM）		写	HEE		
6	变频器复位		写	HFD	H9696：先复位变频器，由于变频器复位无法向计算机发送返回数据	A，C，D
					H9966：先向计算机返回 ACK 后，变频器复位	A．D
7	异常内容一揽子清除		写	HF4	H9696：一揽子清除异常历史记录	A，C，D
8	参数全部清除		写	HFC	有以下几种不同的清除方式 | 数据	通信参数	校准	其他参数	HEC HF3 HFF
---	---	---	---	---
H9696	√	×	√	√
H9966	√	√	√	√
H5A5A	×	×	√	√
H55AA	×	√	√	√	 执行 H9696 或 H9966 时，所有参数清除，只有 Pr.75 不被清除	A，C，D
9	参数		读	H00~H63	请参照指令代码，根据需要实施写入、读取。	B，E，D
10			写	H80~HE3	设定 Pr. 100 以后的参数时，需要进行链接参数扩展设定	A，C，D
11	链接参数扩展设定		读	H7F	根据 H00~H09 的设定，进行参数内容的切换	B，E'，D
			写	HFF		A'，C，D
12	第 2 参数切换（指令代码 HFF=1.9）		读	H6C	设定校正参数时	B，E'，D
			写	HEC	H00：补偿/增益 H01：设定参数的模拟值 H02：从端子输入的模拟值	A'，C，D

小结与习题

1．小结

（1）变频器是利用电力半导体器件的通断作用将工频电源变换为另一频率的电能控制装置。

（2）PWM 是英文 Pulse Width Modulation（脉冲宽度调制）缩写，按一定规律改变脉冲列的脉冲宽度，以调节输出量和波形的一种调制方式；PAM 是英文 Pulse Amplitude Modulation（脉冲幅度调制）缩写，是按一定规律改变脉冲列的脉冲幅度，以调节输出量和波形的一种调制方式。

（3）V/f 模式的意思是频率下降时，电压 V 也成比例下降。V 与 f 的比例关系是考虑了电机特性而预先决定的，通常在控制器的存储装置（ROM）中存有几种特性，可以用开关或标度盘进行选择。

（4）变频器的保护功能可分为以下两类。

① 检知异常状态后自动地进行修正动作，如过电流失速防止、再生过电压失速防止。

② 检知异常后封锁电力半导体器件 PWM 控制信号，使电机自动停车，如过电流切断、再生过电压切断、半导体冷却风扇过热和瞬时停电保护等。

（5）变频器控制方式有以下四种。

① $V/f=C$ 的正弦脉宽调制（SPWM）控制方式。

② 电压空间矢量（SVPWM）控制方式。

③ 矢量控制（VC）方式。

④ 直接转矩控制（DTC）方式。

（6）变频器的外部配置及应注意的问题如下。

① 选择合适的外部熔断器，以避免因内部短路对整流器件造成损坏。变频器的型号确定后，若变频器内部整流电路前没有保护硅器件的快速熔断器，变频器与电源之间应配置符合要求的熔断器和隔离开关，不能用空气断路器代替熔断器和隔离开关。

② 选择变频器的引入和引出电缆时，要根据变频器的功率选择导线截面合适的三芯或四芯屏蔽动力电缆。尤其是从变频器到电机之间的动力电缆一定要选用屏蔽结构的电缆，且要尽可能短，这样可降低电磁辐射和容性漏电流。当电缆长度超过变频器所允许的输出电缆长度时，电缆的杂散电容将影响变频器的正常工作，为此要配置输出电抗器。对于控制电缆，尤其是 I/O 信号电缆也要用屏蔽结构的。对于变频器的外围元件与变频器之间的连接电缆的长度不得超过 10m。

③ 在输入侧装交流电抗器或 EMC 滤波器时，要考虑变频器安装场所的其他设备对电网品质的要求，若变频器工作时已影响到这些设备的正常运行，可在变频器输入侧装交流电抗器或 EMC 滤波器，抑制由功率器件通断引起的电磁干扰。若与变频器连接的电网的变压器中性点不接地，则不能选用 EMC 滤波器。当变频器用 500V 以上电压驱动电机时，需在输出侧配置 du/dt 滤波器，以抑制逆变输出电压尖峰和电压的变化，有利于保护电机，同时也降低了容性漏电流和电机电缆的高频辐射，以及电机的高频损耗和轴承电流。使用 du/dt 滤波器时要注意滤波器上的电压降将引起电机转矩的稍微降低；变频器与滤波器之间电缆长度不得超过 3m。

（7）变频器的选型是一项要认真对待的工作，目前市场上低压通用变频器的品种及规格很多，选择时应按实际的负载特性，以满足使用要求为准，以便做到量才使用，经济实惠。

2．习题

（1）一般的通用变频器包含哪几种电路及其作用？

（2）变频器调速系统的调试方法有哪些？

（3）变频器的关键性能指标是什么？

（4）变频器的分类方式有哪些？

（5）为什么变频器的输入端与输出端不允许接反？

触摸屏、PLC、变频器实现中央空调控制系统

■【任务引入】

设计一个中央空调控制系统，其控制要求如下。

（1）循环水系统配有冷却水泵两台 M1 和 M2，冷冻水泵两台 M3 和 M4，均为一用一备，冷却水泵和冷冻水泵的控制过程相似，实训时只需设计冷却水泵的电气控制系统。

（2）正常情况下，系统运行在变频节能状态，其上限运行频率为 50Hz，下限运行频为 30Hz，当节能系统出现故障时，可以进行手动工频运行。

（3）在变频节能状态下可以自动调节频率，也可以手动调节频率，每次的调节量为 0.5Hz。

（4）自动调节频率时，采用温差控制，两台水泵可以进行手动轮换。

（5）上述的所有操作都通过触摸屏来进行。

■【关键知识】

一、中央空调控制系统的组成

中央空调控制系统主要由冷冻机组、冷冻水循环系统、冷却水循环系统与冷却风机等几部分组成，如图 4-3-1 所示。

1. 冷冻机组

冷冻机组也称为制冷装置，是中央空调的制冷源。通往各个房间的循环水在冷冻机组内进行内部热交换，冷冻机组吸收热量，冷冻水温度降低；同时，流经冷却塔的循环水也在冷冻机组内部进行热交换，冷冻机组释放热量，冷却水温度升高。

2. 冷冻水循环系统

冷冻水循环系统由冷冻泵、冷冻水管及房间盘管组成。从冷冻机组流出的冷冻水（7℃）经冷冻泵加压后送入冷冻水管道，在各房间盘管内进行热交换，带走房间内的热量，使房间内的温度下降。同时，冷冻水的温度升高，温度升高了的冷冻水（12℃）流回冷冻机组后，冷冻机组的蒸发器又吸收冷冻水的热量，使之又成为低温的冷冻水，如此往复循环，是一个闭式系统。

从冷冻机组流出、进入房间的冷冻水简称为"出水"，流经所有房间后回到冷冻机组的冷冻水简称为"回水"。由于回水的温度高于出水的温度，因而形成温差。

3. 冷却水循环系统

冷却水循环系统由冷却泵、冷却水管道及冷却塔组成。冷冻机组在进行内部热交换、使冷冻水降温的同时，又使冷却水温度升高。冷却泵将升温的冷却水（37℃）压入冷却塔，使之在冷却塔中与大气进行热交换，然后冷却了的冷却水（32℃）又流回冷冻机组，如此不断循环，带走了冷冻机组释放的热量，它通常是一个开式系统。

流进冷冻机组的冷却水简称为"进水"，从冷冻机组流回冷却塔的冷却水简称为"回水"。同样，回水的温度高于进水的温度，也形成了温差。

4．冷却风机

冷却风机又分为盘管风机和冷却塔风机两种。盘管风机又称为室内风机，安装于所有需要降温的房间内，用于将冷却了的冷空气吹入房间，加速房间内的热交换。冷却塔风机用于降低冷却塔中冷却水的温度，将回水带回的热量加速散发到大气中去。

由上可知，中央空调系统的工作过程是一个不断地进行热交换的能量转换过程。在这里，冷冻水和冷却水循环（总称为循环水）系统是能量的主要传递者。因此，对冷冻水和冷却水循环系统的控制是中央空调控制系统的重要组成部分。

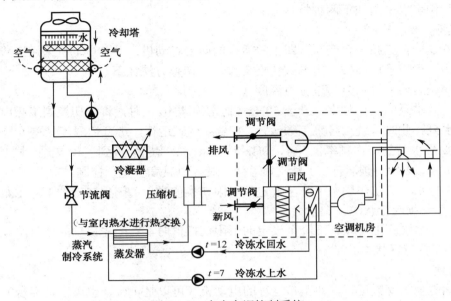

图 4-3-1   中央空调控制系统

二、中央空调系统存在的问题

一般来说，中央空调系统的最大负载能力是按照天气最热、负荷最大的条件来设计的，存在着很大的裕量，但是，实际上系统极少在这些极限条件下工作。根据有关资料统计，空调设备 97% 的时间运行在 70% 负荷以下，并时刻波动，所以，实际负荷总不能达到设计的负荷，特别是在冷气需求量少的情况下，主机负荷量低，为了保证有较好的运行状态和较高的运行效率，主机能在一定范围内根据负载的变化加载和卸载（近年来，许多生产厂商也对主机进行变频调速，但它更多涉及制冷的内容，这里不进行介绍），但与之相配套的冷却水泵和冷冻水泵却仍在高负荷状态下运行（水泵电动机的功率是按高峰冷负荷对应水流量的 1.2 倍选配），这样，存在很大的能量损耗，同时还会带来以下一系列问题。

（1）水流量过大使循环水系统的温差降低，恶化了主机的工作条件、引起主机热交换效率下降，造成额外的电能损失。

（2）由于水泵流量过大，通常都是通过调整管道上的阀门开度来调节冷却水和冷冻水流量，因此阀门上存在着很大的能量损失。

（3）水泵电动机通常采用星形—三角形启动，但启动电流仍然较大，会对供电系统带来一定冲击。

（4）传统的水泵启、停控制不能实现软启、软停，在水泵启动和停止时，会出现水锤现象，对管网造成较大冲击，增加管网阀门的"跑、冒、滴、漏"现象。

由于中央空调循环水系统运行效率低、能耗较大，存在许多弊端，并且属长期运行，因此，对循环水系统进行节能技术改造是完全必要的。

三、变频调速方案

采用变频调速技术改造中央空调的循环水系统，具有节能效果好、自动化程度高等优势，具体实施时，我们可以采用如下两种技术方案。

1. 半变频

半变频就是一台工频一台变频，即正常运行的两台电动机，一台电动机采用工频运行，另一台电动机变频运行，且可以按一定方式轮换工作，其切换方法如下。

（1）先变频启动 1 号水泵，进行恒温度（差）控制。

（2）当 1 号水泵的工作频率上升至 50Hz（通常为 48Hz）时，将它切换到工频电源，同时变频启动 2 号水泵，此时系统 1 号泵工频运行，2 号泵变频运行，进行恒温度（差）控制。

（3）当 2 号水泵的工作频率上升至 50Hz 时，系统又将它切换到工频电源，同时变频启动 3 号泵，此时 1 号、2 号工频运行，3 号变频运行，进行恒温度（差）控制。

（4）当 3 号水泵的工作频率下降至设定的下限切换值时，关闭先启动的 1 号水泵，系统进入 2 号工频、3 号变频运行状态。

（5）当 3 号水泵的工作频率下降至设定的下限切换值时，关闭先启动的 2 号水泵，这时只有 3 号水泵处于变频运行状态。

2. 全变频

全变频就是全部变频运行，即正常运行的电动机（可以是 1 台，也可以是多台）采用变频运行，其切换方法如下。

（1）先变频启动 1 号水泵，进行恒温度（差）控制。

（2）当工作频率上升至设定的上限切换值时，启动 2 号水泵，1 号和 2 号水泵同时进行变频运行，进行恒温度（差）控制。

（3）当工作频率又上升至设定的上限切换值时，启动 3 号水泵，1 号、2 号、3 号水泵同时进行变频运行，进行恒温度（差）控制。

（4）当三台水泵同时运行，而工作频率下降至设定的下限切换值时，关闭先启动的 1 号水泵，系统进入两台变频运行状态。

（5）当两台水泵同时运行，而工作频率又下降至设定的下限切换值时，再关闭先启动的 2 号水泵，系统进入单台变频运行状态。

3. 节能效果比较

（1）半变频器方案。设一台水泵工频运行，处于全速工作，提供的流量为 Q，其对应的功率为 P。另一台水泵变频运行，只需提供 $0.5Q$ 的流量，根据水泵的流量与其转速成正比的关系，则变频器的输出频率 $f=25$Hz（多台水泵并联运行时，每台水泵的下限不能过低，通常为 30Hz，最低也不过 25Hz，所以，在半变频方式中，这已经是最低的功率消耗了）。两台水泵合计提供 $1.5Q$ 的流量，其消耗的总功率为

$$P_{\Sigma} = P + P \times 0.5^3 = 1.125P$$

（2）全变频方案。两台水泵都由变频器拖动，同样提供 $1.5Q$ 的流量，即每台各提供 75% 的流量，则变频器的输出频率 $f=37.5$Hz，其消耗的总功率为

$$P_{\Sigma 2}=2 \times P \times 0.75^3=0.84375P$$

由此可见，采用全变频的方案节能效果更理想，但其投资费用略高。

四、循环水系统的变频调速

冷冻水和冷却水两个循环水系统主要完成中央空调系统的外部热交换。循环水系统的回水与进（出）水温度之差，反映了需要进行热交换的热量，但是冷冻水和冷却水系统又略有不同，具体的控制如下。

1．冷却水循环系统的控制

冷却水的进水温度也就是冷却塔内水的水温，它取决于环境温度和冷却风机的工作情况，且随环境温度而变化；冷却水的回水温度主要取决于冷冻机组内产生的热量，但还与进水温度有关。

（1）温差控制。最能反映冷冻机组的发热情况、体现冷却效果的是回水温度与进水温度之间的温差，因为温差的大小反映了冷却水从冷冻机组带走的热量。所以把温差作为控制的主要依据，通过变频调速实现恒温差控制是比较合理的。温差大，说明冷冻机组产生的热量多，应提高冷却泵的转速，增大冷却水的流量；温差小，说明冷冻机组产生的热量少，可以降低冷却泵的转速，减缓冷却水的循环，以节约能源。实际运行表明，把温差控制在 $3 \sim 5℃$ 的范围内是比较适宜的。

但是由于夏季天气炎热，以冷却水回水与进水的温差控制，在一定程度上还不能满足实际的需求，因此在气温高（即冷却水进水温度高）的时候，采用冷却水回水的温度进行自动调速控制，而在气温低时，自动返回温差控制调速，这是一种最佳的节能模式。

（2）温差与进水温度综合控制。由于进水温度是随环境温度而改变的，因此把温差恒定为某值并非上策。因为，当采用变频调速时，所考虑的不仅仅是冷却效果，还必须考虑节能效果。具体地说就是：温差值定低了，水泵的平均转速上升，影响节能效果；温差值定高了，在进水温度偏高时，又影响冷却效果。实践表明，根据进水温度来随时调整温差的大小是可取的。即：进水温度低时，应主要着眼于节能效果，温差的目标值可适当地高一点；而进水温度高时，则必须保证冷却效果，温差的目标值应低一些。

实践证明，温差与进水温度综合控制是冷却泵变频调速系统中常用的控制方式，是同时兼顾节能效果和冷却效果的控制方案。反馈信号由温差控制器得到的与温差成正比的电流或电压信号。目标信号是一个与进水温度相关的，并且与目标温差成正比的值。其基本考虑是：当进水温度高于 $32℃$ 时，温差的目标定为 $3℃$；当进水温度低于 $24℃$ 时，温差的目标值定为 $5℃$；当进水温度在 $24℃$ 和 $32℃$ 之间变化时，温差的目标值将按照曲线自动调节。

2．冷冻水循环系统的控制

和冷却水循环系统一样，可以采用回水与出水的温度之差来进行控制。但是，由于冷冻水的出水温度是冷冻机组"冷冻"的结果，常常是比较稳定的。因此，单是回水温度的高低就足以反映房间内的温度。所以，冷冻泵变频调速系统可以简单地根据回水温度进行控制，即回水温度高，说明热交换多，房间温度高，应提高冷冻泵的循环速度，以带走房间更多的热量，反之相反。因此，对于冷冻水循环系统，回水温度是控制的依据，即通过变频调速，实现回水的恒温控制。同时，为了确保最高楼层具有足够的压力，在回水管上接一个压力表，如果回水压力低于规定值，则电动机的转速将不再下降，这样，冷冻水系统变频调速方案可以有以下两种方式。

（1）压差为主，温度为辅的控制。以压差信号为反馈信号，进行恒压差控制。而压差的目标值可以在一定范围内根据回水的温度进行适当调整。当房间温度较低时，使压差的目标值适当下降一些，减小冷冻泵的平均转速，提高节能效果，这样，既考虑了环境温度的因素，又改善了节能效果。

（2）温（差）度为主，压差为辅的控制。以温度或温差信号为反馈信号，进行恒温度（差）控制，而目标信号可以根据压差大小做适当的调整。当压差偏高时，说明其负荷较重，应该适当提高目标信号，增加冷冻泵的平均转速，以确保最高楼层具有足够的压力。

■【任务实施】

一、任务要求

设计一个中央空调控制系统，其控制要求如下。

（1）循环水系统配有冷却水泵两台 M1 和 M2，冷冻水泵两台 M3 和 M4，均为一用一备，冷却水泵和冷冻水泵的控制过程相似，实训时只需设计冷却水泵的电气控制系统。

（2）正常情况下，系统运行在变频节能状态，其上限运行频率为 50Hz，下限运行频为 30Hz，当节能系统出现故障时，可以进行手动工频运行。

（3）在变频节能状态下可以自动调节频率，也可以手动调节频率，每次的调节量为 0.5Hz。

（4）自动调节频率时，采用温差控制，两台水泵可以进行手动轮换。

（5）上述的所有操作都通过触摸屏来进行。

二、硬件设计

（1）冷冻水系统的控制方案采用定温差控制方法，因为冷冻水系统的温差控制适宜用于一次泵定流量系统的改造，施工较容易，将冷冻水的送回水温差控制在 4.5～5℃。

PLC 通过温度传感器及温度模块将冷冻水的出水温度和回水温度读入内存，根据回水和出水的温差值来控制变频器的转速，从而调节冷冻水的流量，控制热交换的速度。温差大，说明室内温度高，应提高冷冻泵的转速，加快冷冻水的循环速度以增加流量，加快热交换的速度；反之温差小，则说明室内温度低，可降低冷冻泵的转速，减缓冷冻水的循环速度以降低流量，减缓热交换的速度，达到节能的目的。

（2）冷却水系统的控制方案也采用定温差控制方法，因为冷却水系定温差控制的主机性能明显优于冷却水出水温度控制，将冷却水的进、出水温差控制在 4.5～5℃。

PLC 通过温度传感器及温度模块将冷却水的出水温度和进水温度读入内存，根据出水和进水的温差值来控制变频器的转速，调节冷却水的流量，控制热交换的速度。因此，对冷却水来说，以出水和进水的温差作为控制依据，实现出水和进水的恒温差控制是比较合理的。温差大，说明冷冻机组产生的热量大，应提高冷却泵的转速，加大冷却水的循环速度；温差小，说明冷冻机组产生的热量小，应降低冷却泵的转速，减缓冷却水的循环速度，达到节能的目的。

（3）两台冷却水泵 M1、M2 和两台冷冻水泵 M3、M4 的转速控制采用变频节能改造方案。正常情况下，系统运行在变频节能状态，其上限运行频率为 50Hz，下限运行频率为 30Hz；当节能系统出现故障时，可以启动原水泵的控制回路使电动机投入工频运行；在变频节能状态下可以自动调节频率，也可以手动调节频率，每次的调节量为 0.5Hz。两台冷冻水泵（或冷却水泵）可以进行手动轮换。

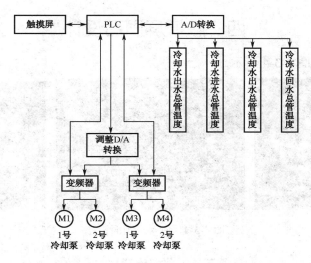

图 4-3-2 中央空调控制系统的功能

三、中央空调控制系统的 I/O 分配及接线

1. I/O 分配

根据系统控制要求，选用 GT1155-QSBD-C 触摸屏，具体的 I/O 分配表如表 4-3-1 所示。

表 4-3-1 I/O 分配表

输 入		输 出		数据寄存器	
X0	变频器报警输出信号	Y0	变频运行信号（STF）	D20	冷却水进水温度
M0	冷却泵启动按钮	Y1	变频器报警复位	D21	冷却水出水温度
M1	冷却泵停止按钮	Y4	变频器报警指示	D25	冷却水进出水温差
M2	冷却泵手动加速	Y6	冷却泵自动调速指示	D1001	变频器运行频率显示
M3	冷却泵手动减速	Y10	冷却泵 M1 变频运行	D1010	D/A 转换前的数字量
M5	变频器报警复位	Y11	冷却泵 M2 变频运行		
M6	冷却泵 M1 运行				
M7	冷却泵 M2 运行				
M10	冷却泵手/自动调速切换				

2. 系统接线

中央空调控制系统接线图如图 4-3-3 所示。

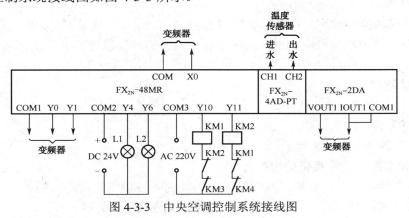

图 4-3-3 中央空调控制系统接线图

四、触摸屏画面设计

触摸屏画面设计如图 4-3-4 所示。

图 4-3-4　触摸屏画面设计

五、软件程序

控制程序主要由以下几部分组成。

1．冷却水出进水温度检测及温差计算程序

如图 4-3-5 所示，CH1 通道为冷却水进水温度（D20），CH2 通道为冷却水出水温度（D21），D25 为冷却水出、进水温差。

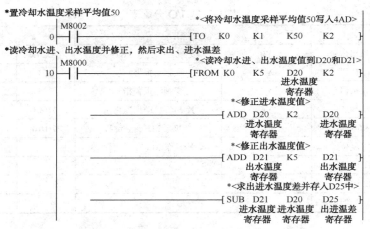

图 4-3-5　冷却水出、进水温度检测及温差计算梯形图

2．D/A 转换程序

进行 D/A 数模转换的数字量存放在数据寄存器 D1010 中，它通过 FX_{2N}-2DA 模块将数字量变成模拟量，由 CH1 通道输出给变频器，从而控制变频器的转速以达到调节水泵转速的目的。D/A 转换梯形图如图 4-3-6 所示。

3．手动调速程序

手动调速梯形图如图 4-3-7 所示。

4．自动调速程序

自动调速梯形图如图 4-3-8 所示。

5．变频器和水泵启、停报警的控制程序

变频器的启、停、报警、复位，冷却泵的轮换及变频器频率的设定、频率和时间的显示等均采用基本逻辑指令来控制。启、停、报警控制梯形图如图 4-3-9 所示。

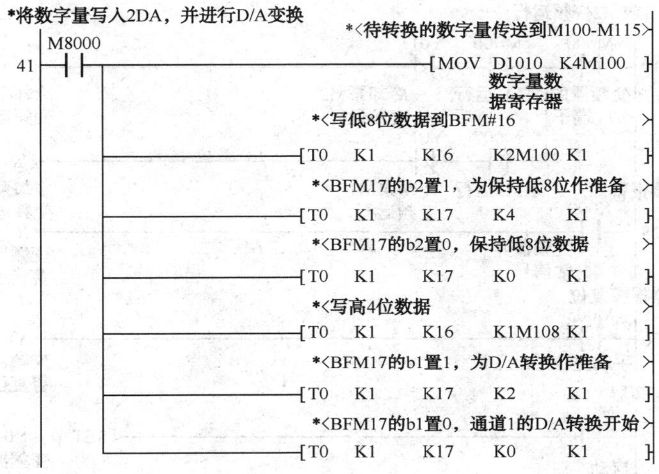

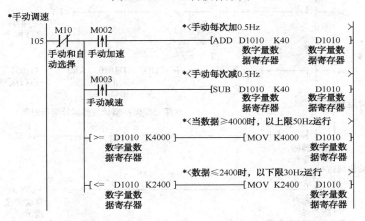

图 4-3-6 D/A 转换梯形图

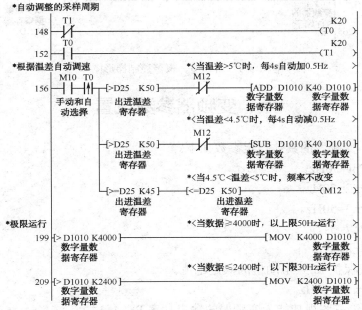

图 4-3-7 手动调速梯形图

图 4-3-8 自动调速梯形图

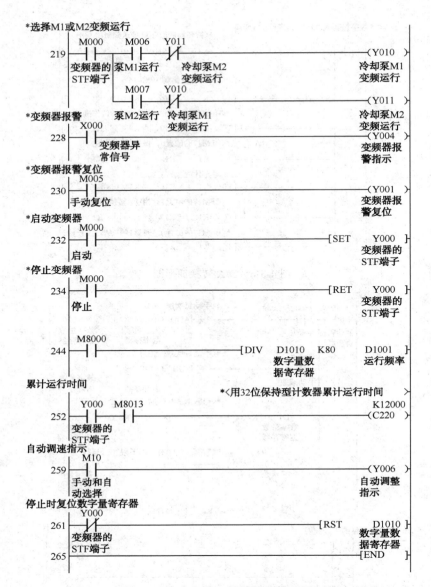

图 4-3-9 启、停、报警控制梯形图

六、变频器参数设置

根据控制要求，变频器的具体设定参数如下。

（1）上限频率 Pr.1=50Hz。

（2）下限频率 Pr.2=30Hz。

（3）基底频率 Pr.3=50Hz。

（4）加速时间 Pr.7=3s。

（5）减速时间 Pr.8=3s。

（6）电子过电流保护 Pr.9=电动机的额定电流。

（7）起动频率 Pr.13=10Hz。

（8）DU 面板的第三监视功能为变频器的输出功率 Pr.54=14。

（9）智能模式选择为节能模式 Pr.60=4。

（10）选择端子 2～5 为 0～10V 的电压信号 Pr.73=0。

（11）允许所有参数的读/写 Pr.160=0。

（12）操作模式选择（外部运行）Pr.79 =2。

七、调 试 运 行

（1）设定参数。按上述变频器的设定参数值设置变频器的参数。

（2）输入程序。将设计的程序正确输入 PLC 中。

（3）触摸屏与 PLC 的通信调试。将制作好的触摸屏画面传送给触摸屏，并将触摸屏与 PLC 连接好，通过操作触摸屏上的触摸键，观察触摸屏指示和 PLC 输出指示灯的变化是否按要求指示，否则，检查并修改触摸屏画面或 PLC 程序，直至指示正确。

（4）手动调速的调试。按图 4-3-3 所示进行控制系统接线，将 PLC、变频器、FX$_{2N}$-4AD-PT、FX$_{2N}$-2DA 连接好。调节 FX$_{2N}$-2DA 的零点和增益，使 D1010 为 2400 时，变频器的输出频率为 30Hz；使 D1010 为 4000 时，变频器的输出频率为 50Hz；D1010 每增减 40 时，变频器的输出频率增减 0.5Hz，然后，通过触摸屏手动操作，观察变频器的输出频率。

（5）自动调速的调试。在手动调速成功的基础上，将两个温度传感器放入温度不同的水中，通过变频器的操作面板观察变频器的输出是否符合要求，否则，修正进水、回水的温度值，使回、进水温差与变频器输出的频率相符。

（6）空载调试。按图 4-3-3 所示的接线图连接好各种设备（不接电动机），进行 PLC、变频器、特殊功能模块的空载调试。分别在手动调速和自动调速的情况下，通过变频器的操作面板观察变频器的输出是否符合要求，否则，检查系统接线、变频器参数、PLC 程序，直至变频器按要求运行。

（7）系统调试。按图 4-3-3 正确连接好套部设备，进行系统调试，观察电动机能否按控制要求运行，否则，检查系统接线、变频器参数、PLC 程序，直至电动机按控制要求运行。

■【知识链接】——通过 RS-485 通信实现单台电动机的变频运行

一、控 制 要 求

（1）利用变频器的指令代码表进行 PLC 与变频器的通信。

（2）使用 PLC 输入信号，通过 PLC 的 RS-485 总线控制变频器正传、反转、停止。

（3）使用 PLC 输入信号，通过 PLC 的 RS-485 总线在运行中直接修改变频器的运行频率。

（4）使用触摸屏，通过 PLC 的 RS-485 总线实现上述功能。

二、硬 件 设 计

1. I/O分配

根据系统控制要求，选用 GT1155-QSBD-C 触摸屏，具体的 I/O 分配表如表 4-3-2 所示。

表 4-3-2 I/O 分配表

输 入		输 出		数据寄存器	
X3	手动加速	Y0	正转指示	D1000	变频器运行频率写入
X4	手动减速	Y1	反转指示	D500	变频器运行频率显示
M10	正转按钮	Y2	停止指示		
M11	反转按钮				
M12	停止按钮				
M3	手动加速				
M4	手动减速				

2．系统接线

PLC 控制系统接线图如图 4-3-10 所示。

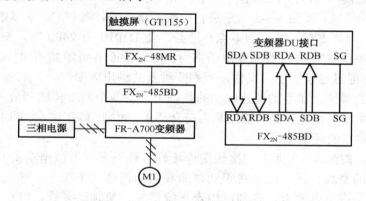

图 4-3-10　PLC 控制系统接线图

3．变频器参数设置

根据上述的通信设置，变频器必须设置如下参数。

（1）操作模式选择（PU 运行）Pr.79=1。

（2）站号设定 Pr.117=0（设定范围为 0～31 号站，共 32 个站）。

（3）通信速率 Pr.118=192（即 19 200bit/s，要与 PLC 的通信速率相一致）。

（4）数据长度及停止位长 Pr.119=1（即数据长度为 8 为，停止位长为 2 位，要与 PLC 的设置相一致）。

（5）奇偶性设定 Pr.120=2（即偶数，要与 PLC 的设置相一致）。

（6）通信再试次数 Pr.121=1（数据接收错误后允许再试的次数，设定范围为 0～10，9999）。

（7）通信校验时间间隔 Pr.122=9999（即无通信时，不报警，设定范围为 0，0.1～999.8s，9999s）。

（8）等待时间设定 Pr.123=20（设定数据传输到变频器的响应时间，设定范围为 0～150ms，9999ms）。

（9）换行/回车有无选择 Pr.124=0（即无换行/回车）。

（10）其他参数按出厂值设置。

注意：

● 变频器参数设置完或改变与通信有关的参数后，变频器都必须停机复位，否则，将无法运行。

4．触摸屏画面设计

触摸屏画面设计如图 4-3-11 所示。

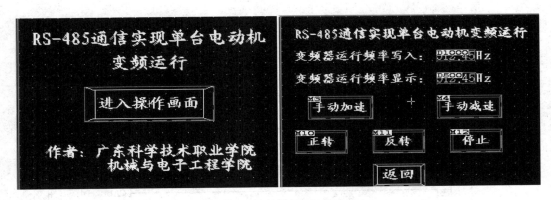

图 4-3-11　触摸屏画面设计

三、软件设计

1. 数据传输格式

PLC 与变频器的 RS-485 接口的通信就是在 PLC 与变频器之间进行数据的传输，只是传输的数据必须以 ASCII 码的形式表示。一般按照通信请求→站号→指令代码→数据内容→检验码的格式进行传输，即格式 A 或 A'；校验码是求站号、指令代码、数据内容的 ASCII 码的总和，然后取其低 2 位的 ASCII 码。如求站号（00H）、指令代码（FAH）、数据内容（01H）的检验码。首先将待传输的数据变为 ASCII 码，站号（30H30H）、指令代码（46H41H）、数据内容（30H32H），然后求待传输的数据的 ASCII 码的总和（149H），再求低 2 位（49H）的 ASCII 码（34H39H）即为校验码。

2. 通信格式设置

通信格式设置是通过特殊数据寄存器 D8120 来设置的，根据控制要求，其通信格式设置如下：

- 设置数据长度为 8 位，即 D8120 的 b0=1；
- 奇偶性设为偶数，即 D8120 的 b1=1，b2=1；
- 停止位设为 2 位，即 D8120 的 b3=1；
- 通信速率设为 19 200bit/s，即 D8120 的 b4=b7=1，b5=b6=0；
- D8120 的其他各位均设为 0；
- 因此，通信格式设置为 D8120=9FH。

PLC 与变频器的 RS-485 接口通信的梯形图如图 4-3-12 所示。

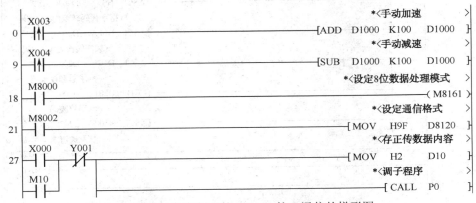

图 4-3-12　PLC 与变频器的 RS-485 接口通信的梯形图

```
                                                          *〈正转指示        〉
                                              ────────────[ SET    Y000  ]
       X001   Y000                             *〈存反转数据内容    〉
   39 ──┤├───┤/├──┬─────────────────[ MOV   H4    D10  ]
       M11        │                            *〈调子程序       〉
     ──┤├─────────┤                 ──────────[ CALL   P0    ]
                  │                            *〈反转指示       〉
                  └─────────────────[ SET    Y001  ]
       X002                                    *〈存停止数据内容    〉
   51 ──┤├────────┬─────────────────[ MOV   H0    D10  ]
       M12        │                            *〈调子程序       〉
     ──┤├─────────┤                 ──────────[ CALL   P0    ]
                  │                            *〈停止指示       〉
                  └─────────────────[ SET    Y002  ]
       M8013 X000 X001 X002 M10  M11  M12      *〈发送频率数据     〉
   62 ──┤├──┤/├──┤/├──┤/├──┤/├──┤/├──┤/├─[ RS    D300  K11   D500  K0 ]
       M8013                                   *〈通信请求       〉
   78 ──↑├─────────┬─────────────────[ MOV   H5    D300  ]
                   │                           *〈站号转换为ASCII码  〉
                   ├─────────────────[ ASCI  H0    D301  K2 ]
                   │                           *〈指令代码转换为ASCII码〉
                   ├─────────────────[ ASCI  H0ED  D303  K2 ]
                   │                           *〈频率转换为ASCII码   〉
                   ├─────────────────[ ASCI  D1000 D305  K4 ]
                   │                           *〈求总和校验码      〉
                   ├─────────────────[ CCD   D301  D150  K8 ]
                   │                           *〈得校验码        〉
                   ├─────────────────[ ASCI  D150  D309  K2 ]
                   │                           *〈发送请求       〉
                   └─────────────────[ SET    M8122 ]
  122 ──────────────────────────────────────[ FEND ]
   P0   M8000                                  *〈复位指示       〉
  123 ──┤├────────┬─────────────────[ ZRST  Y000  Y002  ]
                  │                            *〈发送请求       〉
                  ├──────────────[ RS    D200  K9    D500  K0 ]
                  │                            *〈通信请求       〉
                  ├─────────────────[ MOV   H5    D200  ]
                  │                            *〈站号转换为ASCII码  〉
                  ├─────────────────[ ASCI  H0    D201  K2 ]
                  │                            *〈指令代码转换为ASCII码〉
                  ├─────────────────[ ASCI  H0FA  D203  K2 ]
                  │                            *〈频率转换为ASCII码   〉
                  ├─────────────────[ ASCI  D10   D205  K2 ]
                  │                            *〈求总和校验码      〉
                  ├─────────────────[ CCD   D201  D100  K6 ]
                  │                            *〈得校验码        〉
                  ├─────────────────[ ASCI  D100  D207  K2 ]
                  │                            *〈发送请求       〉
                  └─────────────────[ SET    M8122 ]
  181 ──────────────────────────────────────[ SRET ]
  182 ──────────────────────────────────────[ END  ]
```

图 4-3-12　PLC 与变频器的 RS-485 接口通信的梯形图（续）

小结与习题

1．小结

（1）中央空调控制系统的特点：高效节能；工程投资下降；操作方便，能量调节简单；热泵机组用于采暖，便于能量回收；机组运行可靠性高、寿命长、噪声低；安装简单，节省建筑安装空间；能量计费方便。

（2）在控制功能较多的电路中，由于逻辑关系复杂，不适合用低压电器来控制，一般选用 PLC 控制。由于 PLC 可以通过内部编程解决逻辑关系问题，可使电路的接点大大减少，降低了电路的故障率。

（3）D8120 是三菱 PLC 进行通信时用于设置通信参数的，在进行通信连接的时候必须保证通信双方的通信参数一致，否则不能进行正常的通信连接，但是如果有多站连接的话则不能出现同样的站号，否则会出现冲突。

（4）M8161 是进行 8 位/16 位模式切换时使用的，为 RS、HEX、ASCI、CCD 共用的。

（5）RS 为串行数据传送功能指令，在 RS 指令后接着的发送区的起始地址和长度，再后面则是接收区的起始地址和长度。

2．习题

（1）中央空调控制系统由哪些组成？

（2）设计一个恒压供水系统，其控制要求如下。

① 共有两台水泵，要求一台运行，一台备用，自动运行时泵运行累计 100h 轮换一次，手动时不切换。

② 两台水泵分别由 M1、M2 电动机拖动，由 KM1、KM2 控制。

③ 切换后启动和停电后启动需要 5s 报警，运行异常可自动切换到备用泵，并报警。

④ 水压在 0～1MPa 可调，通过触摸屏输入调节。

⑤ 触摸屏可以显示设定水压、实际水压、水泵的运行时间、转速、报警信号等。

附录 A FX₂ₙ 系列 PLC 基本指令一览表

助记符	名称	可用元件	功能和用途
LD	取	X、Y、M、S、T、C	逻辑运算开始。用于与母线连接的常开触点
LDI	取反	X、Y、M、S、T、C	逻辑运算开始。用于与母线连接的常闭触点
LDP	取上升沿	X、Y、M、S、T、C	上升沿检测的指令，仅在指定元件的上升沿时接通1个扫描周期
LDF	取下降沿	X、Y、M、S、T、C	下降沿检测的指令，仅在指定元件的下降沿时接通1个扫描周期
AND	与	X、Y、M、S、T、C	和前面的元件或回路块实现逻辑与，用于常开触点串联
ANI	与反	X、Y、M、S、T、C	和前面的元件或回路块实现逻辑与，用于常闭触点串联
ANDP	与上升沿	X、Y、M、S、T、C	上升沿检测的指令，仅在指定元件的上升沿时接通1个扫描周期
OUT	输出	Y、M、S、T、C	驱动线圈的输出指令
SET	置位	Y、M、S	线圈接通保持指令
RST	复位	Y、M、S、T、C、D	清除动作保持：当前值与寄存器清零
PLS	上升沿微分指令	Y、M	在输入信号上升沿时产生1个扫描周期的脉冲信号
PLF	下降沿微分指令	Y、M	在输入信号下降沿时产生1个扫描周期的脉冲信号
MC	主控	Y、M	主控程序的起点
MCR	主控复位	—	主控程序的终点
ANDF	与下降沿	Y、M、S、T、C、D	下降沿检测的指令，仅在指定元件的下降沿时接通1个扫描周期
OR	或	Y、M、S、T、C、D	和前面的元件或回路块实现逻辑或，用于常开触点并联
ORI	或反	Y、M、S、T、C、D	和前面的元件或回路块实现逻辑或，用于常闭触点并联
ORP	或上升沿	Y、M、S、T、C、D	上升沿检测的指令，仅在指定元件的上升沿时接通1个扫描周期
ORF	或下降沿	Y、M、S、T、C、D	下降沿检测的指令，仅在指定元件的下降沿时接通1个扫描周期
ANB	回路块与	—	并联回路块的串联连接指令
ORB	回路块或	—	串联回路块的并联连接指令
MPS	进栈	—	将运算结果（或数据）压入栈存储器
MRD	读栈	—	将栈存储器第1层的内容读出
MPP	出栈	—	将栈存储器第1层的内容弹出
INV	取反转	—	将执行该指令之前的运算结果进行取反转操作
NOP	空操作	—	程序中仅做空操作运行
END	结束	—	表示程序结束

附录 B FX₂ₙ 系列 PLC 应用指令一览表

类　别	功　能　号	指令助记符	功　能	D 指　令	P 指　令
程序流程	00	CJ	条件跳转	—	O
	01	CALL	调用子程序	—	O
	02	SRET	子程序返回	—	—
	03	IRET	中断返回	—	—
	04	EI	开中断	—	—
	05	DI	关中断	—	—
	06	FEND	主程序结束	—	—
	07	WDT	监视定时器	—	O
	08	FOR	循环区开始	—	—
	09	NEXT	循环区结束	—	—
传送与比较	10	CMP	比较	O	O
	11	ZCP	区间比较	O	O
	12	MOV	传送	O	O
	13	SMOV	移位传送	—	O
	14	CML	取反	O	O
	15	BMOV	块传送	—	O
	16	FMOV	多点传送	O	O
	17	XCH	数据交换	O	O
	18	BCD	求 BCD 码	O	O
	19	BIN	求二进制码	O	O
四则运算与逻辑运算	20	ADD	二进制加法	O	O
	21	SUB	二进制减法	O	O
	22	MUL	二进制乘法	O	O
	23	DIV	二进制除法	O	O
	24	INC	二进制加一	O	O
	25	DEC	二进制减一	O	O
	26	WADN	逻辑字与	O	O
	27	WOR	逻辑字或	O	O
	28	WXOR	逻辑字与或	O	O
	29	ENG	求补码	O	O

类 别	功 能 号	指令助记符	功 能	D 指 令	P 指 令
循环与转移	30	ROR	循环右移	O	O
	31	ROL	循环左移	O	O
	32	RCR	带进位右移	O	O
	33	RCL	带进位左移	O	O
	34	SFTR	位右移	—	O
	35	SFTL	位左移	—	O
	36	WSFR	字右移	—	O
	37	WSFL	字左移	—	O
	38	SFWR	FIFO 写	—	O
	39	SFRD	FIFO 读	—	O
数据处理	40	ZRST	区间复位	—	O
	41	DECO	解码	—	O
	42	ENCO	编码	—	O
	43	SUM	求置"ON"位的总和	O	O
	44	BON	"ON"位判断	O	O
	45	MEAN	平均值	O	O
	46	ANS	标志位置	—	—
	47	ANR	标志复位	—	O
	48	SOR	二进制平方根	O	O
	49	FLT	二进制整数与浮点数转换	O	O
高速处理	50	REF	刷新	—	O
	51	REFE	滤波调整正	—	O
	52	MTR	矩阵输入	—	—
	53	HSCS	比较置位（高速计数器）	O	—
	54	HSCR	比较复位（高速计数器）	O	—
	55	HSZ	区间比较（高速计数器）	O	—
	56	SPD	脉冲密度	—	—
	57	PLSY	脉冲输出	O	—
	58	PWM	脉宽调制	—	—
	59	PLSR	带加速减速的脉冲输出	O	—
方便指令	60	IST	状态初始化	—	—
	61	SER	查找数据	O	O
	62	ABSD	绝对值式凸轮控制	O	—
	63	INCD	增量式凸轮控制	—	—
	64	TTMR	示教定时器	—	—
	65	STMR	特殊定时器	—	—
	66	ALT	交替输出	—	—

类　别	功 能 号	指令助记符	功　能	D 指 令	P 指 令
方便指令	67	RAMP	斜坡输出	—	—
	68	ROTC	旋转工作台控制	—	—
	69	SORT	列表数据排序	—	—
外部设备 I/O	70	TKY	十键输入	O	
	71	HKY	十六键输入	O	
	72	DSW	数字开关输入		
	73	SEGD	七段译码	—	O
	74	SEGL	带锁存七段码显示	—	
	75	ARWS	方向开关	—	
	76	ASC	ASCII 码转换	—	
	77	PR	ASCII 码打印输出	—	
	78	FROM	读特殊功能模块	O	O
	79	TO	写特殊功能模块	O	O
外部设备 SER	80	RS	串行通信指令	—	—
	81	PRUN	八进制位传送	O	O
	82	ASCI	将十六进制数转换成 ASCII 码	—	O
	83	HEX	ASCII 码转换成十六进制数	—	0
	84	CCD	校验码	—	O
	85	VRRD	模拟量读出	—	O
	86	VRSC	模拟量区间	—	O
	88	PID	PID 运算	—	O
浮点	110	ECMP	二进制浮点数比较	O	O
	111	EZCP	二进制浮点数区间比较	O	O
	118	EBCD	二进制—十进制浮点数变换	O	O
	119	EBIN	十进制—二进制浮点数变换	O	O
	120	EAAD	二进制浮点数加法	O	O
	121	ESUB	二进制浮点数减法	O	O
	122	EMUL	二进制浮点数乘法	O	O
	123	EDIV	二进制浮点数除法	O	O
	127	ESOR	二进制浮点数开方	O	O
	129	INT	二进制浮点—二进制整数转换	O	O
	130	SIN	浮点数 SIN 演算	O	O
	131	COS	浮点数 COS 演算	O	O
	132	TAN	浮点数 TAN 演算	O	O
	147	SWAP	上下位变换	O	O

类　别	功　能　号	指令助记符	功　　能	D　指　令	P　指　令
时钟运算	160	TCMP	时钟数据比较	—	O
	161	TZCP	时钟数据区间比较	—	O
	162	TADD	时钟数据加法	—	O
	163	TSUB	时钟数据减法	—	O
	166	TRD	时钟数据读出	—	O
	167	TWR	时钟数据写入	—	O
格雷码	170	GRY	格雷码转换	O	O
	171	GBIN	格雷码逆转换	O	O
触点比较	224	LD=	（S1）=（S2）	O	—
	225	LD>	（S1）>（S2）	O	—
	226	LD<	（S1）<（S2）	O	—
	228	LD<>	（S1）≠（S2）	O	—
	229	LD<=	（S1）≤（S2）	O	—
	230	LD>=	（S1）≥（S2）	O	—
	232	AND=	（S1）=（S2）	O	—
	233	AND>	（S1）>（S2）	O	—
	234	AND<	（S1）<（S2）	O	—
	236	AND<>	（S1）≠（S2）	O	—
	237	AND<=	（S1）≤（S2）	O	—
	238	AND>=	（S1）≥（S2）	O	—
	240	OR=	（S1）=（S2）	O	—
	241	OR>	（S1）>（S2）	O	—
	242	OR<	（S1）<（S2）	O	—
	244	OR<>	（S1）≠（S2）	O	—
	245	OR<=	（S1）≤（S2）	O	—
	246	OR>=	（S1）≥（S2）	O	—

附录 C 高级维修电工考证练习题

一、选择题

1. 一含源二端网路，测得开路电压为 100V，短路电流为 10A，当外接 10Ω 负载电阻时，负载电流为（　　）A。
（A）10　　　　　　（B）5　　　　　　（C）20　　　　　　（D）2

2. 在磁路中下列说法正确的是（　　）。
（A）有磁阻就一定有磁通　　　　　　（B）有磁通就一定有磁通势
（C）有磁通势就一定有磁通　　　　　　（D）磁导率越大磁阻越大

3. 线圈中感应电动势大小与线圈中（　　）。
（A）磁通的大小成正比　　　　　　（B）磁通的大小成反比
（C）磁通的变化率成正比　　　　　　（D）磁通的变化率成反比

4. 电感为 0.1H 的线圈，当其中电流在 0.5s 内从 10A 变化到 6A 时，线圈上所产生电动势的绝对值为（　　）。
（A）4V　　　　　　（B）0.4V　　　　　　（C）0.8V　　　　　　（D）8V

5. 互感电动势的大小正比于（　　）。
（A）本线圈电流的变化量　　　　　　（B）另一线圈电流的变化量
（C）本线圈电流的变化率　　　　　　（D）另一线圈电流的变化率

6. 涡流在电器设备中（　　）。
（A）总是有害的　　　　　　（B）是自感现象
（C）是一种电磁感应现象　　　　　　（D）是直流电通入感应时产生的感应电流

7. 在电磁铁线圈电流不变的情况下，电磁铁被吸合过程中，铁芯中的磁通将（　　）。
（A）变大　　　　　　（B）变小　　　　　　（C）不变　　　　　　（D）无法判定

8. 使用 JSS-4A 型晶体三极管测试仪时，在电源开关未接通前，将（　　）。
（A）"VC 调节"旋至最大，"IC 调节"旋至最小
（B）"VC 调节"旋至最小，"IC 调节"旋至最大
（C）"VC 调节"旋至最小，"IC 调节"旋至最小
（D）"VC 调节"旋至最大，"IC 调节"旋至最大

9. JT-1 型晶体管图示仪输出集电极电压的峰值是（　　）V（0～20V、0～200V 两挡）。
（A）100　　　　　　（B）200　　　　　　（C）500　　　　　　（D）1000

10. 用普通示波器观测正弦交流电波形，当荧光屏出现密度很高的波形而无法观测时，应首先调整（　　）旋钮。
（A）X 轴增幅　　　　　　（B）扫描范围　　　　　　（C）X 轴位移　　　　　　（D）整步增幅

11. 示波器的偏转系统通常采用（　　）偏转系统。
（A）静电　　　　　　（B）电磁　　　　　　（C）机械　　　　　　（D）机电

12. 通常在使用 SBT-5 型同步示波器观察被测信号时，"X 轴选择"应置于（　　）挡。
（A）1　　　　　　（B）10　　　　　　（C）100　　　　　　（D）扫描

13. 通常在使用 SR-8 型双踪示波器中的电子开关有（　　）工作状态。
（A）X 轴位移　　　　　　（B）Y 轴位移　　　　　　（C）辉度　　　　　　（D）寻迹

14. SR-8 型双踪示波器中的电子开关有（　　）个工作状态。

（A）2　　　　　　　（B）3　　　　　　　（C）4　　　　　　　（D）5

15. 正弦波振荡器的振荡频率 f 取决于（　　）。

（A）反馈强度　　　　　　　　　　　　（B）反馈元件的参数

（C）放大器的放大倍数　　　　　　　　（D）选频网络的参数

16. 直流放大器的级间耦合一般采用（　　）耦合方式。

（A）阻容　　　　　（B）变压器　　　　　（C）电容　　　　　（D）直接

17. 集成运算放大器是一种具有（　　）耦合放大器。

（A）高放大倍数的阻容　　　　　　　　（B）低放大倍数的阻容

（C）高放大倍数的直接　　　　　　　　（D）低放大倍数的直接

18. 逻辑表达式 Y=A+B 属于（　　）电路。

（A）与门　　　　　（B）或门　　　　　（C）与非门　　　　　（D）或非门

19. 在或非门 RS 触发器中，当 R=1、S=0 时，触发器状态（　　）。

（A）置 1　　　　　（B）置 0　　　　　（C）不变　　　　　（D）不定

20. 计数器主要由（　　）组成。

（A）RC 环形多谐振荡器　　　　　　　　（B）石英晶体多谐振荡器

（C）显示器　　　　　　　　　　　　　（D）触发器

21. 在三相半控桥式整流电路带电阻性负载的情况下，能使输出电压刚好维持连续的控制角 α 等于（　　）。

（A）30°　　　　　（B）45°　　　　　（C）60°　　　　　（D）90°

22. 在带平衡电抗器的双反星形可控整流电路中，负载电流是同时由（　　）绕组承担的。

（A）一个晶闸管和一个　　　　　　　　（B）两个晶闸管和两个

（C）三个晶闸管和三个　　　　　　　　（D）四个晶闸管和四个

23. 在简单逆阻型晶闸管斩波器中，（　　）晶闸管。

（A）只有一只　　　　　　　　　　　　（B）有两只主

（C）有两只辅助　　　　　　　　　　　（D）有一只主晶闸管，一只辅助

24. 晶闸管逆变器输出交流电的频率由（　　）来决定。

（A）一组晶闸管的导通时间　　　　　　（B）两组晶闸管的导通时间

（C）一组晶闸管的触发脉冲频率　　　　（D）两组晶闸管的触发脉冲频率

25. 斩波器中若用电力场效应管，应该（　　）的要求。

（A）提高对滤波元器件　　　　　　　　（B）降低对滤波元器件

（C）提高对管子耐压　　　　　　　　　（D）降低对管子耐压

26. 电力晶体管是（　　）控制型器件。

（A）电流　　　　　（B）电压　　　　　（C）功率　　　　　（D）频率

27. 绝缘栅双极晶体管具有（　　）的优点。

（A）晶闸管　　　　　　　　　　　　　（B）单结晶体管

（C）电力场效应管　　　　　　　　　　（D）电力网晶体管和电力场效应管

28. 示波器中的示波管采用的屏蔽罩一般用（　　）制成。

（A）铜　　　　　　　　　　　　　　　（B）铁

（C）塑料　　　　　　　　　　　　　　（D）坡莫合金（具有很高的弱磁场磁导率）

29. 大型变压器为充分利用空间常采用（　　）截面。

（A）正方形　　　　　（B）长方形　　　　　（C）阶梯形　　　　　（D）圆形

30．国产小功率三相笼型步电动机的转子导体结构采用最广泛的是（　　　）转子。

（A）铜条结构　　　　　（B）铸铝　　　　　（C）深槽式　　　　　（D）铁条结构

31．修理后的转子绕组要用钢丝箍扎紧，扎好钢丝箍部分的直径必须比转子铁芯直径小（　　　）mm。

（A）2　　　　　（B）3　　　　　（C）3～5　　　　　（D）6

32．直流电机转子的主要部分是（　　　）。

（A）电枢　　　　　（B）主磁极　　　　　（C）换向极　　　　　（D）电刷

33．直流电动机断路故障紧急处理时，在绕组元件中，可用跨接导线将断路绕组元件所连接的两个换向片连接起来，这个换向片是（　　　）的两片。

（A）相邻　　　　　（B）隔一个节距　　　　　（C）隔两个节矩　　　　　（D）隔三个节矩

34．三相异步电动机在运行时出现一相断电，对电动机带来的主要影响是（　　　）。

（A）电动机立即停转　　　　　　　　　（B）电动机转速降低温度升高

（C）电动机出现振动及异声　　　　　　（D）电动机立即烧毁

35．直流电动机温升试验时，测量温度的方法有（　　　）种。

（A）2　　　　　（B）3　　　　　（C）4　　　　　（D）5

36．变压器故障检查方法一般分为（　　　）种。

（A）2　　　　　（B）3　　　　　（C）4　　　　　（D）5

37．变压器耐压试验时，电压持续时间为（　　　）min。

（A）1　　　　　（B）2　　　　　（C）3　　　　　（D）5

38．发电机的基本工作原理是（　　　）。

（A）电磁感应　　　　　　　　　　　　（B）电流的磁效应

（C）电流的热效应　　　　　　　　　　（D）通电导体在磁场中受力

39．换向器在直流电机中起（　　　）作用。

（A）整流　　　　　　　　　　　　　　（B）直流电变交流电

（C）保护电刷　　　　　　　　　　　　（D）产生转子磁通

40．并励直流电动机的机械特性为硬特性，当电动机负载增大时，其转速（　　　）。

（A）下降很多　　　　　（B）下降很少　　　　　（C）不变　　　　　（D）略有上升

41．他励发电机的外特性比并励发电机的外特性要好，这是因为他励发电机负载增加，其端电压将逐渐下降的因素有（　　　）个。

（A）1　　　　　（B）2　　　　　（C）3　　　　　（D）4

42．已知某台直流电动机功率为18kW，转速 $n=900r/min$，则其电磁转矩为（　　　）N·m。

（A）20　　　　　（B）60　　　　　（C）100　　　　　（D）600/π

43．直流电动机回馈制动时，电动机处于（　　　）状态。

（A）电动　　　　　（B）发电　　　　　（C）空载　　　　　（D）短路

44．测速发电机有两套绕组，其输出绕组与（　　　）相接。

（A）电压信号　　　　　（B）短路导线　　　　　（C）高阻抗仪表　　　　　（D）低阻抗仪表

45．交流伺服电动机的转子通常做成（　　　）式。

（A）罩极　　　　　（B）凸极　　　　　（C）线绕　　　　　（D）鼠笼

46．自整角机按其使用的要求不同可分为（　　　）种。

（A）3　　　　　（B）4　　　　　（C）2　　　　　（D）5

47．直流力矩电动机的电枢，为了在相同体积和电枢电压下产生比较大的转矩及较低的转速，电枢一般做成（　　　）状，电枢长度与直径之比一般为 0.2 左右。

（A）细而长的圆柱 　　　　　　　　　　　　（B）扁平

（C）细而短 　　　　　　　　　　　　　　　（D）粗而长

48. 要实现线绕转子异步电动机的串级调速，核心环节是要有一套（　　）的装置。

（A）机械变速 　　　　　　　　　　　　　　（B）产生附加电流

（C）产生附加电势 　　　　　　　　　　　　（D）附加电阻

49. 交流换向器电动机的调速原理是（　　）调速。

（A）变频

（B）弱磁

（C）在电动机定子副绕组中加入可调节电势 E_K

（D）采用定子绕组接线改变电动机极对数

50. 交流异步电动机在变频调速过程中，应尽可能使气隙磁通（　　）。

（A）大些 　　　　　　　　　　　　　　　　（B）小些

（C）由小到大变化 　　　　　　　　　　　　（D）恒定

51. 直流电动机调速所用的斩波器主要起（　　）作用。

（A）调电阻 　　　　　（B）调电流 　　　　　（C）调电抗 　　　　　（D）调电压

52. 变频调速中的变频电源是（　　）之间的接口。

（A）市电电源 　　　　　　　　　　　　　　（B）交流电机

（C）市电电源与交流电机 　　　　　　　　　（D）市电电源与交流电源

53. 调速系统的调速范围和静差率这两个指标（　　）。

（A）互不相关 　　　（B）相互制约 　　　（C）相互补充 　　　（D）相互平等

54. 在转速负反馈自动调速系统中，系统对（　　）调节补偿作用。

（A）反馈测量元件的误差有 　　　　　　　　（B）给定电压的漂移误差有

（C）给定电压的漂移误差无 　　　　　　　　（D）温度变化引起的误差有

55. 电压负反馈自动调速系统，当负载增加时，则电动机转速下降，从而引起电枢回路（　　）。

（A）端电压增加 　　　（B）端电压不变 　　　（C）电流增加 　　　（D）电流减小

56. 带有电流截止负反馈环节的调速系统，为了使电流截止负反馈取样电阻阻值选得（　　）。

（A）大一些 　　　　（B）小一些 　　　　（C）接近无穷大 　　　　（D）零

57. 磁栅工作原理与（　　）的原理是相同的。

（A）收音机 　　　　（B）VCD 　　　　（C）电视机 　　　　（D）录音机

58. 磁尺主要参数有动态范围、精度、分辨率，其中动态范围应为（　　）。

（A）1～40m 　　　　（B）1～10m 　　　　（C）1～20m 　　　　（D）1～50m

59. 感应同步器在安装时，必须保持两尺平行，两平面间的间隙约为（　　）mm。

（A）1 　　　　（B）0.75 　　　　（C）0.5 　　　　（D）0.25

60. 数控系统对机床的控制包含（　　）两个方面。

（A）模拟控制和数字控制 　　　　　　　　　（B）模拟控制和顺序控制

（C）步进控制和数字控制 　　　　　　　　　（D）顺序控制和数字控制

61. 高度自动生产线包括（　　）两方面。

（A）综合控制系统和多级分布式控制系统 　　（B）顺序控制和反馈控制

（C）单机控制和多机控制区 　　　　　　　　（D）模拟控制和数字控制

62. 早期自动生产流水线中矩阵式顺序控制器的程序编排可通过（　　）矩阵来完成程序的存储及逻辑运算判断。

（A）二极管　　　　　　　（B）三极管　　　　　　　（C）场效应管　　　　　　（D）单结晶体管

63．为了保证 PLC 交流电梯安全运行，（　　）电器元件必须采用常闭触点，输入到 PLC 的输入接口。

（A）停止按钮　　　　　　　　　　　　　　　（B）厅外呼梯按钮

（C）轿厢指令按钮　　　　　　　　　　　　　（D）终端限位行程开关

64．PLC 交流集选电梯，当电梯（司机状态）3 层向上运行时，2 层有人按向上呼梯按钮，4 层有人按向下呼梯按钮，同时电梯内司机接下 5 层指令按钮与直达按钮，则电梯应停于（　　）层。

（A）4　　　　　　　（B）2　　　　　　　（C）5　　　　　　　（D）1

65．将二进制数 010101011011 转换为十进制数是（　　）。

（A）1361　　　　　　（B）3161　　　　　　（C）1136　　　　　　（D）1631

66．一般工业控制微机不苛求（　　）。

（A）用户界面良好　　　（B）精度高　　　　　（C）可靠性高　　　　　（D）实时性

67．PLC 的整个工作过程分五个阶段，当 PLC 通电运行时，第一个阶段应为（　　）。

（A）与编程器通信　　　（B）执行用户程序　　　（C）读入现场信号　　　（D）自诊断

68．在梯形图编程中，常开触点与母线连接指令的助记符应为（　　）。

（A）LDI　　　　　　（B）LD　　　　　　（C）OR　　　　　　（D）ORI

69．单相半桥逆变器（电压型）的每个导电臂由一个电力晶体管和一个（　　）组成二极管。

（A）串联　　　　　　（B）反串联　　　　　　（C）并联　　　　　　（D）反并联

70．逆变器根据对无功能量的处理方法不同，分为（　　）。

（A）电压型和电阻型　　　　　　　　　　　　（B）电流型和功率型

（C）电压型和电流型　　　　　　　　　　　　（D）电压型和功率型

71．缩短基本时间的措施有（　　）。

（A）提高职工的科学文化水平和技术熟练程度

（B）缩短辅助时间

（C）减少准备时间

（D）减少休息时间

72．缩短辅助时间的措施有（　　）。

（A）缩短作业时间　　　　　　　　　　　　　（B）提高操作者技术水平

（C）减少休息时间　　　　　　　　　　　　　（D）减少准备时间

73．可以产生急回运动的平面连杆机构是（　　）机构。

（A）导杆　　　　　　（B）双曲柄　　　　　　（C）曲柄摇杆　　　　　　（D）双摇杆

74．锥形轴与轮毂的键连接宜用（　　）连接。

（A）楔键　　　　　　（B）平键　　　　　　（C）半圆键　　　　　　（D）花键

75．V 带传动中，新旧带一起使用，会（　　）。

（A）发热过大　　　（B）传动比恒定　　　（C）缩短新带寿命　　　（D）增大承载能力

76．链传动的传动比一般不大于（　　）。

（A）4　　　　　　　（B）5　　　　　　　（C）6　　　　　　　（D）7

77．在蜗轮齿数不变的情况下，蜗杆头数越多，则传动比（　　）。

（A）越小　　　　　　（B）越大　　　　　　（C）不变　　　　　　（D）不定

78．改变轮系中相互啮合的齿轮数目可以改变（　　）的转动方向。

（A）主动轮　　　　　　（B）从动轮　　　　　　（C）主动轴　　　　　　（D）电动机转轴

79. 轴与轴承配合部分称为（ ）。

（A）轴颈　　　　　　（B）轴肩　　　　　　（C）轴头　　　　　　（D）轴伸

80. 液压传动的调压回路中起主要调压作用的液压元件是（ ）。

（A）液压泵　　　　　（B）换向阀　　　　　（C）溢流泵　　　　　（D）节流阀

81.（ ）的说法不正确。

（A）磁场具有能的性质　　　　　　　　　　（B）磁场具有力的性质

（C）磁场可以相互作用　　　　　　　　　　（D）磁场也是由分子组成

82. 磁阻的单位是（ ）。

（A）H/m　　　　　　（B）H^{-1}　　　　　　（C）m/H　　　　　　（D）H

83. 自感电动势的大小正比于本线圈中电流的（ ）。

（A）大小　　　　　　（B）变化量　　　　　（C）方向　　　　　　（D）变化率

84. 互感器是根据（ ）原理制造的。

（A）能量守恒　　　　（B）能量变换　　　　（C）电磁感应　　　　（D）阻抗变换

85. 示波器中的扫描发生器实际上是一个（ ）振荡器。

（A）正弦波　　　　　（B）多谐　　　　　　（C）电容三点式　　　（D）电感三点式

86. 使用 SBT-5 型同步示波器观察宽度为 50μs、重复频率为 5000Hz 的矩形脉冲，当扫描时间置于 10μs 挡（扫描微调置于校正）时，屏幕上呈现（ ）。

（A）约 5cm 宽度的单个脉冲　　　　　　　　（B）约 10cm 宽度的单个脉冲

（C）约 5cm 宽度的两个脉冲　　　　　　　　（D）约 10cm 宽度的两个脉冲

87. SBT-5 型同步示波器中采用了（ ）扫描。

（A）连续　　　　　　（B）触发　　　　　　（C）断续　　　　　　（D）隔行

88. SR-8 型双踪示波器与普通示波器相比，主要是 SR-8 型双踪示波器有（ ）。

（A）两个 Y 轴通道和增加了电子开关　　　　（B）两个 X 轴通道和增加了电子开关

（C）一个 Y 轴通道和一个 X 轴通道　　　　　（D）两个 Y 轴通道和两个 X 轴通道

89. 一般要求模拟放大电路的输入电阻（ ）

（A）大些好，输出电阻小些好　　　　　　　（B）小些好，输出电阻大些好

（C）输出电阻都大些好　　　　　　　　　　（D）输出电阻都小些好

90. 低频信号发生器的振荡电路一般采用的是（ ）振荡电路。

（A）电感三点式　　　（B）电容三点式　　　（C）石英晶体　　　　（D）RC

91. 在硅稳压电路中，限流电阻 R 的作用是（ ）。

（A）既限流又降压　　（B）既限流又调压　　（C）既降压又调压　　（D）既调压又调流

92. TTL 与非门输入端全部接高电平时，输出为（ ）。

（A）零电平　　　　　（B）低电平　　　　　（C）高电平　　　　　（D）低电平或高电平

93. 或非门 RS 触发器的触发信号为（ ）。

（A）正弦波　　　　　（B）正脉冲　　　　　（C）锯齿波　　　　　（D）负脉冲

94. 多谐振荡器（ ）。

（A）有一个稳态　　　　　　　　　　　　　（B）有两个稳态

（C）没有稳态，有一个暂稳态　　　　　　　（D）没有稳态，有两个暂稳态

95. 数码寄存器的功能主要是（ ）。

（A）产生 CP 脉冲　　　　　　　　　　　　（B）寄存数码

（C）寄存数码和移位　　　　　　　　　　　（D）移位

96．最常用的显示器件是（　　）数码显示器。
（A）五段　　　　　　　（B）七段　　　　　　　（C）九段　　　　　　　（D）十一段

97．在三相半控桥式整流电路中，要求共阴极组晶闸管的触发脉冲之间的相位差为（　　）。
（A）60°　　　　　　　（B）120°　　　　　　　（C）150°　　　　　　　（D）180°

98．在工业产中，若需要低压大电流可控整流装置，常采用（　　）可控整流电路。
（A）三相半波　　　　　　　　　　　　（B）三相全波
（C）三相桥式　　　　　　　　　　　　（D）带平衡电抗器的双反星形

99．电力场效应管 MOSFET 是（　　）器件。
（A）双极型　　　　　　　（B）多数载流子　　　　　　　（C）少数载流子　　　　　　　（D）无载流子

100．三相笼型异步电动机的转子铁芯一般都采用斜槽结构，其原因是（　　）。
（A）改善电动机的启动和运行性能　　　　　　（B）增加转子导体的有效长度
（C）价格低廉　　　　　　　　　　　　（D）制造方便

101．在直流电机中，为了改善换向，需要装置换向极，其换向极绕组应与（　　）。
（A）主磁极绕组串联　　　　　　　　　　（B）主磁极绕组并联
（C）电枢串联　　　　　　　　　　　　（D）电枢并联

102．利用试验法测得变压器高、低压侧的相电阻之差与三相电阻平均值之比超过 4%，则可能的故障是（　　）。
（A）匝间短路　　　　　　　　　　　　（B）高压绕组断路
（C）分接开关损坏　　　　　　　　　　（D）引线铜皮与瓷瓶导管断开

103．直流电动机的机械特性是（　　）之间的关系。
（A）电源电压与转速　　　　　　　　　（B）电枢电流与转速
（C）励磁电流与电磁转矩　　　　　　　（D）电机转速与电磁转矩

104．直流测速发电机按励磁方式可分为（　　）种。
（A）2　　　　　　　（B）3　　　　　　　（C）4　　　　　　　（D）5

105．正弦旋转变压器在定子的一个绕组中通入励磁电流，转子对应的一个输出绕组按高阻抗负载，其余绕组开路，则输出电压大小与转子转角 α 的关系是（　　）。
（A）成反比　　　　　　　　　　　　（B）无关
（C）成正比　　　　　　　　　　　　（D）与转子转角 α 的正弦成正比

106．变频调速所用的 VVVF 型变频器，具有（　　）功能。
（A）调压　　　　　　　（B）调频　　　　　　　（C）调压与调频　　　　　　　（D）调功率

107．无换向器电动机的基本电路中，直流电源由（　　）提供。
（A）三相整流电路　　　　　　　　　　（B）单相整流电路
（C）三相可控整流桥　　　　　　　　　（D）单相全桥整流电路

108．变频调速中的变频器一般由（　　）组成。
（A）整流器、滤波器、逆变器　　　　　（B）放大器、滤波器、逆变器
（C）整流器、滤波器　　　　　　　　　（D）逆变器

109．直流电动机调速方法中，能实现无级调速且能量损耗小的是（　　）。
（A）直流他励发电机与直流电动机组　　（B）改变电枢回路电阻
（C）斩波器　　　　　　　　　　　　（D）削弱磁场

110．自控系统开环放大倍数（　　）越好。
（A）越大　　　　　　　　　　　　　（B）越小
（C）在保证系统动态特性前提下越大　　（D）在保证系统动态特性前提下越小

111. 在转速负反馈系统中，闭环系统的转速降为开环系统转速降的（　　）倍。
（A）1+K　　　　　（B）1+2K　　　　　（C）1/（1+2K）　　　　　（D）1/（1+K）

112. 在电压负反馈调速系统中加入电流正反馈的作用是利用电流的增加，从而使转速（　　），机械特性变硬。
（A）减少　　　　　（B）增大　　　　　（C）不变　　　　　（D）微增大

113. 带有速度、电流双环闭环调速系统，在启动时速度调节器处于（　　）状态。
（A）调节　　　　　（B）零　　　　　（C）截止　　　　　（D）饱和

114. 感应同步器主要参数有动态范围、精度及分辨率，其中精度应为（　　）μm。
（A）0.2　　　　　（B）0.4　　　　　（C）0.1　　　　　（D）0.3

115. 交流双速电梯停车前的运动速度大约是额定速度的（　　）左右。
（A）1/2　　　　　（B）1/3　　　　　（C）1/4　　　　　（D）1/8

116. 直流电梯制动控制系统主要采用（　　）制动。
（A）反接　　　　　（B）能耗　　　　　（C）再生　　　　　（D）电磁抱闸

117. 微机中的中央处理器包括控制器和（　　）。
（A）ROM　　　　　（B）RAM　　　　　（C）存储器　　　　　（D）运算器

118. （　　）不属于微机在工业生产中的应用。
（A）智能仪表　　　　　　　　　　（B）自动售票
（C）机床的生产控制　　　　　　　（D）电机的启动、停止控制

119. 输入采样阶段，PLC的中央处理器对各输入端进行扫描，将输入端信号送入（　　）。
（A）累加器　　　　　（B）指针寄存器　　　　　（C）状态寄存器　　　　　（D）存储器

120. 单相半桥逆变器（电压型）的直流端接有两个相互串联的（　　）。
（A）容量足够大的电容　　　　　　（B）大电感
（C）容量足够小的电容　　　　　　（D）小电感

121. 工时定额通常包括作业时间、布置工作地时间、休息与（　　）时间，以及加工准备时间和结束时间
（A）辅助　　　　　　　　　　　　（B）生活需要
（C）停工损失　　　　　　　　　　（D）非生产性工时所消耗

122. 相同条件下，V带和平带相比，承载能力（　　）。
（A）平带强　　　　　　　　　　　（B）一样强
（C）V带比平带强约三倍　　　　　（D）V带稍强

123. 链传动属于（　　）传动。
（A）磨擦　　　　　（B）啮合　　　　　（C）齿轮　　　　　（D）液压

124. 套筒联轴器属于（　　）联轴器。
（A）刚性固定式　　　　　（B）刚性可移式　　　　　（C）弹性固定式　　　　　（D）弹性可移式

125. 在多级放大电路的级间耦合中，低频电压放大电路主要采用（　　）耦合方式。
（A）阻容　　　　　（B）直接　　　　　（C）变压器　　　　　（D）电感

126. 把3块磁体从中间等分成6块可获得（　　）个磁极。
（A）6　　　　　（B）8　　　　　（C）10　　　　　（D）12

127. 关于相对磁导率下面说法正确的是（　　）。
（A）有单位　　　　　（B）无单位　　　　　（C）单位是 H/m　　　　　（D）单位是 T

128. 在铁磁物质组成的磁路中，磁阻是非线性的原因是（　　）是非线性的。
（A）磁导率　　　　　（B）磁通　　　　　（C）电流　　　　　（D）磁场强度

129．一个 1000 匝的环形线圈，其磁路的磁阻为 500（1/H），当线圈中的磁通为 2Wb 时，线圈中的电流为（　　）。

（A）10A　　　　　（B）0.1A　　　　　（C）1A　　　　　（D）5A

130．JSS-4A 型晶体管 h 参数测试仪的电源为（　　）电源。

（A）交流　　　（B）脉动直流　　　（C）高内阻稳压　　　（D）低内阻稳压

131．用晶体管图示仪观察二极管正向特性时，应将（　　）。

（A）X 轴作用开关置于集电极电压，Y 轴作用开关置于集电极电流

（B）X 轴作用开关置于集电极电压，Y 轴作用开关置于基极电流

（C）X 轴作用开关置于基极电压，Y 轴作用开关置于基极电流

（D）X 轴作用开关置于基极电压，Y 轴作用开关置于集电极电流

132．使用 SB-10 型普通示波器观察信号波形时，欲使显示波形稳定，可以调节（　　）旋钮。

（A）聚焦　　　（B）整步增幅　　　（C）辅助聚焦　　　（D）辉度

133．同步示波器采用触发扫描方式，即外界信号触发一次，就产生（　　）个扫描电压波形。

（A）1　　　　　（B）2　　　　　（C）3　　　　　（D）4

134．用 SR-8 型双踪示波器观察直流信号波形时，应将"触发耦合方式"开关置于（　　）位置。

（A）AC　　　　　（B）AC（H）　　　　　（C）DC　　　　　（D）任意

135．在模拟放大电路中，集电极负载电阻 R_c 的作用是（　　）。

（A）限流

（B）减小放大电路的失真

（C）把三极管的电流放大作用转变为电压放大作用

（D）把三极管的电压放大作用转变为电流放大作用

136．如右图示运算放大器属于（　　）。

（A）加法器　　　（B）乘法器

（C）微分器　　　（D）积分器

137．稳压二极管是利用其伏安特性的（　　）特性进行稳压的。

（A）正向起始　　　（B）正向导通　　　（C）反向　　　（D）反向击穿

138．TTL 与非门 RS 触发器中，当 R=S=1 时，触发器状态（　　）。

（A）置 1　　　　　（B）置 0　　　　　（C）不变　　　　　（D）不定

139．一异步三位二进制加法计数器，当第二个 CP 脉冲过后，计数器状态变为（　　）。

（A）000　　　　　（B）010　　　　　（C）110　　　　　（D）101

140．寄存器主要由（　　）组成。

（A）触发器　　　（B）门电路　　　（C）多谐振荡器　　　（D）触发器和门电路

141．在下列数码显示器中，最省电的是（　　）

（A）液晶显示器　　　　　　　　　　（B）荧光数码管

（C）发光二极管显示器　　　　　　　（D）辉光数码管

142．逆变器的任务是把（　　）。

（A）交流电变成直流电　　　　　　　（B）直流电变成交流电

（C）交流电变成交流电　　　　　　　（D）直流电变成直流电

143. 电力场效应管 MOSFET 是理想的（　　）控制器件。

（A）电压　　　　　（B）电流　　　　　（C）电阻　　　　　（D）功率

144. 电力晶体管 GTR 内部电流是由（　　）形成的。

（A）电子　　　　　（B）空穴　　　　　（C）电子和空穴　　　　　（D）有电子但无空穴

145. 电力晶体管在使用时，要防止（　　）。

（A）二次击穿　　　　　（B）静电击穿　　　　　（C）时间久而失效　　　　　（D）工作在开关状态

146. 电力晶体管的开关频率（　　）电力场效应管。

（A）稍高于　　　　　（B）低于　　　　　（C）远高于　　　　　（D）等于

147. 绝缘栅双极晶体管内部为（　　）层结构。

（A）1　　　　　（B）2　　　　　（C）3　　　　　（D）4

148. 绝缘栅双极晶体管（　　）电路。

（A）不必有专门的强迫换流　　　　　（B）可以有专门的强迫换流

（C）必须有专门的强迫换压　　　　　（D）可以有专门的强迫换压

149. 大型变压器的铁芯轭截面通常比铁芯柱截面要大（　　）%。

（A）5%～10　　　　　（B）10%～15　　　　　（C）15%～20　　　　　（D）5

150. 变压器内清洗油泥时，油箱及铁芯等处的油泥，可用铲刀刮除，再用布擦干净，然后用变压器油冲洗，不能用（　　）刷洗。

（A）机油　　　　　（B）强流油　　　　　（C）煤油　　　　　（D）碱水

151. 水轮发电机的定子结构与三相异步电动机的定子结构基本相同，但其转子一般采用（　　）式。

（A）凸极　　　　　（B）罩极　　　　　（C）隐极　　　　　（D）爪极

152. 直流电动机转速不正常，可能的故障原因是（　　）。

（A）电刷位置不对　　　　　（B）启动电流太小　　　　　（C）电机绝缘老化　　　　　（D）引出线碰壳

153. 按技术要求规定，（　　）电动机要进行超速试验。

（A）笼型异步　　　　　（B）绕线转子　　　　　（C）直流　　　　　（D）同步

154. 0.4kV 以下的变压器检修后，一般要求绝缘电阻不低于（　　）MΩ。

（A）0.5　　　　　（B）90　　　　　（C）200　　　　　（D）220

155. 直流电机换向极的作用是（　　）。

（A）削弱主磁场　　　　　（B）增强主磁场　　　　　（C）抵消电枢磁场　　　　　（D）产生主磁通

156. （　　）发电机虽有可以自励的优点，但它的外特性差。

（A）并励　　　　　（B）串励　　　　　（C）他励　　　　　（D）复励

157. 三相异步电动机反接制动时，采用对称制电阻接法，可以在限制制动转矩的同时也限制（　　）。

（A）制动电流　　　　　（B）起动电流　　　　　（C）制动电压　　　　　（D）启动电压

158. 绕线转子异步电动机，采用转子串联电阻进行调速时，串联的电阻越大，则转速（　　）。

（A）不随电阻变化　　　　　（B）越高　　　　　（C）越低　　　　　（D）测速后才可确定

159. 交流伺服电动机的鼠笼转子导体电阻（　　）。

（A）与三相笼型异步电动机一样　　　　　（B）比三相笼型异步电动机大

（C）比三相笼型异步电动机小　　　　　（D）无特殊要求

160. 正弦旋转变压器在定子的一个绕组中通入励磁电流，转子对应的一个输出绕组接高阻抗负载，其余绕组开路，则输出电压大小与转子转角 α 的关系是（　　）。

（A）成反比　　　　　（B）无关

（C）不定 　　　　　　　　　　　　　　（D）与转子转角 α 的正弦成正比

161．反应式步进电动机的转速 n 与脉冲频率 f 的关系是（　　　）。

（A）成正比　　　　（B）成反比　　　　（C）与 f^2 成正比　　　　（D）与 f^2 成反比

162．感应子式中频发电机其结构特点是（　　　）。

（A）定子上装励磁绕组，转子上装电枢绕组

（B）定子、转子上均无绕组

（C）定子上装励磁绕组、电枢绕组，转子上无绕组

（D）定子上装电枢绕组，转子上装励磁绕组

163．交磁电机扩大机正常工作时，其补偿程度为（　　　）。

（A）全补偿　　　　（B）稍欠补偿　　　　（C）过补偿　　　　（D）无补偿

164．交流换向器电动机与其换向器串接的电动机绕组名为（　　　）绕组。

（A）直流绕组，又称为调节　　　　　　　（B）三相交流

（C）放电　　　　　　　　　　　　　　　（D）换向

165．采用绕线转子异步电动机串级调速时，要使电动机转速高于同步转速，则转子回路串入的电动势要与转子感应电动势（　　　）。

（A）相位超前　　　　（B）相位滞后　　　　（C）相位相同　　　　（D）相位相反

166．根据无刷直流电动机的特点，调速方法正确的是（　　　）。

（A）变极　　　　　　　　　　　　　　　（B）变频

（C）弱磁　　　　　　　　　　　　　　　（D）用电子换相开关改变电压方法

167．变频调速所用的 VVVF 型变频器，具有（　　　）功能。

（A）调压　　　　（B）调频　　　　（C）调压与调频　　　　（D）调功率

168．斩波器也可称为（　　　）变换。

（A）AC/DC　　　　（B）AC/AC　　　　（C）DC/DC　　　　（D）DC/AC

169．绕线转子异步电动机采用串级调速，与转子回路串电阻调速相比（　　　）。

（A）机械特性一样　　　　（B）机械特性较软　　　　（C）机械特性较硬　　　　（D）机械特性较差

170．无换向器电动机基本电路中，当电动机工作在再生制动状态时，逆变电路部分工作在（　　　）状态。

（A）逆变　　　　（B）放大　　　　（C）斩波　　　　（D）整流

171．无静差调速系统的调节原理是（　　　）。

（A）依靠偏差的积累　　　　　　　　　　（B）依靠偏差对时间的积累

（C）依靠偏差对时间的记忆　　　　　　　（D）依靠偏差的记忆

172．感应同步器在同步回路中的阻抗、励磁电压不对称度及励磁电流失真度小于（　　　），不会对检测精度产生很大的影响。

（A）1%　　　　（B）2%　　　　（C）4.5%　　　　（D）3.5%

173．电枢电路有两组反向并联的三相全波可控整流器供电的（SCR-C）直流电梯系统。当正组整流桥（ZCAZ）控制角 $\alpha=90°$，反组整流控制角 $\alpha<90°$ 时，则电机处于（　　　）状态。

（A）正反馈　　　　（B）正向电机　　　　（C）反向电机　　　　（D）反向回馈

174．在直流电梯系统中，电梯轿厢的平层调整准度应满足（　　　）mm。

（A）±15　　　　（B）±20　　　　（C）±30　　　　（D）±25

175．PLC 交流双速载货电梯，轿厢门关闭后，门扇之间间隙不得大于（　　　）mm。

（A）10　　　　（B）15　　　　（C）6　　　　（D）8

176. 微机的核心是（　　　）。

（A）存储器　　　　　（B）总线　　　　　（C）CPU　　　　　（D）I/O 接口

177. 计算机内采用二进制的主要原因是（　　　）。

（A）运算速度快　　　（B）运算精度高　　　（C）算法简单　　　（D）电子元件特征

178. PLC 依据负载情况不同，输出接口有（　　　）种类型。

（A）3　　　　　　　　（B）1　　　　　　　　（C）2　　　　　　　　（D）4

179. 在梯形图编程中，传送指令（MOV）功能是（　　　）。

（A）将源通道内容传送给目的通道中，源通道内容清零

（B）将源通道内容传送给目的通道中，源通道内容不变

（C）将目的通道内容传送给源通道中，目的通道内容清零

（D）将目的通道内容传送给源通道中，目的通道内容不变

180. 单相半桥逆变器（电压型）的每个导电臂由一个电力晶体管和一个（　　　）二极管组成。

（A）串联　　　　　　（B）反串联　　　　　（C）并联　　　　　　（D）反并联

181. 电压型逆变器的直流端（　　　）。

（A）串联大电感　　　（B）串联大电容　　　（C）并联大电感　　　（D）并联大电容

182. 可以产生急回运动的平面连杆机构是（　　　）机构。

（A）导杆　　　　　　（B）双曲柄　　　　　（C）曲柄摇杆　　　　（D）双摇杆

183. 螺纹连接利用磨擦防松的方法是（　　　）防松。

（A）双螺母　　　　　（B）止动片　　　　　（C）冲边　　　　　　（D）串联钢丝

184. V 带轮的材料最常采用（　　　）。

（A）灰铸铁　　　　　（B）球磨铸铁　　　　（C）45 钢　　　　　　（D）青铜

185. 有（　　　）条以上螺旋线的叫多头螺纹。

（A）2　　　　　　　　（B）3　　　　　　　　（C）4　　　　　　　　（D）5

186. 改变轮系中相互啮合的齿轮数目可以改变（　　　）的转动方向。

（A）主动轮　　　　　（B）从动轮　　　　　（C）主动轴　　　　　（D）电动机转轴

187. 轴与轴承配合的部分称为（　　　）。

（A）轴颈　　　　　　（B）轴肩　　　　　　（C）轴头　　　　　　（D）轴伸

188. 用于轴交叉传动的联轴器可选用（　　　）联轴器。

（A）固定式　　　　　（B）弹性　　　　　　（C）十字滑块　　　　（D）方向

189. 当机床设备的轴承圆周运动速度较高时，应采用润滑油润滑。下列（　　　）不是润滑油的润滑方式。

（A）浸油润滑　　　　（B）滴油润滑　　　　（C）喷雾润滑　　　　（D）润滑脂

190. 如右图所示正弦交流电路，$X_C=10\Omega$，$R=10\Omega$，$U=10V$，则总电流 $I=$（　　　）A。

（A）2　　　　　　　　（B）1

（C）4　　　　　　　　（D）$\sqrt{2}$

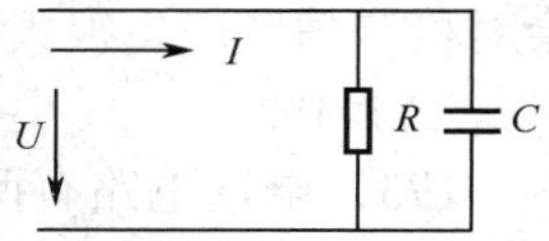

习题 190 图

191. 共发射极偏置电路中，在直流通路中计算静态工作点的方法称为（　　　）。

（A）图解分析法　　　（B）图形分析法　　　（C）近似估算法　　　（D）正交分析法

192. JT-1 型晶体管图示仪输出集电极电压的峰值是（　　　）V。

（A）100　　　　　　　（B）200　　　　　　　（C）500　　　　　　　（D）1000

193．通常在使用 SBT-5 型同步示波器观察被测信号时，"X轴选择"应置于（　　）挡。

（A）1　　　　　　　（B）10　　　　　　　（C）100　　　　　　（D）扫描

194．SBT-5 型同步示波器中采用了（　　）扫描。

（A）连续　　　　　　（B）触发　　　　　　（C）断续　　　　　　（D）隔行

195．使用 SR-8 型双踪示波器时，如果找不到光点，可调整"（　　）"借以区别光点的位置。

（A）X 轴位移　　　　（B）Y 轴位移　　　　（C）辉度　　　　　　（D）寻迹

196．SR-8 型双踪示波器中的电子开关有（　　）个工作状态。

（A）2　　　　　　　（B）3　　　　　　　（C）4　　　　　　　（D）5

197．正弦波振荡器的振荡频率 f 取决于（　　）。

（A）反馈强度　　　　　　　　　　　　　　（B）反馈元件的参数

（C）放大器的放大倍数　　　　　　　　　　（D）选频网络的参数

198．串联型稳压电路中的调整管工作在（　　）状态。

（A）放大　　　　　　（B）截止　　　　　　（C）饱和　　　　　　（D）任意

199．逻辑表达式 Y=A+B 属于（　　）电路。

（A）与门　　　　　　（B）或门　　　　　　（C）与非门　　　　　（D）或非门

200．TTL 与非门输入端全部接地（低电平）时，输出（　　）。

（A）零电平　　　　　　　　　　　　　　　（B）低电平

（C）高电平　　　　　　　　　　　　　　　（D）可能是低电平，也可能是高电平

二、判断题

（　　）1．在变压器磁路中，磁通越大，磁阻越小。

（　　）2．磁路和电路一样，也有开路状态。

（　　）3．有感生电动势就有感生电流。

（　　）4．若线圈中通过 1A 的电流，能够在每匝线圈中产生 1Wb 的自感磁通，则该线圈的自感系数就是 1H。

（　　）5．当线圈中电流减少时，线圈中产生的自感电流方向与原来的电流方向相同。

（　　）6．使用 JT-型晶体管图示仪，当阶梯选择开关置于"毫安级"位置时，阶梯信号不会通过串联电阻，因此没有必要选择串联电阻的大小。

（　　）7．使用示波器观察信号的大小之前，宜将"Y轴衰减"置于最小挡。

（　　）8．使用晶体管参数测仪时，必须让仪器处在垂直位置时才能使用。

（　　）9．使用晶体管图示仪时，必须在开启电源预热几分钟后方可投入使用。

（　　）10．通用示波器可在荧光屏上同时显示两个信号波形，很方便地进行比较观察。

（　　）11．集成运算放大器的输入级采用的是差动放大器。

（　　）12．集成运算放大器的输入失调电压值比较大。

（　　）13．集成运算放大器的输入失调越小越好。

（　　）14．串联反馈式稳压电路中，作为调整器件的三极管是工作在开关状态。

（　　）15．串联反馈式稳压电路中，可以不设置基准电压电路。

（　　）16．带放大环节的稳压电源，其放大环节的放大倍数越大，输出越稳定。

（　　）17．三端集成稳压器的输出端有正、负之分，使用时不得用错。

（　　）18．三相桥式半控可调整流电路中，一般都有三只二极管和三只晶闸管。

（　　）19．三相桥式半控整流电路中，任何时刻至少有两只二极管是处于导通状态。

（　　）20．带平衡电抗器三相双反星形可控整流电路中，每时刻都有两只晶闸管导通。

（　　）21．直流电源可利用斩波器将其电压升高或降低。

（　　）22．直流斩波器的作用就是把直流电源的固定电压变为可调电压。

（　　）23．把直流电变为交流电的过程称为逆变。

（　　）24．斩波器又称为滤波器。

（　　）25．在笼型异步电动机的变频调速装置中，多采用脉冲换流式逆变器。

（　　）26．晶闸管逆变器是一种将直流电能转变为交流电能的装置。

（　　）27．一个逻函数只有一个表达式。

（　　）28．TTL 集成逻辑门电路内部输入端和输出端都采用三极结构。

（　　）29．TTL 集成门电路与 CMOS 集成门电路的静态功耗差不多。

（　　）30．CMOS 集成门电路的输入阻抗比 TTL 集成门电路的输入阻抗高。

（　　）31．组合逻辑电路输入与输出之间的关系具有即时性。

（　　）32．在组合逻辑电路中，数字信号的传递是双向的，即具有可逆性。

（　　）33．触发器具有"记性功能"。

（　　）34．RS 触发器两个输出端，当一个输出端为 0 时，另一个输出端也为 0。

（　　）35．T 触发器的特点是：每输入一个时钟脉冲，就得到一个输出脉冲。

（　　）36．移位寄存器可以将数码向左移，也可以将数码向右移。

（　　）37．计数器的内部电路主要是由单稳态触发器构成。

（　　）38．凡具有两个稳定状态的器件，都可以构成二进制计数器。

（　　）39．利用时钟脉冲去触发计数器中所有触发器，使之发生状态变换的计数器，称为移步计数器。

（　　）40．同步计数器的速度要比异步计数器的速度快得多。

（　　）41．按进位制不同，计数器有二进制计数器和十进制计数器。

（　　）42．多谐振荡器又称为无稳态电路。

（　　）43．多谐振荡器可以产生频率可调的正弦波。

（　　）44．半导体显示器因其亮度高，耗电量小而被广泛应用在各类数码显示器中。

（　　）45．交流伺服电动机在控制绕组电流作用下转动起来，如果控制绕组实然断路，则转子不会自行停转。

（　　）46．串级调速与在转子回路中串电阻调速相比，其最大优点是效率高，调速时机械特性的硬度不变。

（　　）47．感应子中频发电机的转子没有励磁绕组。

（　　）48．三相交流换向器异步电动机的定子绕组接三相交流电。

（　　）49．单相串励换向器电动机可以交、直流两用。

（　　）50．普通三相异步电动机是无换向器的电动机。

（　　）51．无刷电动机是直流电动机。

（　　）52．绕线转子异步电动机串级调速的效率很高。

（　　）53．一般直流电机的换向极铁芯采用硅钢片叠装而成。

（　　）54．当直流电动机换向极绕组接反时，引起电刷火花过大，应用指南针检查极性后改正接法。

（　　）55．直流发电机的外特性曲线越平坦，说明它的输出电压的稳定性越差。

（　　）56．异步电动机最大转矩与转子回路电阻的大小无关。

（　　）57．串励直流电动机的电磁转矩与电枢电流的平方成正比。

（　　）58．串励直流电动机不能直接实现回馈制动。

（　　）59．直流电动机反接制动时，当电动机转速降低到接近零时应立即断开电源。

（　　）60．直流伺服电动机不论是枢控式，还是磁极控制式均不会的有"自转"现象。

（　　）61．步进电动机又称为脉冲电动机。

（　　）62．三相异步换向器电动机是一种恒转矩交流调速电动机。

（　　）63．交流无换向电动机结构中包括变频电路。

（　　）64．交流异步电动机在变频调速过程中，应尽可能使空隙磁通大些。

（　　）65．双闭环调速系统包括电流环和速度环。电流环为外环，速度环为内环，两环是串联的，又称为双环串级调速。

（　　）66．斩波器广泛应用于交流电动机的变速拖动中。

（　　）67．无换向器电动机的转速可以很高，也可以很低。

（　　）68．交—交变频调速的调速范围很宽。

（　　）69．直流电动机最常见的故障是换向火花过大。

（　　）70．调速系统的调速范围和静差率是两个互不相关的调速指示。

（　　）71．电流正反馈是反馈环节。

（　　）72．电流正反馈为补偿环节。

（　　）73．电压微分反馈也是反馈环节。

（　　）74．电流截止负反馈属于保护环节。

（　　）75．闭环系统采用负反馈控制，是为了提高系统的机械特性硬度，增大调速范围。

（　　）76．开环系统对负载变化引起的转速变化不能自我调节，但对其他外界扰动是能自我调节的。

（　　）77．在有差调速系统中，扰动对输出量的影响只能得到部分补偿。

（　　）78．有差调速系统是依靠偏差进行调节的，无差调节系统是依靠偏差的积累进行调节的。

（　　）79．电压负反馈调速系统静特性要比同等放大倍数的转速负反馈调速系统好些。

（　　）80．直流感应同步器的定尺和滑尺绕组都是分段绕组。

（　　）81．在自动线的控制中，每个运动部件与总线的关系是彼此独立的，互不相干。

（　　）82．分散控制的控制信号传递的方式是直接传递。

（　　）83．自动线的调整是光调每一个运动部件，然后再调节总线的运动情况。

（　　）84．在复杂电气控制电路设计方法中，经验设计法就是按照经验绘制电气控制线路。

（　　）85．数控机床控制系统中，伺服运动精度主要取决于机械装置。

（　　）86．微型计算机的核心是微处理器。

（　　）87．OUT 指令是驱动线圈的指令，用于驱动各种继电器。

（　　）88．OUT 指令可以同时驱动多个继电器线圈。

（　　）89．PLC 的梯形图中，线图必须放在最右边。

（　　）90．PLC 的梯形图中，线圈不能直接与左母线相连。

（　　）91．在梯形图中串联触点和并联触点使用的次数不受限制。

（　　）92．在新国标位置公差符号中◎表示对称度。

（　　）93．偏心轮机构与曲柄滑块机构的工作原理不同。

（　　）94．花键连接在键连接中是定心精度较高的连接。

（　　）95．小带轮的包角越大，传递的拉力就越大。

（　　）96．链传动中链条的节数采用奇数最好。

（　　）97．青铜主要做轴瓦，也可做衬轴。

（　　）98．联轴器既可起连接作用，又可以起安全保护作用。

（　　）99．液压泵的吸油高度一般应大于 500mm。

（　　）100．螺旋传动一定具有自锁性。

（　　）101．自感系数的大小决定了一个线圈中每通过单位电流所产生的自感磁链数。

（　　）102．同步示波器可用来观测持续时间很短的脉冲或非周期的信号波形。

（　　）103．与或非门的逻辑关系表达为 Y=A・B+C・D。

（　　）104．电力场效应管是理想的电流控制器件。

（　　）105．以电力晶体管组成的斩波器适于特大容量的场合。

（　　）106．绝缘栅双极晶体管属于电流控制元件。

（　　）107．绝缘栅双极晶体管的导通与关断是由栅极电压来控制的。

（　　）108．感应子式中频发电机根据定、转子齿数间的关系，只有倍齿距式一种。

（　　）109．电磁调速异步电动机，参照异步电动机的工作原理可知，转差离合器磁极的转速，必须大于其电枢转速，否则转差离合器的电枢和磁极间就没有转差，也就没有电磁转矩产生。

（　　）110．交流电机扩大机有多个控制绕组，其匝数、额定电流各有不同，因此额定安匝数也不相同。

（　　）111．绕线转子异步电动机串级调速在机车牵引的调速上被广泛采用。

（　　）112．转子供电式三相并励交流换向器电动机在纺织造纸等工业部门应用较多。

（　　）113．无换向器电动机实质上就是交流异步电动机。

（　　）114．电流正反馈是一种对系统扰动量进行补偿控制的调节方法。

（　　）115．发电机—直流电动机（F—D）拖动方式直流电梯比晶闸管整流系统（SCR—C）拖动方式直流电梯启动反应速度快。

（　　）116．交流电梯超载时，电梯厅门与轿厢门无法关闭。

（　　）117．冯・诺依曼计算机将要执行的程序与其他数据一起存放在存储器中，由它们控制工作。

（　　）118．微机主机通过 I/O 接口与外设连接。

（　　）119．锥齿轮的尺寸计算是以大端齿形参数为基准。

（　　）120．一般机械传动装置，可采用普通机械油润滑。

（　　）121．共射级输出放大电路就是一个电压串联负反馈放大电路。

（　　）122．用晶体管图示仪观察显示 NPN 型三极管的输出特性时，基极阶梯信号的极性开关应置于"+"，集电极扫描电压极性开关应置于"–"。

（　　）123．使用 JT-1 型晶体管图示仪，当阶梯选择开关置于"毫安/级"位置时，阶梯信号不会通过串联电阻，因此没有必要选择串联电阻的大小。

（　　）124．SR-8 型双踪示波器可以用来测量脉冲周期、宽度等时间量。

（　　）125．将 T′触发器一级一级地串联起来，就可以组成一个异步二进制加法计数器。

（　　）126．把直流变交流的电路称为变频电路。

（　　）127．利用示波器观察低电平信号及包含着较高或较低频率成分的波形时，必须使用双股绞合线。

（　　）128．直流电动机定子、转子相摩擦时将引起电枢过热，因此要检查定子铁芯是否松动、轴承是否磨损。

（　　）129．三相异步电动机测量转子开路电压的目的是为了检查定、转子绕组的匝数及接线等是否正确，因此不论是绕线式还是笼型异步电动机均必须进行本试验。

（　　）130．串励直流电动机的电磁转矩与电枢电流的平方成正比。

（　　）131．直流电动机反接制动的原理实际上是与直流电动机的反转原理一样的。

（　　）132．直流力矩电动机一般做成电磁的少极磁场。

（　　）133．电磁调速异步电动机又称为滑差电动机。

（　　）134．绕线转子异步电动机串级调速电路中，定子绕组与转子绕组要串联在一起使用。

（　　）135．斩波器属于直流/直流变换。

（　　）136．数控机床在进行直线加工时，$\triangle L_i$ 直线斜率不变，而两个速度分量比 $\triangle V_{Yi}/\triangle V_{Xi}$ 不断变化。

（　　）137．偏心轮机构与曲柄滑块机构的工作原理不同。

（　　）138．平键选择时主要是根据轴的直径确定其截面尺寸。

（　　）139．加奇数个惰轮，便使主、从动轮的转向相反。

（　　）140．滚动轴承的外圈与轴承座孔的配合采用基孔制。

（　　）141．因为感生电流的磁通总是阻碍原磁通的变化，所以感生磁通永远与原磁通方向相反。

（　　）142．自感是线圈中电流变化而产生电动势的一种现象，因此不是电磁感应现象。

（　　）143．使用 JSS-4A 型晶体三极管测试仪时，接通电源预热 5min 后才可以使用。

（　　）144．在一般情况下，SBT-5 型同步示波器的"扫描扩展"应置于校正位置。

（　　）145．在不需要外加输入信号的情况下，放大电路能够输出持续的、有足够幅度的直流信号的现象称为振荡。

（　　）146．与或非门的逻辑关系表达式为 Y=AB+CD。

（　　）147．在三相半控桥式整流电路带电感性负载时，α 的移相范围为 60°。

（　　）148．晶闸管斩波器是应用于直流电源方面的高压装置，但输出电压只能下调。

（　　）149．逆变电路输出频率较高时，电路中的开关元件应采用电力场效应管和绝缘栅双极晶体管。

（　　）150．在斩波器中，采用电力场效应管后可降低对滤波元器件的要求，减少了斩波器的体积和重量。

（　　）151．一般直流电机的换向极铁芯采用硅钢片叠装而成。

（　　）152．异步电动机的启动转矩与电源电压的平方成正比。

（　　）153．交流测速发电机的输出电压与转速成正比，而其频率与转速无关。

（　　）154．目前，在随动系统中大量使用的控制式自整角机，其接受机的转轴上不带动负载，没有力矩输出，它只输出电压信号。

（　　）155．直流力矩电动机一般做成电磁的少极磁场。

（　　）156．无换向器电动机中的"电动机"是指同步电动机。

（　　）157．数控机床控制系统中，伺服运动精度主要取决于机械装置。

（　　）158．交流双速电梯运行速度一般应小于 1m/s 以下。

（　　）159．微机比大型机的通用性好。

（　　）160．链传动中链条的节数采用奇数最好。

附录D 高级维修电工理论模拟试卷

	第一部分	第二部分	总分	总分人
得分				

一、选择题（第 1～80 题。选择正确的答案，将相应的字母填入题内的括号中。每小题 1 分，满分 80 分。）

得分	
评分人	

（B）1．一含源二端网路，测得开路电压为 100V，当外接 10Ω 负载电阻时，负载电流为（　　　）A。
　　（A）10　　　　　　　　（B）5　　　　　　　　（C）20　　　　　　　　（D）2

（C）2．在磁路中下列说法正确的是（　　　）。
　　（A）有磁阻就一定有磁通　　　　　　　　（B）有磁通就一定有磁通势
　　（C）有磁通势就一定有磁通　　　　　　　（D）磁导率越大磁阻越大

（C）3．线圈中感应电动势大小与线圈中（　　　）。
　　（A）磁通的大小成正比　　　　　　　　　（B）磁通的大小成反比
　　（C）磁通的变化率成正比　　　　　　　　（D）磁通的变化率成反比

（C）4．电感为 0.1H 的线圈，当其中电流在 0.5s 内从 10A 变化到 6A 时，线圈上所产生电动势的绝对值为（　　　）。
　　（A）4V　　　　　　　　（B）0.4V　　　　　　　（C）0.8V　　　　　　　（D）8V

（D）5．互感电动势的大小正比于（　　　）。
　　（A）本线圈电流的变化量　　　　　　　　（B）另一线圈电流的变化量
　　（C）本线圈电流的变化率　　　　　　　　（D）另一线圈电流的变化率

（C）6．涡流在电器设备中（　　　）。
　　（A）总是有害的　　　　　　　　　　　　（B）是自感现象
　　（C）是一种电磁感应现象　　　　　　　　（D）是直流电通入感应时产生的感应电流

（A）7．在电磁铁线圈电流不变的情况下，电磁铁被吸合过程中，铁芯中的磁通将（　　　）。
　　（A）变大　　　　　（B）变小　　　　　（C）不变　　　　　（D）无法判定

（C）8．使用 JSS-4A 型晶体三极管测试仪时，在电源开关未接通前，将（　　　）。
　　（A）"VC 调节"旋至最大，"IC 调节"旋至最小
　　（B）"VC 调节"旋至最小，"IC 调节"旋至最大
　　（C）"VC 调节"旋至最小，"IC 调节"旋至最小
　　（D）"VC 调节"旋至最大，"IC 调节"旋至最大

（B）9．JT-1 型晶体管图示仪输出集电极电压的峰值是（　　　）V。
　　（A）100　　　　　　　（B）200　　　　　　　（C）500　　　　　　　（D）1000

（B）10．用普通示波器观测正弦交流电波形，当荧光屏出现密度很高的波形而无法观测时，应首先调整（　　　）旋钮。
　　（A）X 轴增幅　　　　（B）扫描范围　　　　（C）X 轴位移　　　　（D）整步增幅

（A）11．示波器的偏转系统通常采用（　　　）偏转系统。
　　（A）静电　　　　　（B）电磁　　　　　（C）机械　　　　　（D）机电

（D）12．通常在使用 SBT-5 型同步示波器观察被测信号时，"X 轴选择"应置于（　　　）挡。

（A）1　　　　　　　（B）10　　　　　　　（C）100　　　　　　　（D）扫描

（D）13．通常在使用 SR-8 型双踪示波器中的电子开关有（　　）工作状态。

（A）X 轴位移　　　　（B）Y 轴位移　　　　（C）辉度　　　　　　（D）寻迹

（D）14．SR-8 型双踪示波器中的电子开关有（　　）个工作状态。

（A）2　　　　　　　（B）3　　　　　　　（C）4　　　　　　　（D）5

（D）15．正弦波振荡器的振荡频率 f 取决于（　　）。

（A）反馈强度　　　　　　　　　　　（B）反馈元件的参数

（C）放大器的放大倍数　　　　　　　（D）选频网络的参数

（D）16．直流放大器的级间耦合一般采用（　　）耦合方式。

（A）阻容　　　　　　（B）变压器　　　　　（C）电容　　　　　　（D）直接

（C）17．集成运算放大器是一种具有（　　）耦合放大器。

（A）高放大倍数的阻容　　　　　　　（B）低放大倍数的阻容

（C）高放大倍数的直接　　　　　　　（D）低放大倍数的直接

（B）18．逻辑表达式 Y=A+B 属于（　　）电路。

（A）与门　　　　　　（B）或门　　　　　　（C）与非门　　　　　（D）或非门

（B）19．在或非门 RS 触发器中，当 R=1、S=0 时，触发器状态（　　）。

（A）置 1　　　　　　（B）置 0　　　　　　（C）不变　　　　　　（D）不定

（D）20．计数器主要由（　　）组成。

（A）RC 环形多谐振荡器　　　　　　（B）石英晶体多谐振荡器

（C）显示器　　　　　　　　　　　　（D）触发器

（C）21．在三相半控桥式整流电路带电阻性负载的情况下，能使输出电压刚好维持连续的控制角 α 等于（　　）。

（A）30°　　　　　　（B）45°　　　　　　（C）60°　　　　　　（D）90°

（B）22．在带平衡电抗器的双反星形可控整流电路中，负载电流是同时由（　　）绕组承担的。

（A）一个晶闸管和一个　　　　　　　（B）两个晶闸管和两个

（C）三个晶闸管和三个　　　　　　　（D）四个晶闸管和四个

（D）23．在简单逆阻型晶闸管斩波器中，（　　）晶闸管。

（A）只有一只　　　　　　　　　　　（B）有两只主

（C）有两只辅助　　　　　　　　　　（D）有一只主晶闸管，一只辅助

（D）24．晶闸管逆变器输出交流电的频率由（　　）来决定。

（A）一组晶闸管的导通时间　　　　　（B）两组晶闸管的导通时间

（C）一组晶闸管的触发脉冲频率　　　（D）两组晶闸管的触发脉冲频率

（B）25．斩波器中若用电力场效应管，应该（　　）的要求。

（A）提高对滤波元器件　　　　　　　（B）降低对滤波元器件

（C）提高对管子耐压　　　　　　　　（D）降低对管子耐压

（A）26．电力晶体管是（　　）控制型器件。

（A）电流　　　　　　（B）电压　　　　　　（C）功率　　　　　　（D）频率

（D）27．绝缘栅双极晶体管具有（　　）的优点。

（A）晶闸管　　　　　　　　　　　　（B）单结晶体管

（C）电力场效应管　　　　　　　　　（D）电力网晶体管和电力场效应管

（D）28．示波器中的示波管采用的屏蔽罩一般用（　　）制成。

（A）铜　　　　　　　（B）铁　　　　　　　（C）塑料　　　　　　　（D）坡莫合金

（C）29．大型变压器为充分利用空间常采用（　　）截面。

（A）正方形　　　　　　（B）长方形　　　　　　（C）阶梯形　　　　　　（D）圆形

（B）30．国产小功率三相笼型异步电动机的转子导体结构采用最广泛的是（　　）转子。

（A）铜条结构　　　　　（B）铸铝　　　　　　　（C）深槽式　　　　　　（D）铁条结构

（C）31．修理后的转子绕组要用钢丝箍扎紧，扎好钢丝箍部分的直径必须比转子铁芯直径小（　　）mm。

（A）2　　　　　　　　（B）3　　　　　　　　（C）3～5　　　　　　　（D）6

（A）32．直流电机转子的主要部分是（　　）。

（A）电枢　　　　　　　（B）主磁极　　　　　　（C）换向极　　　　　　（D）电刷

（B）33．直流电动机断路故障紧急处理时，在绕组元件中，可用跨接导线将断路绕组元件的两个换向片连接起来，这个换向片是（　　）的两片。

（A）相邻　　　　　　　（B）隔一个节距　　　　（C）隔两个节距　　　　（D）隔三个节距

（B）34．三相异步电动机在运行时出现一相断电，对电动机带来的主要影响是：（　　）。

（A）电动机立即停转　　　　　　　　　　（B）电动机转速降低温度升高

（C）电动机出现振动及异声　　　　　　　（D）电动机立即烧毁

（B）35．直流电动机温升试验时，测量温度的方法有（　　）种。

（A）2　　　　　　　　（B）3　　　　　　　　（C）4　　　　　　　　（D）5

（A）36．变压器故障检查方法一般分为（　　）种。

（A）2　　　　　　　　（B）3　　　　　　　　（C）4　　　　　　　　（D）5

（A）37．变压器耐压试验时，电压持续时间为（　　）min。

（A）1　　　　　　　　（B）2　　　　　　　　（C）3　　　　　　　　（D）5

（A）38．发电机的基本工作原理是（　　）。

（A）电磁感应　　　　　　　　　　　　　（B）电流的磁效应

（C）电流的热效应　　　　　　　　　　　（D）通电导体在磁场中受力

（A）39．换向器在直流电机中起（　　）作用。

（A）整流　　　　　　　（B）直流电变交流电　　（C）保护电刷　　　　　（D）产生转子磁通

（B）40．并励直流电动机的机械特性为硬特性，当电动机负载增大时，其转速（　　）。

（A）下降很多　　　　　（B）下降很少　　　　　（C）不变　　　　　　　（D）略有上升

（B）41．他励发电机的外特性比并励发电机的外特性要好，这是因为他励发电机负载增加，其端电压将逐渐下降的因素有（　　）个。

（A）1　　　　　　　　（B）2　　　　　　　　（C）3　　　　　　　　（D）4

（D）42．已知某台直流电动机功率为18kW，转速 $n=900r/min$，则其电磁转矩为（　　）N·m。

（A）20　　　　　　　　（B）60　　　　　　　　（C）100　　　　　　　（D）600/π

（B）43．直流电动机回馈制动时，电动机处于（　　）状态。

（A）电动　　　　　　　（B）发电　　　　　　　（C）空载　　　　　　　（D）短路

（C）44．测速发电机有两套绕组，其输出绕组与（　　）相接。

（A）电压信号　　　　　（B）短路导线　　　　　（C）高阻抗仪表　　　　（D）低阻抗仪表

（D）45．交流伺服电动机的转子通常做成（　　）式。

（A）罩极　　　　　　　（B）凸极　　　　　　　（C）线绕　　　　　　　（D）鼠笼

（C）46．自整角机按其使用的要求不同可分为（　　）种。

（A）3　　　　　　　　（B）4　　　　　　　　（C）2　　　　　　　　（D）5

（B）47．直流力矩电动机的电枢，为了在相同体积和电枢电压下产生比较大的转矩及较低的转速，电枢一般做成（　　）状，电枢长度与直径之比一般为 0.2 左右。

（A）细而长的圆柱　　　（B）扁平　　　（C）细而短　　　（D）粗而长

（C）48．要实现线绕转子异步电动机的串级调速，核心环节是要有一套（　　）的装置。

（A）机械变速　　　（B）产生附加电流　　　（C）产生附加电势　　　（D）附加电阻

（C）49．交流换向器电动机的调速原理是（　　）调速。

（A）变频

（B）弱磁

（C）在电动机定子副绕组中加入可调节电势 E_K

（D）采用定子绕组接线改变电动机极对数

（D）50．交流异步电动机在变频调速过程中，应尽可能使气隙磁通（　　）。

（A）大些　　　（B）小些　　　（C）由小到大变化　　　（D）恒定

（D）51．直流电动机调速所用的斩波器主要起（　　）作用。

（A）调电阻　　　（B）调电流　　　（C）调电抗　　　（D）调电压

（C）52．变频调速中的变频电源是（　　）之间的接口。

（A）市电电源　　　　　　　　　　（B）交流电机

（C）市电电源与交流电机　　　　　　（D）市电电源与交流电源

（B）53．调速系统的调速范围和静差率这两个指标（　　）。

（A）互不相关　　　（B）相互制约　　　（C）相互补充　　　（D）相互平等

（C）54．在转速负反馈自动调速系统中，系统对（　　）调节补偿作用。

（A）反馈测量元件的误差有　　　　　（B）给定电压的漂移误差有

（C）给定电压的漂移误差无　　　　　（D）温度变化引起的误差有

（C）55．电压负反馈自动调速系统，当负载增加时，则电动机转速下降，从而引起电枢回路（　　）。

（A）端电压增加　　　（B）端电压不变　　　（C）电流增加　　　（D）电流减小

（A）56．带有电流截止负反馈环节的调速系统，为了使电流截止负反馈取样电阻阻值选得（　　）。

（A）大一些　　　（B）小一些　　　（C）接近无穷大　　　（D）零

（D）57．磁栅工作原理与（　　）的原理是相同的。

（A）收音机　　　（B）VCD　　　（C）电视机　　　（D）录音机

（C）58．磁尺主要参数有动态范围、精度、分辨率，其中动态范围应为（　　）。

（A）1～40m　　　（B）1～10m　　　（C）1～20m　　　（D）1～50m

（D）59．感应同步器在安装时，必须保持两尺平行，两平面间的间隙约为（　　）mm。

（A）1　　　（B）0.75　　　（C）0.5　　　（D）0.25

（D）60．数控系统对机床的控制包含（　　）两个方面。

（A）模拟控制和数字控制　　　　　（B）模拟控制和顺序控制

（C）步进控制和数定控制　　　　　（D）顺序控制和数字控制

（A）61．高度自动生产线包括（　　）两方面。

（A）综合控制系统和多级分布式控制系统　　　（B）顺序控制和反馈控制

（C）单机控制和多机控制区　　　　　（D）模拟控制和数字控制

（A）62．早期自动生产流水线中矩阵式顺序控制器的程序编排可通过（　　）矩阵来完成程序的存储及逻辑运算判断。

（A）二极管　　　　　（B）三极管　　　　　（C）场效应管　　　　　（D）单结晶体管

（D）63．为了保证 PLC 交流电梯安全运行，（　　）电器元件必须采用常闭触点，输入到 PLC 的输入接口。

（A）停止按钮　　　　　　　　　　　　　　　（B）厅外呼梯按钮

（C）轿厢指令按钮　　　　　　　　　　　　　（D）终端限位行程开关

（C）64．PLC 交流集选电梯，当电梯（司机状态）3 层向上运行时，2 层有人按向上呼梯按钮，4 层有人按向下呼梯按钮，同时电梯内司机接下 5 层指令按钮与直达按钮，则电梯应停于（　　）层。

（A）4　　　　　　　　（B）2　　　　　　　　（C）5　　　　　　　　（D）1

（A）65．将二进制数 010101011011 转换为十进制数是（　　）。

（A）1361　　　　　　　（B）3161　　　　　　　（C）1136　　　　　　　（D）1631

（A）66．一般工业控制微机不苛求（　　）。

（A）用户界面良好　　　（B）精度高　　　　　　（C）可靠性高　　　　　（D）实时性

（D）67．PLC 的整个工作过程分五个阶段，当 PLC 通电运行时，第一个阶段应为（　　）。

（A）与编程器通信　　（B）执行用户程序　　（C）读入现场信号　　（D）自诊断

（B）68．在梯形图编程中，常开触点与母线连接指令的助记符应为（　　）。

（A）LDI　　　　　　　　（B）LD　　　　　　　　（C）OR　　　　　　　　（D）ORI

（D）69．单相半桥逆变器（电压型）的每个导电臂由一个电力晶体管和一个（　　）组成二极管。

（A）串联　　　　　　　（B）反串联　　　　　　（C）并联　　　　　　　（D）反并联

（C）70．逆变器根据对无功能量的处理方法不同，分为（　　）。

（A）电压型和电阻型　　　　　　　　　　　　（B）电流型和功率型

（C）电压型和电流型　　　　　　　　　　　　（D）电压型和功率型

（A）71．缩短基本时间的措施有（　　）。

（A）提高职工的科学文化水平和技术熟练程度

（B）缩短辅助时间

（C）减少准备时间

（D）减少休息时间

（B）72．缩短辅助时间的措施有（　　）。

（A）缩短作业时间　　　　　　　　　　　　　（B）提高操作者技术水平

（C）减少休息时间　　　　　　　　　　　　　（D）减少准备时间

（B）73．可以产生急回运动的平面连杆机构是（　　）机构。

（A）导杆　　　　　　　（B）双曲柄　　　　　　（C）曲柄摇杆　　　　　（D）双摇杆

（C）74．锥形轴与轮毂的键连接宜用（　　）连接。

（A）楔键　　　　　　　（B）平键　　　　　　　（C）半圆键　　　　　　（D）花键

（C）75．V 带传动中，新旧带一起使用，会（　　）。

（A）发热过大　　　（B）传动比恒定　　　（C）缩短新带寿命　　（D）增大承载能力

（C）76．链传动的传动比一般不大于（　　）。

（A）4　　　　　　　　（B）5　　　　　　　　（C）6　　　　　　　　（D）7

（A）77．在蜗轮齿数不变的情况下，蜗杆头数越多，则传动比（　　）。

（A）越小　　　　　　　（B）越大　　　　　　　（C）不变　　　　　　　（D）不定

（B）78．改变轮系中相互啮合的齿轮数目可以改变（　　）的转动方向。

（A）主动轮　　　　　（B）从动轮　　　　　（C）主动轴　　　　　（D）电动机转轴

（A）79．轴与轴承配合部分称为（　　　）。

（A）轴颈　　　　　（B）轴肩　　　　　（C）轴头　　　　　（D）轴伸

（C）80．液压传动的调压回路中起主要调压作用的液压元件是（　　　）。

（A）液压泵　　　　　（B）换向阀　　　　　（C）溢流泵　　　　　（D）节流阀

二、判断题（第81～100题。将判断结果填入括号中，正确的填"×"，错误的填"√"。每小题1分，满分20分。）

得分	
评分人	

（√）81．自感系数的大小反映了一个线圈中每通过单位电流所产生的自感磁链数。

（√）82．同步示波器可用来观测持续时间很短的脉冲或非周期的信号波形。

（×）83．与或非门的逻辑关系表达为 Y=A·B+C·D。

（×）84．电力场效应管是理想的电流控制器件。

（×）85．以电力晶体管组成的斩波器适于特大容量的场合。

（×）86．绝缘栅双极晶体管属于电流控制元件。

（√）87．绝缘栅双极晶体管的导通与关断是由栅极电压来控制的。

（×）88．感应子式中频发电机根据定、转子齿数间的关系，只有倍齿距式一种。

（×）89．电磁调速异步电动机，参照异步电动机的工作原理可知，转差离合器磁极的转速必须大于其电枢转速，否则转差离合器的电枢和磁极间就没有转差，也就没有电磁转矩产生。

（×）90．交流电机扩大机有多个控制绕组，其匝数、额定电流各有不同，因此额定安匝数也不相同。

（×）91．线绕式异步电动机串级调速在机车牵引的调速上被广泛采用。

（√）92．转子供电式三相并励交流换向器电动机在纺织造纸等工业部门应用较多。

（×）93．无换向器电动机实质上就是交流异步电动机。

（√）94．电流正反馈是一种对系统扰动量进行补偿控制的调节方法。

（×）95．发电机—直流电动机（F—D）拖动方式直流电梯比晶闸管整流系统（SCR—C）拖动方式直流电梯起动反应速度快。

（√）96．交流电梯超载时，电梯厅门与轿厢门无法关闭。

（√）97．冯·诺依曼计算机将要执行的程序与其他数据一起存放在存储器中，由它们控制工作。

（√）98．微机主机通过 I/O 接口与外设连接。

（√）99．锥齿轮的尺寸计算是以大端齿形参数为基准。

（√）100．一般机械传动装置，可采用普通机械油润滑。

三、实操题

用 PLC 控制机械手，设计任务和要求如下。

1．任务

设计原点在可动部分左上方，即压下左限开关和上限开关，并且工作钳处于放松状态；上升、下降、左右移动由电磁阀驱动汽缸来实现的；当工件处于工作台 B 上方准备下放时，为确保安全，用光电开关检测工作台 B 有无工件，只在无工件时才发出下放信号；机械手工作循环为：启动→下降→夹紧→上升→右行→下降→放件→上升→左行→原点。

2．控制要求

（1）电气原理图设计，工作方式设置为自动循环和点动两种。

（2）PLC梯形图设计，工作方式设置为自动循环、点动、单周循环和步进四种。

（3）有必要的电气保护和连锁。

（4）自动循环时应按上述顺序动作。

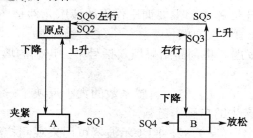

图1 机械手工作示意图

3．考核要求评分规则

表1 实操考核评分表

考核要求	项目	评分标准	配分	扣分	得分
1．电路设计：根据任务、加工工艺，设计电气原理图，列出PLC控制I/O（输入/输出）口元件地址分配表，根据电气原理图，设计梯形图及PLC控制I/O口接线图，根据梯形图，列出指令表	电路设计	1．电气控制原理设计不全或设计有错，每处扣2分 2．输入、输出地址遗漏或搞错，每处扣1分 3．PLC控制I/O（输入/输出）口接线图设计不全或设计有错，每处扣2分 4．梯形图表达不正确或画法不规范，每处扣2分 5．指令有错，每条扣2分	20		
2．输入程序并模拟调试：熟练操作PLC键盘，能正确地将所编程序输入PLC，按照被控设备的动作要求，利用按钮开关进行模拟调试，达到设计要求 3．工具仪表使用正确 4．安全文明操作 5．满分为40分，考试时间为240min	程序输入及模拟调试	1．PLC键盘操作不熟练，不会使用删除、插入、修改、监测、测试指令扣5分 2．不会利用按钮开关模拟调试扣5分 3．测试时没有严格按照被控设备动作过程进行或达不到设计要求，每缺少一项工作方式扣5分	20		

附录 E FX₂ₙ 系列 PLC 特殊软元件

PLC 状态

编　号	名　　称	备　　注
[M]8000	RUN 监控　a 接点	RUN 时为"ON"
[M]8001	RUN 监控　b 接点	RUN 时为"OFF"
[M]8002	初始脉冲　a 接点	RUN 后第 1 个扫描周期为"ON"
[M]8003	初始脉冲　b 接点	RUN 后第 1 个扫描周期为"OFF"
[M]8004	出错	M8060～M8068 检测⑧
[M]8005	电池电压降低	锂电池电压下降
[M]8006	电池电压降低锁存	保持降低信号
[M]8007	瞬停检测	—
[M]8008	停电检测	—
[M]8009	DC 24V 降低	检测 24V 电源异常

编　号	名　　称	备　　注
D8000	监控定时器	初始值 200ms
[D]8001	PLC 型号和版本	⑤
[D]8002	存储器容量	⑥
[D]8003	存储器种类	⑦
[D]8004	出错特 M 地址	M8060～M8068
[D]8005	电池电压	0.1V 单位
[D]8006	电池电压降低后的电压	3.0V（0.1V 单位）
[D]8007	瞬停次数	电源关闭清除
D8008	停电检测时间	AC 电源型 10ms
[D]8009	下降单元编号	失电单元起始输出编号

时钟

编　号	名　　称	备　　注
[M]8010	—	—
[M]8011	10ms 时钟	10ms 周期振荡
[M]8012	100ms 时钟	100ms 周期振荡
[M]8013	1s 时钟	1s 周期振荡
[M]8014	1min 时钟	1min 周期振荡
M8015	计时停止或预置	—
M8016	时间显示停止	—
M8017	±30s 修正（时钟用）	—

编　号	名　称	备　注
[M]8018	内装 RTC 检测	正常时为"ON"
[M]8019	内装 RTC 出错	—

编　号	名　称	备　注
[D]8010	扫描当前值	0.1ms 单位包括常数扫描等待时间
[D]8011	最小扫描时间	
[D]8012	最大扫描时间	
D8013	秒 0～59 预置值或当前值	—
D8014	分 0～59 预置值或当前值	
D8015	时 0～23 预置值或当前值	
D8016	日 1～31 预置值或当前值	
D8017	月 1～12 预置值或当前值	
D8018	公历 4 位预置值或当前值	
D8019	星期 0（日）～6（六）预置值或当前值	

标记

编　号	名　称	备　注
[M]8020	零标记	应用指令运算标记
[M]8021	借位标记	
M8022	进位标记	
[M]8023	—	—
M8024	BMOV 方向指定	FNC15
M8025	HSC 方式	FNC53-55
M8026	RAMP 方式	FNC67
M8027	PR 方式	FNC77
M8028	执行 FROM/TO 指令时允许中断	FNC78，79
[M]8029	执行指令结束标记	应用命令用

编　号	名　称	备　注
[D]8020	调整输入滤波器	初始值 10ms
[D]8021	—	—
[D]8022	—	—
[D]8023	—	—
[D]8024	—	—
[D]8025	—	—
[D]8026	—	—
[D]8027	—	—

编　号	名　　　称	备　注
[D]8028	Z0（Z）寄存器内容	寻址寄存 Z 的内容
[D]8029	VZ0（Z）寄存器内容	寻址寄存 V 的内容

PLC 方式

编　号	名　　　称	备　注
M8030	电池 LED 关灯指令	关闭面板灯④
M8031	非保持存储清除	消除元件的"ON/OFF"和当前值④
M8032	保持存储清除	
M8033	存储保持停止	图像存储保持
M8034	全输出禁止	外部输出均为"OFF"
M8035	强制 RUM 方式	—
M8036	强制 RUM 指令	
M8037	强制 STOP 指令	
[M]8038	参数设定	—
M8039	恒定扫描方式	定周期运行

编　号	名　　　称	备　注
[D]8030	—	—
[D]8031	—	—
[D]8032	—	—
[D]8033	—	—
[D]8034	—	—
[D]8035	—	—
[D]8036	—	—
[D]8037	—	—
[D]8038	—	—
[D]8039	常数扫描时间	初始值 0（1ms 单位）

步进顺控相关继电器

编　号	名　　　称	备　注
M8040	禁止转移	状态间禁止转移
M8041	开始转移①	FNC60（IST）命令用途
M8042	启动脉冲	
M8043	复原完毕①	
M8044	原点条件①	
M8045	禁止全输出复位	
[M]8046	STL 状态工作④	S0～999 工作检测
M8047	STL 监视有效④	D8040～D8047 有效

编 号	名 称	备 注
[M]8048	报警工作④	S900～999 工作检测
M8049	报警有效④	D8049 有效

编 号	名 称	备 注
[D]8040	RUN 监控　a 接点	RUN 时为"ON"
[D]8041	RUN 监控　b 接点	RUN 时为"OFF"
[D]8042	初始脉冲　a 接点	RUN 后1 操作为"ON"
[D]8043	初始脉冲　b 接点	RUN 后1 操作为"OFF"
[D]8044	出错	M8060～M8068 检测⑧
[D]8045	电池电压降低	锂电池电压下降
[D]8046	电池电压降低锁存	保持降低信号
[D]8047	瞬停检测	—
[D]8048	停电检测	—
[D]8049	DC 24V 降低	检测 24V 电源异常

中断禁止

编 号	名 称	备 注
M8050	I00□禁止	输入中断禁止
M8051	I10□禁止	
M8052	I20□禁止	
M8053	I30□禁止	
M8054	I40□禁止	
M8055	I50□禁止	
M8056	I60□禁止	定时中断禁止
M8057	I70□禁止	
M8058	I80□禁止	
M8059	I010～I060 全禁止	计数中断禁止

编 号	名 称	备 注
[D]8050	未使用	—
[D]8051		
[D]8052		
[D]8053		
[D]8054		
[D]8055		
[D]8056		
[D]8057		

编 号	名 称	备 注
[D]8058	未使用	—
[D]8059		

出错检测

编 号	名 称	备 注
[M]8060	I/O 配置出错	PLC RUN 继续
[M]8061	PC 硬件出错	PLC 停止
[M]8062	PC/PP 通信出错	PLC RUN 继续
[M]8063	并行连接出错	PLC RUN 继续②
[M]8064	参数出错	PLC 停止
[M]8065	语法出错	PLC 停止
[M]8066	电路出错	PLC 停止
[M]8067	运算出错	PLC RUN 继续
M8068	运算出错锁存	M8067 保持
M8069	I/O 总线检查	总线检查开始

编 号	名 称	备 注
[D]8060	出错的 I/O 起始号	
[D]8061	PC 硬件出错代号	
[D]8062	PC/PP 通信出错代码	
[D]8063	连接通信出错代码	
[D]8064	参数出错代码	存储出错代码（参考下面的出错代码）
[D]8065	语法出错代码	
[D]8066	电路出错代码	
[D]8067	运算出错代码②	
D8068	运算出错产生的步	步编号保持
[D]8069	M8065-7 出错产生步号	②

并行连接功能

编 号	名 称	备 注
M8070	并行连接主站标志	主站时为"ON"
M8071	并行连接主站标志	从站时为"ON"
[M]8072	并行连接运转中为"ON"	运行中为"ON"
[M]8073	主站/从站设置不良	M8070、M8071 设定不良

编 号	名 称	备 注
[D]8070	并行连接出错判定时间	初始值为 500ms
[D]8071	—	—

编　号	名　　称	备　注
[D]8072	—	—
[D]8073	—	—

采样跟踪

编　号	名　　称	备　注
M8074	—	—
M8075	准备开始指令	
M8076	执行开始指令	
[M]8077	执行中监测	采样跟踪功能
[M]8078	执行结束监测	
[M]8079	跟踪 512 次以上	

编　号	名　　称	备　注
[D]8074	采样剩余次数	
D8075	采样次数设定（1～512）	
D8076	采样周期	
D8077	指定触发器	
D8078	触发器条件元件号	
[D]8079	取样数据指针	
D8080	位元件号 No0	
D8081	位元件号 No1	
D8082	位元件号 No2	
D8083	位元件号 No3	
D8084	位元件号 No4	
D8085	位元件号 No5	
D8086	位元件号 No6	采样跟踪功能用
D8087	位元件号 No7	详情请见编程手册
D8088	位元件号 No8	
D8089	位元件号 No9	
D8090	位元件号 No10	
D8091	位元件号 No11	
D8092	位元件号 No12	
D8093	位元件号 No13	
D8094	位元件号 No14	
D8095	位元件号 No15	
D8096	位元件号 No0	
D8097	位元件号 No1	
D8098	位元件号 No2	

存储容量

编　号	名　称	备　注
[M]8102	存储容量	⑥

输出更换

编　号	名　称	备　注
[M]8109	输出更换错误生成	状态间禁止转移

编　号	名　称	备　注
[D]8102	输出更换错误生成	0，10，20…被存储

高速环形计数器

编　号	名　称	备　注
[M]8099	高速环形计数器工作	允许计数器工作

编　号	名　称	备　注
[D]8099	0.1ms 环形计数器	0～32767 增序

特殊功能

编　号	名　称	备　注
[M]8120	—	—
[M]8121	RS-232C 发送待机中	
[M]8122	RS-232C 发送标记	
[M]8123	RS-232C 发送完标记	RS-232C 通信用
[M]8124	RS-232C 载波接受	
[M]8125		
[M]8126	全信号	
[M]8127	请求手动信号	
[M]8128	请求出错标记	RS-485 通信用
[M]8129	请求字/位切换	

编　号	名　称	备　注
D8120	通信格式	
D8121	设定局编号	
[D]8122	发送数据余数	
[D]8123	接受数据余数	
D8124	标题（STX）	
D8125	终结字符（ETX）	详细请见各通信适配器使用手册
[D]8126	—	
D8127	指定请求用起始号	
D8128	请求数据数的约定	
D8129	判定时间输出时间	

高速列表

编 号	名 称		备 注
M8130	HSZ 表比较方式		
[M]8131	同上执行完标志		
M8132	HSZ PLSY 速度图形		
[M]8133	同上执行完标志		

编 号	名 称		备 注
[D]8130	HSZ 列表计数器		
[D]8131	HSZ PLSY 列表计数器		
[D]8132	速度图形频率	下位	
[D]8133	HSZ，PLSY	空	详细情况见编程手册
[D]8134	速度图形目标	下位	
[D]8135	脉冲数 HSZ，PLSY	上位	
[D]8136	输出脉冲数	下位	
[D]8137	PLSY，PLSR	上位	
[D]8138	—		
[D]8139	—		

编 号	名 称		备 注
[D]8140	输出给 PLSY、PLSR，Y000 的脉冲数	下位	详细请见编程手册
[D]8141		上位	
[D]8142	输出给 PLSY、PLSR，Y001 的脉冲数	下位	
[D]8143		上位	

扩展功能

编 号	名 称	备 注
M8160	XCH 的 SWAP 功能	同一元件内交换
M8161	8 位单位切换	16/8 位切换
M8162	高带并串连接方式	—
[M]8163	—	—
[M]8164	—	—
[M]8165	—	写入十六进制数
[M]8166	HKY 的 HEX 处理	停止 BCD 切换
M8167	SMOV 的 HEX 处理	—
M8168	—	—
[M]8169	—	—

脉冲捕捉

编 号	名 称	备 注
M8170	输入 X000 脉冲捕捉	
M8171	输入 X001 脉冲捕捉	
M8172	输入 X002 脉冲捕捉	
M8173	输入 X003 脉冲捕捉	
M8174	输入 X004 脉冲捕捉	详细请见编程手册
M8175	输入 X005 脉冲捕捉	
[M]8176	—	
[M]8177	—	
[M]8178	—	
[M]8179	—	

寻址寄存器当前值

编 号	名 称	备 注
[D]8180	—	—
[D]8181	—	
[D]8182	Z1 寄存器的数据	
[D]8183	V1 寄存器的数据	
[D]8184	Z2 寄存器的数据	
[D]8185	V2 寄存器的数据	寻址寄存器当前值
[D]8186	Z3 寄存器的数据	
[D]8187	V3 寄存器的数据	
[D]8188	Z4 寄存器的数据	
[D]8189	V4 寄存器的数据	

编 号	名 称	备 注
D8190	Z5 寄存器的数据	
D8191	V5 寄存器的数据	
[D]8192	Z6 寄存器的数据	
[D]8193	V6 寄存器的数据	寻址寄存器当前值
[D]8194	Z7 寄存器的数据	
[D]8195	V7 寄存器的数据	
[D]8196	—	
[D]8197	—	—
[D]8198	—	
[D]8199	—	

内部增降序计数器

编 号	名 称	备 注
M8200	驱动 M8□□□时	
M8201	C□□□降序计数	
...	M8□□□在不驱动时	详细请见编程手册
...	C□□□增序计数	
...	（□□□为 200～234）	
M8233		
M8234		

高速计数器

编 号	名 称	备 注
M8235	M8□□□被驱动时	
M8236	1 相高速计数器 C□□□	
M8237	为降序方式，不驱动时	详细请见编程手册
M8238	为增序方式	
	（□□□为 235～245）	

编　号	名　称	备　注
M8239	M8□□□被驱动时 1 相高速计数器 C□□□ 为降序方式，不驱动时 为增序方式 （□□□为 235～245）	详细请见编程手册
M8240		
M8241		
M8242		
M8243		
M8244		

编　号	名　称	备　注
[M]8246	根据 1 相 2 输入计数器□□□的增、降序，M□□□为 "ON/OFF"（□□□为 246～250）	详细请见通信适配器使用手册
[M]8247		
[M]8248		
[M]8249		
[M]8250		
[M]8251	由于 2 相计数器□□□的增、降序，M□□□为"ON/OFF" （□□□为 251～255）	
[M]8252		
[M]8253		
[M]8254		
[M]8255		

① RUN→STOP 时清除。

② STOP→RUN 时清除。

③ 电池后备。

④ END 指令结束时处理。

⑤ 其内容为 24100，24 表示 FX$_{2N}$，100 表示版本 1.00。

⑥ 若内容为 0002，则为 2K 步；0004 为 4K 步；FX$_{2N}$ 的 D8002 可达 0016=16K。

⑦ 00H=FX-RAM8　01H=FX-EPROM-8

02H=FX-EPROM-4，8，16（保护为"OFF"）　0AH=FX-EPROM-4，8，16（保护为"ON"）

D8102 加在以上项目，0016=16K。

⑧ M8062 除外。

⑨ 适用于 ASC、RS、HEX、CCD。

说明：用[]括起来的[M]、[D]软元件、未使用的软元件、记载的未定义的软元件，请不要在程序上运行或写入。